"十二五"职业教育国家规划教材（经全国职业教育教材审定委员会审定）

普通高等教育"十一五"国家级规划教材

工程测量（第二版）

主　编　王金玲

副主编　黄　瑞　桂剑萍　杜玉柱

主　审　张东明

U0280744

中国水利水电出版社
www.waterpub.com.cn

内 容 提 要

本教材是"十二五"职业教育国家规划教材。全书共分 14 章，内容包括：测量学基本知识、水准测量、角度测量、距离测量、测量误差的基本知识、直线方位测量、小区域控制测量、大比例尺地形图的测绘、地形图的应用、施工测量的基本工作、工业与民用建筑测量、水工建筑物施工测量、线路测量、全球定位系统（GPS）简介。

本教材可作为土木、建筑、交通、水利、监理、工管、市政、农林等专业的高职高专教材和独立学院本科相关专业的教材，亦可供相关专业工程技术人员和社会从业者学习使用。

图书在版编目（CIP）数据

工程测量 / 王金玲主编. -- 2版. -- 北京 ：中国水利水电出版社，2015.1（2024.12重印）.
"十二五"职业教育国家规划教材
ISBN 978-7-5170-2927-4

Ⅰ．①工… Ⅱ．①王… Ⅲ．①工程测量－高等职业教育－教材 Ⅳ．①TB22

中国版本图书馆CIP数据核字（2015）第025739号

书　　名	"十二五"职业教育国家规划教材 **工程测量（第二版）**	
作　　者	主编　王金玲　　副主编　黄瑞 桂剑萍 杜玉柱　　主审　张东明	
出版发行	中国水利水电出版社 （北京市海淀区玉渊潭南路 1 号 D 座　100038） 网址：www.waterpub.com.cn E-mail：sales@mwr.gov.cn 电话：（010）68545888（营销中心）	
经　　售	北京科水图书销售有限公司 电话：（010）68545874、63202643 全国各地新华书店和相关出版物销售网点	
排　　版	中国水利水电出版社微机排版中心	
印　　刷	天津嘉恒印务有限公司	
规　　格	184mm×260mm　16 开本　15.5 印张　368 千字	
版　　次	2007 年 12 月第 1 版　2007 年 12 月第 1 次印刷 2015 年 1 月第 2 版　2024 年 12 月第 3 次印刷	
印　　数	7001—9000 册	
定　　价	**56.00 元**	

第二版前言

本教材为"十二五"职业教育国家规划教材，是根据教育部《关于加强高职高专人才培养工作的意见》《面向21世纪教育振兴行动计划》等文件精神以及《高等职业学校专业教学标准（试行）》进行编写的。

高等职业教育的目标是培养高等技术应用型专门人才。为了充分体现职业标准，突出产教结合，锤炼精品应用型教材，编写组教师深入工程实践单位进行调研，广泛征询工程单位技术专家的意见和建议，并邀请行业企业技术专家参与教材提纲的制定和教材内容的编写工作。

本教材有以下突出特点：一是技能性，注重工程测量基本技能的叙述，概念简要明确，方法步骤叙述条理清晰、通俗易懂，避免操作的盲目性，强调操作的要点和技能；二是通用性，教材中综合考虑各行业对工程测量人才的需求，编写中注重工程测量基本原理、基本方法等共性的阐述，普遍适用于各行业工程测量的基本工作；三是实用性，本教材依照《高等职业学校专业教学标准（试行）》，突出"实用性"，着重介绍与工程实践密切关联的作业方法和步骤，对接职业标准和岗位要求，以达到"零距离"上岗的目的；四是先进性，本教材是根据 GB 50026—2007《工程测量规范》进行编写的，对传统的测绘仪器和方法进行了取舍、补充和改进，并引进了新仪器、新方法和新技术，体现工程测量技术的新发展以及相关岗位的新要求。

本教材由王金玲任主编，黄瑞、桂剑萍、杜玉柱任副主编。

编写人员具体分工如下：湖北水利水电职业技术学院王玉才编写第1章和第12章，武汉铁路职业技术学院何欢编写第2章，湖北水利水电职业技术学院桂剑萍编写第3章，湖北生态工程职业技术学院唐志强编写第4章和第11章，武昌理工学院齐培培编写第5章，扬州市职业大学黄瑞编写第6章，湖北水利水电职业技术学院王金玲编写第7章和第10章，武昌理工学院刘波编写第8章，湖北水利水电职业技术学院汤耶磊编写第9章，山西水利职业技术学院杜玉柱编写第13章，武汉铁路职业技术学院蓝岚编写第14章。全书由王金玲统稿。

本教材由昆明冶金高等专科学校张东明教授主审,特此致谢!

由于编者水平有限,书中难免有疏忽和遗漏之处,恳请读者批评指正。

编者

2021 年 6 月于武汉

第一版前言

　　本书为普通高等教育"十一五"国家级规划教材,是根据教育部《关于加强高职高专人才培养工作的意见》《面向21世纪教育振兴行动计划》等文件精神和高职土木、建筑类专业的专业指导性教学计划及教学大纲组织编写的。

　　本书由王金玲任主编,卢满堂、周无极、牛志宏、聂琳娟任副主编。参加编写的工作人员及分工为:湖北水利水电职业技术学院王金玲编写第1章、第16章和《工程测量教学实验指导书》,周无极编写第8章和第15章,聂琳娟编写第2章和第6章,曲炳良编写第5章;山西水利职业技术学院卢满堂编写第11章、第12章和第13章,陈帅编写第9章和第10章;长江工程职业技术学院牛志宏编写第3章和第14章;武汉大学张晓春编写第4章;武汉电力职业技术学院江新清编写第7章。全书由王金玲统稿。

　　本书由武汉大学花向红教授主审,特此致谢。

　　由于编者业务水平有限,加之时间仓促,书中难免存在缺点和错误之处,恳请各位同行及广大读者批评指正。

编者

2007年10月于武汉

目　　录

第 1 章　测 量 学 基 本 知 识

【学习目标】

学习本章，要了解测量学的研究对象及工程测量的三项任务；理解测量工作的基准面和基准线；理解用水平面代替水准面的限度；掌握地面点位的确定方法，包括地面点的坐标和高程的表示方法；掌握测量的基本工作和测量工作的基本原则。

【学习要求】

知 识 要 点	能 力 要 求	相 关 知 识
工程测量的任务	(1) 理解测量学的研究对象及分科； (2) 了解测量学的学科分支； (3) 掌握工程测量的三项任务，即地形图测绘、施工放样和变形监测	(1) 测量学的概念及研究对象； (2) 测量学的学科分类； (3) 地物、地貌以及地形图的概念； (4) 施工放样的概念； (5) 变形监测的目的和作用
测量工作的基准线和基准面	(1) 能够理解铅垂线是测量工作的基准线； (2) 能够理解大地水准面是测量工作的基准面	(1) 地球的形状和大小； (2) 水准面以及大地水准面； (3) 水准面的特性； (4) 参考椭球体
地面点位的确定	(1) 能够根据经度、纬度确定地面点的地理坐标； (2) 能够建立独立平面直角坐标系； (3) 能够计算各投影带中央子午线的经度； (4) 能够确定地面点的高程	(1) 经度和纬度的概念； (2) 测量独立平面直角坐标系； (3) 高斯投影； (4) 中央子午线经度的计算； (5) 高斯平面直角坐标系的建立； (6) 绝对高程和相对高程的定义； (7) 高差
测量工作的基本内容和原则	(1) 能够根据三个基本要素确定地面点相对位置关系； (2) 能够根据测量工作的基本原则实施测量工作	(1) 测量工作的基本内容； (2) 测量工作的基本原则
用水平面代替水准面的限度	(1) 能够根据距离确定用水平面代替水准面的距离误差和高差误差； (2) 能够理解用水平面代替水准面的限度	(1) 水平面代替水准面对距离的影响； (2) 水平面代替水准面对高差的影响

1.1　测量学的研究对象及工程测量的任务

1.1.1　测量学的概念与研究对象

测量学是研究地球的形状和大小，以及确定地面点位关系的一门学科。其研究的对象主要是地球和地球表面上的各种物体，包括它们的几何形状及空间位置关系。

1.1.2　测量学的学科分类

测量学是一门综合学科，按照测量学的研究范围、研究对象及其采用的技术手段不同，分为以下几个学科分支。

1. 大地测量学

大地测量学的研究对象是整个地球或地球上一个较大的区域，需要考虑地球曲率的影响。大地测量学的任务是研究和确定地球的形状、大小、重力场、整体与局部运动和地面点的几何位置以及它们变化的理论和方法，它是测量学各分支学科的理论基础。按照测量手段的不同，大地测量学又分为常规大地测量学、空间大地测量学及物理大地测量学等。

2. 地形测量学

地形测量学的研究对象是一个较小的局部区域。由于地球半径很大，就可以把球面当成平面看待而不考虑地球曲率的影响。地形测量学的主要任务是研究较小区域测绘地形图的理论、方法和技术以及地形图的使用。按成图方式的不同，地形测图可分为模拟化测图和数字化测图。

3. 工程测量学

工程测量学是研究工程建设在规划设计、施工和运营管理各个阶段所进行的各种测量工作。工程测量学的主要任务就是工程建设在规划设计、施工和运营管理这三个阶段所进行的各种测量工作。

工程测量学是一门应用学科，按其研究对象可分为：建筑、水利、铁路、公路、桥梁、隧道、地下工程、管线（输电线、输油管）、矿山、城市和国防等工程测量。

4. 摄影测量与遥感技术

摄影测量与遥感技术主要是利用摄影或遥感技术来研究地表形状和大小的科学。其主要任务是将获取的地面物体的影像，进行分析处理后建立相应的数字模型或直接绘制成地形图。根据相片获取方式的不同，摄影测量又分为地面摄影测量和航空摄影测量等。

5. 制图学

制图学主要是利用测量所获得的成果资料，研究如何投影编绘成图和地图制作的理论、方法和应用等方面的科学。

1.1.3　工程测量的任务

工程测量是研究各种工程在勘察、设计、施工和管理阶段所进行各种测量工作的理论和技术的学科。工程测量直接为各项工程建设服务，按照工程建设的具体对象可以划分为：土木工程测量、建筑工程测量、道桥工程测量、水利工程测量、市政工程测量等。各种工程测量都有其自身的特点，但在总体的测量原理和方法上不尽相同，其任务主要包括以下三个方面。

1. 地形图测绘

地形图测绘也称为测定，是使用各种测量仪器和工具，按一定的测量程序和方法，将地面上局部区域的各种地物和地势的高低起伏形态、大小，按规定的符号及一定的比例尺缩绘在图纸上，供工程建设的规划、设计和施工各阶段使用。

2. 施工放样

施工放样也称测设，是使用各种测量仪器，把图纸上设计好的建筑物的平面位置和高程在地面上标定出来，作为施工的依据。

3. 变形监测

在建筑物施工过程中，要进行变形监测，以指导和检查工程的施工，确保施工的质量符合设计的要求；在建筑物建成后的运营管理阶段，也要进行变形监测，对建筑物的稳定性及变化情况进行监督测量，了解其变形规律，以确保建筑物的安全。

总之，在工程建设的勘测、设计、施工和运营管理各个阶段都要进行测量工作，测量工作贯穿于整个工程建设的始终。因此，从事工程建设的工程技术人员，必须掌握工程测量的基本知识和技能。

1.2 地面点位的确定

测量工作的基本任务是确定地面点的位置。地面点的空间位置是由点的平面位置和高程位置来确定的。

1.2.1 地球的形状和大小

地球自然表面有高山、丘陵、平原、盆地及海洋等，呈复杂的起伏形态，是一个不规则的曲面。地表上最高的珠穆朗玛峰高达 8844.43m（这个数据是 2005 年 10 月 9 日国家测绘局公布的最新测量数据，高程测量精度为 ±0.21m，峰顶冰雪深度为 3.50m）。最深的马里亚纳海沟深达 11022m。地表的高低起伏约 20km。虽然如此，但与地球的半径 6371km 比较起来仍是可以忽略不计的。通过长期的测绘工作和科学调查，了解到地球表面上海洋面积约占 71%，陆地面积约占 29%，因此，可以认为地球是被海水所包围着的形体。

由于地球的自转运动，地球上任一点都要受到离心力和地球引力的双重作用，这两个力的合力称为重力，重力的方向线称为铅垂线，铅垂线是测量工作的基准线。设想一个静止的海水面向陆地延伸通过大陆和岛屿形成一个包围地球的闭合的曲面，这个曲面就称为水准面。水准面是一个处处与铅垂线垂直的连续曲面，由于海水受潮汐的影响，海水面有高有低，所以水准面有无数个，其中与平均海水面相吻合的水准面，称为大地水准面，如图 1.1 所示。大地水准面是测量工作的基准面，大地水准面所包围的地球形体称为大地体。

用大地水准面代表地球表面的形状和大小是恰当的，但由于地球内部质量分布不均匀，引起铅垂线的方向产生不规则的变化，致使大地水准面成为一个复杂的曲面，如图 1.1 所示。因此大地体成为一个无法用数学公式描述的物理体，如果将地球表面上的图形投影到大地水准面上，由于它不是数学体面，在计算上是无法实现的。经过长期的测量实践数据表明，大地体很近似一个以赤道半径为长半轴，以地轴为短半轴的椭圆，用短轴为旋转轴，旋转形成的椭球体。所以测绘工作取大小与大地体很接近的旋转椭球体作为地球的参考形状和大小，并将这个旋转椭球体称为参考椭球体。参考椭球体是由一椭圆绕其短半轴旋转而成的椭球体（图 1.2）。

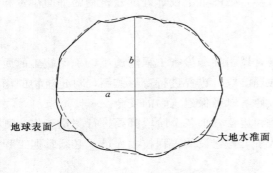

图 1.1　大地水准面

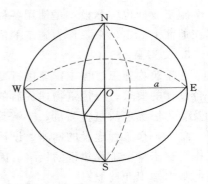

图 1.2　参考椭球体

我国采用的 1954 年国家大地坐标系，实际上是由苏联普尔科沃（现俄罗斯境内）为原点，以克拉索夫斯基参数为椭球参数的坐标系的延伸，称为 1954 年北京坐标系。1978 年我国在陕西省泾阳县永乐镇石际寺村建立了国家大地原点，具体位置在北纬 34°32′27.00″，东经 108°55′25.00″，海拔 417.20m，称为 1980 西安坐标系。其旋转椭球体的参数值为

$$a = 6378140m$$
$$b = 6356755.288m$$

扁率
$$\alpha = \frac{a-b}{a} = 1/298.257$$

由于旋转椭球的扁率很小，在测量的范围内可将地球大地体视为圆球体，其平均半径 R 的计算公式为

$$R = \frac{1}{3}(2a+b)$$

在测量精度要求不高时，其近似值为 6371km。

根据《中华人民共和国测绘法》，经国务院批准，我国自 2008 年 7 月 1 日起启用 2000 国家大地坐标系（简称"2000 坐标系"）。

1.2.2　地面点平面位置的确定

在测量工作中，通常用下面几种坐标系来确定点的平面位置。

1. 地理坐标系

地理坐标系是在大区域内确定地面点的位置，以球面坐标来表示点的坐标。用经度和纬度表示地面点在旋转椭球面上的位置。如图 1.3 所示，自首子午面起，向东 0°～180° 称为东经，向西 0°～180° 称为西经；从赤道起向北 0°～90° 称为北纬，向南 0°～90° 称为南纬。我国地处北半球，各地的纬度都

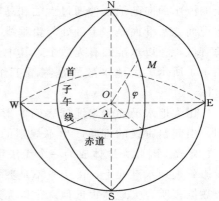

图 1.3　地理坐标系

是北纬。图中 M 点的地理坐标为东经 $114°30'$，北纬 $45°20'$。

2. 平面直角坐标系

当测量区域较小时，可以将该测区内大地水准面当做平面看待，即直接将地面点沿铅垂线投影到水平面上，如图 1.4 所示。用平面直角坐标来确定点的坐标，如图 1.5 所示，原点一般选在测区西南以外，将坐标系的 x 轴选在测区西边，将 y 轴选在测区南边，使测区内部点坐标均为正值，以便计算。纵轴为 x 轴，与南北方向一致，向北为正，向南为负；横轴为 y 轴，与东西方向一致，向东为正，向西为负。顺时针方向排列象限。

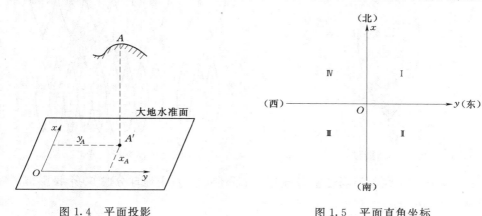

图 1.4　平面投影　　　　　　　　图 1.5　平面直角坐标

3. 高斯平面直角坐标系

当测区范围较大时，由于存在较大的差异，不能用水平面代替球面。应将地面点投影到椭球面上，但将球面展成平面，必然会产生皱纹或裂缝。所以必须按适当的投影方法，建立统一的平面直角坐标系，而将变形控制在误差允许范围之内，既可以保证地形图测绘的精度又便于工作。

我国现采用的是高斯-克吕格投影方法。它是由德国测量学家高斯于 1825—1830 年首先提出的，到 1912 年由德国测量学家克吕格推导出实用的坐标投影公式。

高斯投影的方法是：如图 1.6 所示，将地球视为一个圆球，设想用一个横圆柱体套在地球外面，并使横圆柱的轴心通过地球的中心，让圆柱面与圆球面上的某一子午线（该子午线称为中央子午线）相切，然后按照一定的数学法则，将中央子午线东西两侧球面上的图形投影到圆柱面上，再将圆柱面沿其母线剪开，展成平面，即可得投影面到平面上的图形，如图1.7 所示。

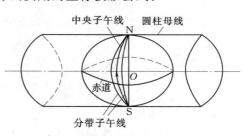

图 1.6　高斯投影原理

高斯投影有以下特点：

（1）中央子午线投影后为直线且长度不变，其余经线为凹向中央子午线的对称曲线。

（2）赤道投影后为与中央子午线投影正交的直线，其余纬线的投影是凸向赤道的对称曲线。

为了使变形限制在允许范围内，按一定经差将地球椭球面划分成若干投影带，投影带的宽度以相邻两个子午线的经差来划分，主要有 6°带和 3°带，如图 1.8 所示。

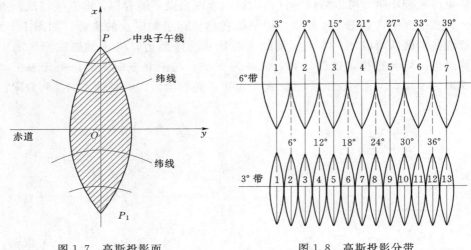

图 1.7　高斯投影面　　　　　　　　　图 1.8　高斯投影分带

6°带是从 0°子午线起每隔经差 6°自西向东分带，将整个地球分成 60 个投影带。用1~60 顺序编号。

6°带中任意带的中央子午线经度 L_0 为

$$L_0 = 6N - 3 \tag{1.1}$$

式中　　N——6°投影带的带号。

如图 1.8 所示，3°带是在 6°带的基础上分成的，它是从东经 1.5°子午线起每隔经差 3°自西向东分带，将整个地球分成 120 个投影带。用 1~120 顺序编号。

3°带中任意带的中央子午线经度 L'_0 为

$$L'_0 = 3n \tag{1.2}$$

式中　　n——3°投影带的带号。

若已知某点的经度，则该点所在 6°带的带号以及 3°带的带号分别为

$$N = \text{int}\, \frac{L}{6°} + 1 \tag{1.3}$$

$$n = \text{int}\, \frac{L' - 1.5°}{3°} + 1 \tag{1.4}$$

两式中 int 为取整。

我国的经度范围是西起 73°东至 135°，可分为 6°带第 13~23 带共 11 带，3°带第 24~45 带共 22 带。

以分带投影后的中央子午线和赤道的交点 O 为坐标原点，以中央子午线的投影为纵轴 x，向北为正，向南为负；赤道的投影为横轴 y，赤道以东为正，以西为负，建立统一的平面直角坐标系统，如图 1.9（a）所示。

我国位于北半球，纵坐标均为正，横坐标有正有负。为了方便计算，避免横坐标出现负值，规定将坐标原点西移 500km，如图 1.9（b）所示。这样带内的横坐标值均增加

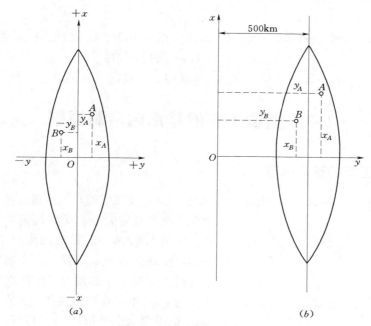

图 1.9 高斯平面直角坐标

500km。例如 A 点位于中央子午线为 117°的 6°带内，带号为 20，$x_A = 272552.38m$，$y_A = -294542.23m$，则横坐标为 $y_A = (-294542.24) + 500000 = 205457.76m$。因为不同投影带内的点可能会有相同坐标值，也为了标明其所在投影带，规定在横坐标前冠以带号。则 A 点横坐标为 $y_A = 20205457.76m$。通常将未加 500km 和未加带号的横坐标值称为自然值；将加上 500km 并冠以带号的称为通用值。

1.2.3 地面点高程位置的确定

1. 绝对高程

地面上某点到大地水准面的铅垂距离，称为该点的绝对高程，又称海拔，一般用 H 表示，如图 1.10 所示。地面上 A、B 两点的绝对高程分别为 H_A、H_B。由于受海潮、风浪等影响，海水面的高低时刻在变化，我国的高程是以青岛验潮站历年记录的黄海平均海水面为基准，并在青岛建立了国家水准原点。我国最初使用"1956 黄海高程系"，其青岛国家水准原点高程为 72.289m，该高程系统自 1987 年废止并起用"1985 年国家高程基准"，原点高程为 72.260m。在使用测量资料时，一定要注意新旧高程系统以及系统间的正确换算。

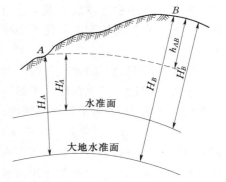

图 1.10 绝对高程和高差示意图

2. 相对高程

地面上某点到任意水准面的铅垂距离，称为该点的假定高程或相对高程。如图 1.10 中 A、B 两点的相对高程分别为 H'_A、H'_B。

3. 高差

两点的高程之差称为高差，一般用 h 表示。图 1.10 中 A、B 两点的高差为 h_{AB}。

$$h_{AB} = H_B - H_A = H'_B - H'_A \tag{1.5}$$

当 h_{AB} 为正时，B 点高于 A 点；当 h_{AB} 为负时，B 点低于 A 点。

1.3 测量工作的基本内容和原则

1.3.1 测量工作的基本内容

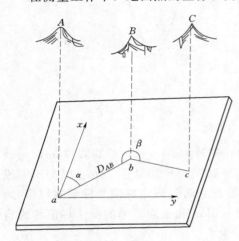

图 1.11 测量的基本要素

在测量工作中，地面点的坐标和高程通常不是直接测定的，而是通过测出待定点与已知点之间的几何关系，观测其他要素后计算得出的。如图 1.11 所示，设地面点 A 的坐标和高程已知，要确定 B 点的位置，需要确定在水平面上 B 点到 A 点的水平距离 D_{AB} 和 B 点位于 A 点的方位。图上 ab 的方向可以用通过 a 点的指北方向线与 ab 的夹角（水平角）α 表示，有了 D_{AB} 和 α，B 点在图上的坐标位置 b 就可以确定。但要进一步确定 B 点的空间位置，除坐标位置外，还要知道 A、B 两点的高低关系，即 A、B 两点间的高差 h_{AB}，这样 B 点的空间位置就完全确定了。同理，可以确定 C 点的空间位置。

由此可知，水平距离、水平角及高差是确定地面点相对位置的三个基本几何要素。而角度测量、距离测量和高程测量则是测量的三项基本工作。

1.3.2 测量工作的基本原则

测量工作中将地球表面复杂多样的形态分为地物和地貌两大类。地面上的河流、道路、房屋等自然物体和人工建筑物称为地物，地势的高低起伏形态称为地貌，地物和地貌统称为地形。

测定地物和地貌的坐标与高程，并用平面图表示出来，称为地形图。

要在一个已知点上测绘一个测区所有的地物和地貌是不可能的，只能测量其附近的一定范围，如图 1.12 所示，在测区内选择 A、B、C、D 等一些有控制意义的点（称为控制点），用精确的方法测定这些点的坐标和高程，然后根据这些控制点分区观测，测定其周围的地物和地貌特征点（称为碎部点）的坐标和高程，最后才能拼成一幅完整的地形图。施工放样也是如此。但不论采用何种方法、使用何种仪器进行测量或放样，都会给其成果带来误差。为了防止测量误差的逐渐传递和累积，要求测量工作必须遵循以下原则：

（1）在布局上遵循"由整体到局部"的原则，测量工作必须先进行总体布置，然后再分期、分区、分项实施局部测量工作，而任何局部的测量工作都必须服从全局的工作

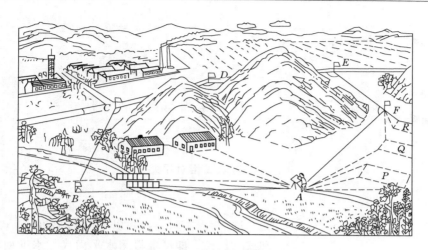

图 1.12　地形测量示意图

需要。

（2）在工作程序上遵循"先控制后碎部"的原则，就是先进行控制测量，测定测区内若干个控制点的平面位置和高程，作为后面测量工作的依据。

（3）在精度上遵循"由高级到低级"的原则，即先布设高精度的控制点，再逐级发展布设低一级的交会点以及进行碎部测量。

同时，测量工作必须进行严格的检核，"前一步工作未作检核不进行下一步测量工作"是组织测量工作应遵循的又一原则。

1.4　用水平面代替水准面的限度

实际测量工作中，在一定的测量精度要求和当测区面积不大时，往往用水平面代替水准面，使绘图和计算工作大为简化，那么多大范围内才允许用水平面代替水准面。以下就讨论以水平面代替水准面对水平距离和高差的影响，从而明确用水平面可以代替水准面的限度。

1.4.1　用水平面代替水准面对水平距离的影响

如图 1.13 所示，A、B 为地面上两点，它们在大地水准面上的投影为 a、b，弧长为 D，所对的圆心角为 θ。A、B 两点在水平面上的投影为 a'、b'，其距离为 D'，两者之差 ΔD 即为用水平面代替水准面所产生的误差，即

$$\Delta D = D' - D$$

因为
$$D' = R\tan\theta, D = R\theta$$

则有
$$\Delta D = R\tan\theta - R\theta = R(\tan\theta - \theta)$$

将 $\tan\theta$ 按级数展开，并略去高次项，取前两项得：

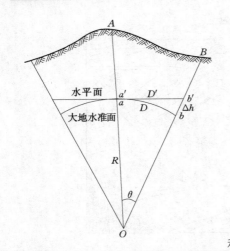

图 1.13　水平面代替水准面的影响

$$\tan\theta = \theta + \frac{1}{3}\theta^3$$

则

$$\Delta D = \frac{1}{3}R\theta^3 \tag{1.6}$$

以 $\theta = \dfrac{D}{R}$ 代入式（1.6）得

$$\Delta D = \frac{D^3}{3R^2} \tag{1.7}$$

表示成相对误差为

$$\frac{\Delta D}{D} = \frac{D^2}{3R^2} \tag{1.8}$$

取 $R = 6371\text{km}$，并以不同的 D 值代入式（1.7）和式（1.8），即可求得用水平面代替水准面的距离误差和相对误差，见表 1.1。

表 1.1　用水平面代替水准面对距离的影响

距离 D/km	距离误差 $\Delta D/\text{cm}$	相对误差 $\Delta D/D$	距离 D/km	距离误差 $\Delta D/\text{cm}$	相对误差 $\Delta D/D$
10	0.8	1：1220000	50	102.7	1：49000
25	12.8	1：200000	100	821.2	1：12000

由以上计算可以看出，当距离为 10km 时，以水平面代替水准面所产生的距离误差为 $\dfrac{1}{1220000}$，小于目前精密距离测量的允许相对误差 $\dfrac{1}{100\times10^4}$。由此可得出结论：在半径为 10km 的范围内，地球曲率对水平距离的影响可以忽略不计。对于精度要求较低的测量，还可以扩大到以 25km 为半径的范围。

1.4.2　用水平面代替水准面对高差的影响

在图 1.13 中，a、b 两点在同一水准面上，其高差 $h_{ab}=0$。a'、b' 两点的高差 $h_{a'b'}=\Delta h$，则 Δh 就是 h_{ab} 与 $h_{a'b'}$ 的差，即 Δh 为水平面代替水准面所产生的高差误差。

$$(R+\Delta h)^2 = R^2 + D'^2$$

化简得

$$\Delta h = \frac{D'^2}{2R+\Delta h} \tag{1.9}$$

式（1.9）中，可用 D 代替 D'，同时 Δh 与 $2R$ 相比可略去不计，故式（1.9）可写为

$$\Delta h = \frac{D^2}{2R} \tag{1.10}$$

以不同距离 D 代入式（1.10），得相应的高差误差值，列于表 1.2 中。

表 1.2　用水平面代替水准面对高差的影响

D/m	100	200	500	1000
$\Delta h/\text{mm}$	0.8	3.1	19.6	78.5

由表 1.2 可知，当距离为 100m 时，高差误差就接近 1mm，这对高程测量来说影响很大，所以，在进行高程测量时，必须考虑地球曲率对高程的影响。

【知识小结】

本章介绍了测量学的基本知识内容，学习本章，主要掌握以下知识点：

（1）工程测量的三项任务，包括地形图测绘、施工放样和变形监测。地形图的测绘和施工放样在测量程序上是两个相反的过程。地形图测绘是使用测量仪器将地面上的地物和地貌缩绘在图纸上，而施工放样是将图纸上设计好的建筑物的位置在地面上标定出来。

（2）在学习地球的形状和大小的基础上，掌握测量工作的基准线是铅垂线，测量工作的基准面是大地水准面。

（3）地面点位的确定，地面点的空间位置用坐标和高程表示。地面点的坐标有三种表示方法，即地理坐标、独立平面直角坐标和高斯平面直角坐标。地理坐标是表示点在椭球面的位置，用经度、纬度表示；独立平面直角坐标是在小区域进行测量时把球面的投影面看成是平面，独立平面直角坐标与解析几何中介绍的平面直角坐标基本相同，只是测量中纵轴为 x 轴，横轴为 y 轴，象限按顺时针编号；高斯平面直角坐标是当测区范围较大时，不能把球面的投影面看成平面而采用分带投影的方法进行，投影带主要有 6° 带和 3° 带。

地面点的高程是确定地面点位置的一个基本要素，高程又有绝对高程和相对高程之分。我国目前采用"1985 国家高程基准"。

（4）测量的基本工作及测量工作的原则，地面点的坐标和高程不是直接测定的，通常是通过水平距离测量、水平角测量和高程测量（或高差测量）来确定。所以，水平距离测量、水平角测量和高程测量（或高差测量）是测量的三项基本工作，同时，测量工作必须遵守"整体到局部，先控制后碎部，高级到低级"的原则。

（5）用水平面代替水准面的限度，为了使计算和绘图简化，在半径为 10km 的范围内，地球曲率对水平距离的影响可以忽略不计；但在进行高程测量时，必须考虑地球曲率对高程的影响。

【知识与技能训练】

（1）什么叫水准面？什么叫大地水准面？它们的特性是什么？

（2）什么叫绝对高程（海拔）？什么叫相对高程？什么叫高差？

（3）表示地面点位有哪几种坐标系统？各有什么用途？

（4）测量学中的平面直角坐标系和数学上的平面直角坐标系有何不同？为何这样规定？

（5）已知点 M 位于东经 115°30′，计算它所在 6° 带号和 3° 带号。

（6）已知在 19 带中有 A 点，位于中央子午线以西 236458.74m 处，试写出其横坐标的通用值。

（7）已知某点所在高斯平面直角坐标系中的坐标：$x = 5325000m$，$y = 18437000m$，试问：该点位于 6° 带的第几带？该带中央子午线的经度是多少？该点位于中央子午线的东侧还是西侧？

（8）对于水平距离和高差而言，在多大的范围内可用水平面代替水准面？

（9）确定地面点的三个基本要素是什么？测量的基本工作是什么？

（10）测量工作的基本原则是什么？

第2章 水 准 测 量

【学习目标】

本章介绍了水准测量的原理、水准仪的构造和使用、水准测量的施测方法及成果检核和计算等内容。通过本章学习，应了解水准测量原理和水准仪的基本构造；掌握 DS3 型微倾水准仪和自动安平水准仪的使用方法；掌握水准测量的施测方法和内业计算；能够进行 DS3 水准仪的检验和校正；了解水准测量的误差和电子水准仪的基本特点。

【学习要求】

知识要点	能 力 要 求	相 关 知 识
水准仪及其使用	(1) 认识水准仪的基本构造； (2) 掌握 DS3 水准仪的粗平、瞄准、精平和读数方法； (3) 掌握自动安平水准仪粗平、瞄准和读数的方法	(1) 水准仪的构造； (2) 水准尺和尺垫； (3) 水准仪的使用
水准测量的施测与内业计算	(1) 能够进行普通水准测量的施测； (2) 能够进行三等、四等水准测量的施测； (3) 能够完成水准测量数据的记录计算； (4) 能够进行水准测量内业成果的计算	(1) 水准测量观测的基本步骤； (2) 水准测量数据的记录与计算； (3) 水准测量的校核； (4) 水准测量的内业计算
水准仪的检验与校正	(1) 了解水准仪应满足的几何条件； (2) 掌握圆水准器、十字丝板、水准管轴的检验与校正方法	(1) 圆水准器的检验与校正； (2) 十字丝横丝的检验与校正； (3) 水准管的检验与校正
水准测量的误差与注意事项	(1) 了解水准测量误差的主要来源； (2) 掌握消除或减少误差的基本措施	(1) 仪器误差； (2) 观测误差； (3) 外界条件的影响

2.1 水 准 测 量 的 原 理

2.1.1 水准测量的概念

水准测量是利用水准仪提供的水平视线在水准尺上读数，直接测定地面上两点间的高差，然后根据已知点高程及测得的高差来推算待定点高程的一种方法。

2.1.2 水准测量的基本原理

如图 2.1 所示，地面上有 A、B 两点，设 A 为已知高程点，其高程为 H_A，B 点为待定点，其高程未知。可在 A、B 两点之间安置一台能提供水平视线的仪器（水准仪），在两点上分别竖立带有刻划的标尺（水准尺），当水准仪提供水平视线时，分别读取 A 点尺子上的读数 a 和 B 点尺子上的读数 b，则 A、B 两点的高差为

$$h_{AB} = a - b \qquad (2.1)$$

设水准测量的方向是从 A 点往 B 点前进。则规定称 A 点为后视点，A 尺为后视尺（简称为后尺），A 尺上的读数 a 为后视读数；称 B 点为前视点，B 尺为前视尺（简称为前尺），B 尺上的读数 b 为前视读数，安置仪器之处称为测站，竖立水准尺的点称为测点。

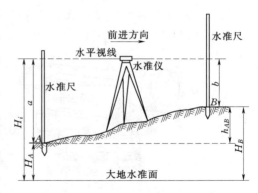

图 2.1 水准测量原理

由式（2.1）可知：两点间的高差等于后视读数减去前视读数，即

高差＝后视读数－前视读数

显然，高差有正（＋）、负（－）之分，当 B 点高于 A 点时，$a > b$，高差为正；当 B 点低于 A 点时，$a < b$，高差为负。

测得 A、B 两点间的高差 h_{AB} 后，就可进一步由已知点 A 的高程 H_A 推算待定点 B 的高程 H_B。B 点的高程为

$$H_B = H_A + h_{AB} = H_A + (a - b) \qquad (2.2)$$

在工程测量中还有一种应用较为广泛的计算方法：即由视线高程计算 B 点的高程，由图 2.1 可知，A 点的高程加上后视读数 a 等于水准仪的视线高程，简称视线高，一般用 H_i 表示视线高，即

$$H_i = H_A + a \qquad (2.3)$$

则 B 点的高程等于仪器的视线高 H_i 减去 B 尺的读数 b，即

$$H_B = H_i - b = (H_A + a) - b \qquad (2.4)$$

式（2.2）是直接用高差计算 B 点高程，称为高差法；式（2.4）是利用水准仪的视线高程计算 B 点高程，称为视线高法。

2.2 水准测量的仪器和工具

在水准测量中，使用的仪器主要有水准仪、水准尺和尺垫。

2.2.1 DS$_3$ 型微倾水准仪

水准测量使用的仪器称为水准仪，水准仪全称为大地测量水准仪，按精度分为 DS$_{05}$、DS$_1$、DS$_3$、DS$_{10}$ 等几个等级。D、S 分别为"大地测量"、"水准仪"的汉语拼音第一个字母，下标数值表示仪器的精度，即每公里往返测高差中数的偶然中误差分别不超过 0.5mm、1mm、3mm、10mm。DS$_{05}$ 和 DS$_1$ 为精密水准仪，主要用于国家一等、二等水准测量和精密水准测量；DS$_3$ 和 DS$_{10}$ 为普通水准仪，用于一般的工程建设测量和三等、四等水准测量。本章着重介绍 DS$_3$ 型水准仪。

图 2.2 是我国生产的 DS₃ 型水准仪的外貌和各部分名称。DS₃ 型水准仪主要由望远镜、水准器和基座三部分组成。

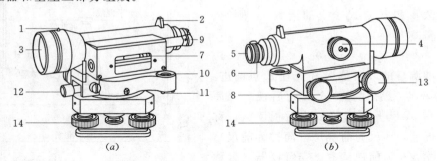

图 2.2 DS₃ 型微倾水准仪

1—准星；2—缺口；3—物镜；4—物镜调焦螺旋；5—目镜；6—目镜调焦螺旋；7—管水准器；
8—微倾螺旋；9—管水准器气泡观察窗；10—圆水准器；11—圆水准器校正螺旋；
12—水平制动螺旋；13—水平微动螺旋；14—脚螺旋

2.2.1.1 望远镜

望远镜的作用是提供一条照准目标的视线，主要用于照准目标并在水准尺上读数，如图 2.2 所示。望远镜是由物镜、目镜、十字丝分划板、物镜调焦螺旋及目镜调焦螺旋组成。望远镜具有一定的放大倍数。DS₃ 型水准仪望远镜的放大率一般不低于 28 倍。根据调焦方式不同，望远镜又分为外调焦望远镜和内调焦望远镜两种，现在使用的大多是内调焦望远镜。

物镜和目镜多采用复合透镜组，十字丝分划板上面刻有相互垂直的细线，称为十字丝。如图 2.3 所示，中间横的一条称为中丝（或横丝），与中丝平行的上、下两根短丝，一根称为上丝，一根称为下丝，统称为视距丝，用来测量仪器和目标之间的距离。

十字丝交点与物镜光心的连线称为视准轴。视准轴是水准测量中用来读数的视线。图 2.4 是望远镜构造图。

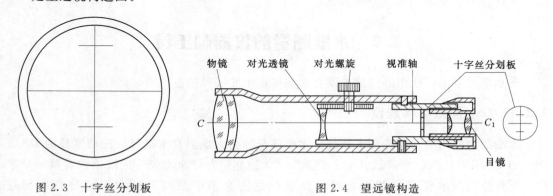

图 2.3 十字丝分划板   图 2.4 望远镜构造

2.2.1.2 水准器

水准器是用来衡量视准轴是否水平或仪器竖轴是否铅直的装置。水准器有水准管（又称为管水准器）和圆水准器两种。水准管是用来指示视准轴是否水平；圆水准器是用来指示竖轴是否竖直。

1. 水准管

水准管也称为管水准器，是纵向内壁琢磨成圆弧形的封闭玻璃管，管内装满酒精和乙醚的混合液，装满后封闭加热玻璃管，待其冷却后，在管内就形成一个小气泡。由于气体比液体轻，所以气泡总是在最高点，如图 2.5 所示。

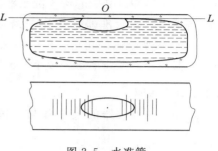

水准管圆弧形表面上刻有 2mm 间隔的分划线，分划线的中心 O 是水准管圆弧的中点，称为水准管的零点。通过零点与圆弧相切的直线 LL，称为水准管轴。当气泡中心与零点重合时，称气泡居中，这时水准管轴 LL 一定处于水平位置。若气泡不居中，则水准管轴处于倾斜位置。

图 2.5　水准管

水准管上 2mm 的弧长所对的圆心角值称为水准管分划值，一般用 τ 表示。水准管的分划值即是气泡每移动一格时，水准管轴所倾斜的角值，即

$$\tau = \frac{2}{R}\rho \qquad (2.5)$$

式中　τ——水准管的分划值，($''$)；

　　　R——水准管圆弧的半径，mm；

　　　ρ——弧度的秒值，$\rho=206265''$。

水准管分划值的大小反映了仪器整平精度的高低。由式（2.5）可以看出：水准管半径愈大，分划值愈小，灵敏度（整平仪器的精度）就越高，灵敏度愈高，使仪器居中也愈费时。DS$_3$ 型水准仪的水准管分划值为 $20''/2mm$。

为了提高水准管气泡居中的精度，微倾式水准仪在水准管的上方安装一组符合棱镜，通过棱镜的反射作用，把气泡两端的影像折射到望远镜旁的观察窗内，如图 2.6 所示。当

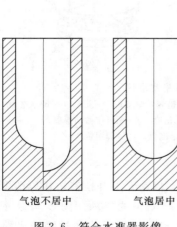

气泡不居中　　　　气泡居中

图 2.6　符合水准器影像

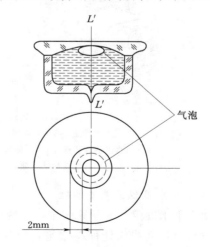

图 2.7　圆水准器

15

气泡两端的影像吻合时，表示气泡居中，若两端影像错开，则表示气泡不居中，可转动微倾螺旋使气泡影像吻合。这种水准器称为符合水准器。

2. 圆水准器

如图 2.7 所示，圆水准器是一封闭的玻璃圆盒，顶面的玻璃内表面研磨成球面，球面中央有一个圆圈。其圆心称为圆水准器的零点。零点与球心的连线，称为圆水准器轴。当气泡居中时，圆水准器轴就处于铅直位置。圆水准器的分划值是指气泡中心偏离零点 2mm 时轴线所倾斜的角值。DS$_3$ 型水准仪圆水准器分划值一般为 $8'/2 \sim 10'/2$mm。由于圆水准器顶面内壁曲率半径较小，灵敏度较低，只能用于仪器的粗略整平。

2.2.1.3 基座

基座是支撑仪器的上部并与三脚架连接，主要由轴座、脚螺旋、底板和三角压板组成。

2.2.2 DS$_3$ 型自动安平水准仪

1. 自动安平水准仪

自动安平水准仪也称为补偿器水准仪，是一种新型测量仪器，它的结构特点是没有水准管和微倾螺旋，而是利用自动安平补偿器代替水准管和微倾螺旋，自动获得视线水平时水准尺读数的一种水准仪。

用 DS$_3$ 微倾水准仪进行水准测量时，必须使用微倾螺旋使符合气泡居中才能获得水平视线，而自动安平水准仪没有水准管和微倾螺旋，是在望远镜的镜筒内安装了一个"自动补偿器"，用自动补偿器代替水准管，观测时，只需将仪器圆气泡居中，便可进行中丝读数。由于省略了"精平"过程，从而简化了操作，提高了观测速度。图 2.8 为天津欧波公司生产的 DS$_{30}$ 自动安平水准仪，各部件名称见图注。

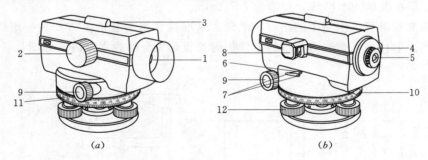

图 2.8 DS$_{30}$ 自动安平水准仪

1—物镜；2—物镜调焦螺旋；3—粗瞄器；4—目镜调焦螺旋；5—目镜；6—圆水准器；
7—圆水准器校正螺丝；8—圆水准器反光镜；9—无限位微动螺旋；
10—补偿器检测按钮；11—水平度盘；12—脚螺旋

2. 自动安平水准仪的基本原理

在自动安平水准仪的光学系统中，设置了一个自动安平补偿器，用以改变光路，使视准轴略有倾斜时，视线仍能保持水平，以达到水准测量的要求。图 2.9 为补偿器的原理图，当水准轴水平时，水准尺的读数为 a_0，即 A 点的水平视线通过物镜光路到达十字丝的中心；当视准轴倾斜了一个小角度 α 时，视准轴的读数为 a，为了使十字丝横丝的读数仍为视准轴水平时的读数 a_0，在望远镜的光路中加了一个补偿器，使经过物镜光心的水平视线经过补偿器的光学元件后偏转了一个 β 角，水平光线将落在十字丝的交点处，从而得到正确的读数，补偿器要达到补偿的目的应满足式 (2.6) 的要求：

$$f\alpha = d\beta \tag{2.6}$$

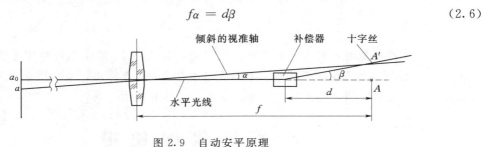

图 2.9　自动安平原理

2.2.3　水准尺

水准尺是水准测量时使用的标尺，用优质木材或玻璃钢制成，常用的水准尺有塔尺和双面尺两种。图 2.10 所示为两种尺子的外形。

双面尺也称为直尺，尺长 3m，尺的双面均有刻划，一面为黑白相间，称为黑面尺，尺底端起点为零；另一面为红白相间，称为红面尺，尺底端起点是一个常数，称为尺常数或零点，一般为 4.687m 或 4.787m。不同尺常数的两根尺子组成一对使用，利用黑、红面尺零点相差的常数可对水准测量读数进行检核。双面尺用于三等、四等及普通水准测量中。

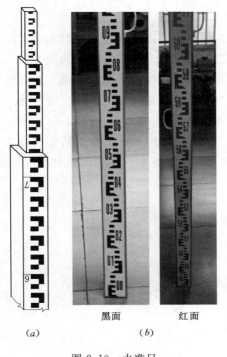

黑面　　红面

(a)　　　*(b)*

图 2.10　水准尺

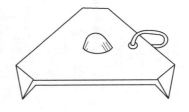

图 2.11　尺垫

　　塔尺的形状呈塔形，由几节套接而成，其全长可达 5m，尺的底部为零刻划，尺面以黑白相间的分划刻划，最小刻划为 1cm 或 0.5cm，米和分米处注有数字，大于 1m 的数字注记加注红点或黑点，点的个数表示米数。塔尺携带方便，但在连接处常会产生误差，一般用于精度较低的普通水准测量中。

2.2.4　尺垫

　　在进行水准测量时，转点上一般要使用尺垫，如图 2.11 所示。尺垫用生铁铸成，呈三角形。上面有一个凸起的半圆球，半圆球的顶点作为转点标志，水准尺立于尺垫的半圆球顶点上。使用时应将尺垫下面的三个脚踏入土中使其稳固。

2.3　水 准 仪 的 使 用

2.3.1　DS$_3$ 型微倾水准仪的使用

　　DS$_3$ 型微倾水准仪的使用分为以下几个步骤：安置仪器、粗略整平、瞄准和调焦、精确整平和读数。

　　1. 安置仪器

　　在安置仪器时，首先在测站上松开三脚架架腿的固定螺旋，伸缩三个脚腿使高度适中，再拧紧固定螺旋，打开三脚架，使三脚架架头大致水平，并将三脚架的架脚踩入土中。三脚架安置好后，从仪器箱中取出仪器，用中心连接螺旋将仪器固定在三脚架上。

　　2. 粗略整平

　　粗略整平简称粗平，是调节仪器脚螺旋使圆水准器气泡居中，以达到水准仪的竖轴铅直，视线大致水平的目的。粗略整平可用脚螺旋进行。脚螺旋转动的规律是：顺时针转动脚螺旋使该脚螺旋所在一端升高，逆时针转动脚螺旋使该脚螺旋所在一端降低。气泡偏向哪端说明哪端高些，气泡的移动方向始终与左手大拇指转动的方向一致，称之为左手大拇指法则。首先用双手按箭头所指的方向转动脚螺旋 1、2，如图 2.12（a）所示；使气泡移动到这两个脚螺旋方向的中间位置，如图 2.12（b）所示；用左手转动脚螺旋 3，使气泡居中，如图 2.12（c）所示。按上述方法反复调整脚螺旋，能使圆水准器气泡完全居中。

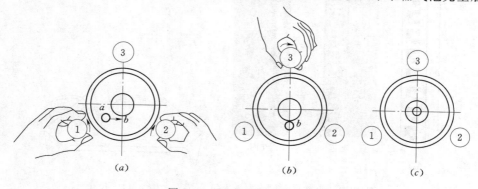

图 2.12　圆水准器整平方法

3. 瞄准和调焦

瞄准目标简称瞄准。瞄准分为粗瞄和精瞄，具体的操作方法如下：

（1）粗瞄。转动望远镜制动螺旋，用望远镜镜筒外的缺口和准星粗略地瞄准水准尺，固定制动螺旋。

（2）看清目标。转动物镜对光螺旋，使尺子的成像清晰。

（3）精瞄。转动水平微动螺旋，使十字丝纵丝对准水准尺的中间。

（4）消除视差。如果调焦不到位，就会使尺子成像面与十字丝分划平面不重合，此时，观测者的眼睛靠近目镜端上下微微移动，就会发现十字丝和目标影像也随之变动，这种现象称为视差。视差的存在将影响观测结果的准确性，应予消除。消除视差的方法是仔细反复进行目镜和物镜调焦，直到无论眼睛在哪个位置观察，尺像和十字丝均位于清晰状态，十字丝横丝所照准的读数始终不变。

4. 精确整平

精确整平简称精平，就是调节微倾螺旋，使符合水准器气泡居中，即让目镜左边观察窗内的符合水准器的气泡两个半边影像完全吻合，这时望远镜的视准轴完全处于水平位置。每次在水准尺上读数之前都应进行精平。由于气泡移动有惯性，所以转动微倾螺旋的速度不能太快，只有符合气泡两端影像完全吻合而又稳定不动后，气泡才居中。

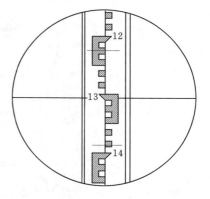

5. 读数

符合水准器气泡居中后，即可读取十字丝中丝在水准尺上的读数。依次读出米、厘米、分米、毫米四位数，其中毫米位是估读的。如图2.13所示，中丝读数为1.306m，如果以毫米为单位读记为1306mm。

由于水准尺有正像和倒像两种。正像的尺子上丝读数大，下丝读数小；倒像的尺子上丝读数小，下丝读数大。图2.13为倒像读数。

图2.13　水准尺读数

需要注意的是：在同一测站，当望远镜瞄准前尺时，必须重新转动微倾螺旋使水准管气泡符合后才能对水准尺进行读数。

2.3.2　自动安平水准仪的使用

（1）粗平仪器（方法同DS$_3$型微倾水准仪）。

（2）补偿器性能的检验。检查补偿器是否处于正常的工作状态，按动检查按钮，视线水平尺影像随之上下摆动，并迅速静止（约1s），或望远镜警示窗呈现绿色，说明仪器正常，可以施测。若仪器没有按钮装置，可先瞄准一根水准尺，整平仪器后读数，然后微微转动脚螺旋，若此时读数不变，说明补偿器工作正常。否则，说明补偿器有故障，不能使用，需要维修。

（3）瞄准和调焦。方法同DS$_3$型微倾水准仪。

（4）读数。方法同DS$_3$型微倾水准仪。

2.4 普通水准测量

2.4.1 水准点

通过水准测量的方法测定其高程的控制点称为水准点，常用 BM 表示水准点。水准点有永久性和临时性两种。永久性水准点一般用石料或钢筋混凝土制成，深埋在地面冻土线以下，顶面设有不锈钢或其他不易腐蚀材料制成的半球形标志，如图 2.14（a）所示。有些水准点也可设置在稳定的墙脚上，称为墙上水准点，如图 2.14（b）所示。临时性的水准点可用地面上突出的坚硬岩石做记号，松软的地面也可打入木桩，在桩顶钉一个小铁钉来表示水准点，在坚硬的地面上也可以用油漆划出标记作为水准点。

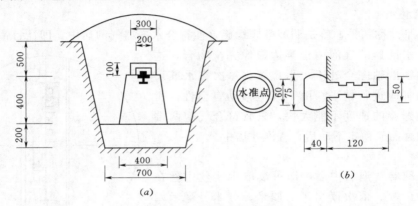

图 2.14 国家等级水准点

埋设水准点后，应绘出水准点与附近地物关系图，在图上还要写明水准点的编号和高程，称为点之记，以便于日后寻找水准点位置时使用。

2.4.2 水准路线

水准路线是水准测量实施时所经过的路线，为了避免在测量成果中存在人为的粗差，并保证测量成果能达到一定的精度要求，必须按照某种形式布设水准路线。布设水准路线的基本出发点是必须满足具体任务要求，待定点的分布和实际情况，既要包含所有的待定点，又要能够进行成果的检核，它一般从高一等级水准点为起点。水准路线上两相邻水准点之间称为"一个测段"。

水准路线通常有以下三种形式：

（1）附合水准路线。从一个已知水准点出发，经过各待测水准点进行水准测量，最后到另一个已知的水准点上结束的水准路线，称为附合水准路线，如图 2.15（a）所示。附合水准路线常用于带状区域。

（2）闭合水准路线。从一个已知的水准点出发，经过各待测水准点进行水准测量，最后又回到原来开始的已知水准点上，构成的环形水准路线称为闭合水准路线，如图 2.15（b）所示。闭合水准路线常用于方形区域。

（3）支水准路线。从一个已知的水准点出发，经过各待测水准点进行水准测量，其路线既不闭合回原来已知水准点，也不附合到另一个已知水准点的路线，称为支水准路线，如图 2.15（c）所示。

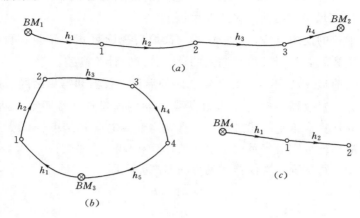

图 2.15 水准路线

附合水准路线和闭合水准路线因为有检核条件，一般进行单程观测，支线水准路线缺乏检核条件，一般需要进行往返观测，或者单程双线观测，来检核观测数据的正确性。

2.4.3 普通水准测量

普通水准测量常用于一般工程的高程测量和地形图测绘的图根控制测量，普通水准测量采用 DS₃ 或 DS₁₀ 级水准仪，采用中丝法，施测中各项限差应满足相应的行业规范的各项要求。

2.4.3.1 水准测量的观测程序和方法

当已知点与待定点间相距不远，高差不大，且无视线遮挡时，只需安置一次水准仪就可测得两点间的高差。但当两水准点间相距较远或高差较大或有障碍物遮挡视线时，仅安置一次仪器不可能测得两点间的高差，必须在两点之间依次连续安置水准仪测定各站高差，最后取各站高差的代数和，即得到已知点与待定点间的高差。

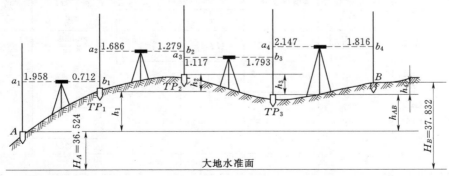

图 2.16 水准测量示意图（单位：m）

图 2.16 为普通水准测量示意图，A 点为已知水准点，其高程为 36.524m，B 点为待定水准点。观测程序如下：

（1）在已知点 A 上竖立后尺，选择一个适当的地点安置仪器，再选择一个合适的点 TP_1 放置尺垫并踏实尺垫，将前尺竖立在尺垫上。

（2）按照水准仪的使用方法，整平仪器，读取后视读数 a_1，记录；再瞄准 TP_1 点的前尺，读取前视读数 b_1，记录。按照高差的计算公式，计算高差。

（3）第一站的前尺 TP_1 不动，作为第二站的后尺；仪器和第一站的后尺搬往下一站，选一个适当的地方安置仪器，选择 TP_2 作为第二站的前尺点，按照第一站的施测方法测量第二站的高差并计算。重复上述过程，一直观测到待定点 B 结束。

（4）记录者应在现场完成每页记录手簿的计算和校核。

根据上述可知，每安置一次仪器就测得一站高差，即

$$h_1 = a_1 - b_1$$
$$h_2 = a_2 - b_2$$
$$h_3 = a_3 - b_3$$
$$h_4 = a_4 - b_4$$

将上述各式相加得

$$h_{AB} = \sum h = \sum a - \sum b \tag{2.7}$$

则
$$H_B = H_A + h_{AB} = H_A + \sum a - \sum b \tag{2.8}$$

式（2.8）可用于检核高差计算的正确性。

从图 2.16 可以看出，在 A、B 两水准点之间设立了三个过渡点 TP_1、TP_2、TP_3，这三个点的高程是不要求测定的，它们的作用是传递高程，这样的点称为转点。值得注意的是转点上要放置尺垫。

表 2.1 为普通水准测量的记录表，在表中的计算检核，只能检查计算是否正确，不能检查观测和记录是否有误。

表 2.1　　　　　　　　　　　普通水准测量记录表

测站	测点	后视读数 /m	前视读数 /m	高差/m +	高差/m −	高程 /m	备注
1	A	1.958	0.712	1.246		36.524	
	1						
2	1	1.686	1.279	0.407			
	2						
3	2	1.117	1.793		0.676		
	3						
4	3	2.147	1.816	0.331			
	B					37.832	
$\sum$		6.908	5.600	1.984	0.676		
计算检核		$\sum a - \sum b = 6.908 - 5.600 = 1.308m$ $\qquad$ $H_B - H_A = 37.832 - 36.524 = 1.308m$ $\sum h = 1.984 - 0.676 = 1.308m$					

2.4.3.2 水准测量的检核方法

长距离的水准测量工作的连续性很强，待定点的高程是通过各转点的高程传递而获得的。按照上述方法观测，若有一站上的后视读数或前视读数不正确，或者观测质量太差，这整条水准路线的测量成果都将受到影响，所以水准测量的检核是非常必要的。水准测量的检核有计算检核、测站检核和成果检核三种方法。

1. 计算检核

计算检核的目的是及时检核记录手簿中的高差和高程计算中是否有错误，即检核后视读数总和减去前视读数总和、高差总和、待定点高程与起点高程之差值，这三个数据是否相等。若相等，表示计算正确，否则说明计算错误。

例如表 2.1 中 $\sum a - \sum b = 6.908 - 5.600 = 1.308(\text{m})$，$\sum h = 1.984 - 0.676 = 1.308(\text{m})$，$H_B - H_A = 37.832 - 36.524 = 1.308(\text{m})$，说明高程计算正确。

计算检核只能检核计算是否正确，不能检核观测是否正确。

2. 测站检核

在水准测量中，为了及时地发现观测中的错误，保证每一站所测高差的正确性，可以采用测站检核的方法进行测站校核。测站检核一般采用改变仪器高法和双面尺法。

（1）改变仪器高法。在一个测站上测得高差后，将水准仪改变高度（升高或降低 10cm 以上）重新安置仪器，再测一次高差，两次测得高差之差不超过限差（一般为 3mm）时，取其平均值作为该站高差，超过此限差需重新观测。

（2）双面尺法。在一个测站上，仪器高不变，分别用水准尺的黑、红面各测得一个高差，两个高差之差不超过限差时，可取其平均值作为观测结果。如不符合要求，则需重测。

3. 成果检核

测站检核只能检查单个测站的观测精度是否符合要求，还必须进一步对水准测量成果进行检核。由于温度、风力、大气折光、尺垫下沉和仪器下沉等诸多外界条件引起的误差，尺子倾斜和估读误差以及水准仪本身误差等因素，虽然在一个测站上反映不明显，但随着测站的增加使误差积累，有时也会超出规定的限差。因此，还需要进行整个水准路线的成果检核，将水准路线的测量结果与理论相比较，来判断观测的精度是否符合要求。

实际测量的高差与高差理论值之差称为高差闭合差，一般用 f_h 表示为

$$f_h = \sum h_{\text{测}} - \sum h_{\text{理}} \tag{2.9}$$

如果高差闭合差不大于允许值，则观测结果正确，精度符合要求，否则应当重测。

成果检核的方法，因水准路线布设的形式不同而异。

（1）附合水准路线。附合水准路线是从一个已知的高程点测到另一个已知的高程点，高差的理论值应为终点高程减去起点高程，即 $\sum h_{\text{理}} = H_{\text{终}} - H_{\text{始}}$，根据高差闭合差的定义得

$$f_h = \sum h_{\text{测}} - (H_{\text{终}} - H_{\text{始}}) \tag{2.10}$$

（2）闭合水准路线。闭合水准路线是起止于同一个已知点上，所以高差的总和理论上

应为零，即 $\sum h_理 = 0$，根据高差闭合差的定义得

$$f_h = \sum h_测 - \sum h_理 = \sum h_测 - 0 = \sum h_测 \tag{2.11}$$

（3）支水准路线。支水准路线必须进行往、返测量。往测高差总和理论上应与返测高差总和大小相等符号相反。因此，支水准路线的高差闭合差为

$$f_h = \sum h_测 = \sum h_往 + \sum h_返 \tag{2.12}$$

高差闭合差反映了测量成果的质量，根据水准测量的等级不同，高差闭合差的要求也不相同。

根据有关测量规范要求，等外水准测量的高差闭合差的允许值为

$$\left.\begin{array}{l} f_{h允} = \pm 40\sqrt{L}\,(\text{mm})\ 平地 \\[2mm] f_{h允} = \pm 12\sqrt{n}\,(\text{mm})\ 山地 \end{array}\right\} \tag{2.13}$$

式中　L——路线长度，km；

　　　n——测站数。

2.4.4　水准测量的注意事项

（1）在测量工作之前，应对水准仪进行检校。

（2）仪器应安置在稳固的、便于观测的地面上，在光滑的地面上安置仪器时应防止脚架滑倒，损坏仪器。

（3）视线一般控制在 100m 之内，视线离地面高度，一般不小于 0.2m。

（4）在已知点和待测点上，都不能放尺垫，应将水准尺直接立于标石或木桩上；尺垫只在转点上使用，尺子要竖立在尺垫半球上。

（5）水准尺要扶直，不能前后左右倾斜。

（6）读数要消除视差的影响。

（7）外业记录必须用铅笔在现场直接记录在手簿中，记录数据要端正、整洁，不得对原始记录进行涂改或擦拭。读错、记错的数据应划去，再将正确的数据记在上方，在相应的备注中注明原因。对于尾数读数有错误的记录，不论什么原因都不允许更改，而应将该测站的观测结果废去重测，重测记录前需加"重测"二字。

（8）有正、负意义的量，在记录时，都应带上"＋"、"－"，正号也不能省去，对于中丝读数，要求读记 4 位数，前后的 0 都要读记。

（9）在观测员未迁站前，后视尺的尺垫不能动。

（10）要注意保护好仪器，防止雨淋或暴晒，仪器在测站上，观测者不能离开仪器。

2.5　水准测量的成果计算

水准测量外业工作结束后，即可进行内业成果的计算，计算前，必须对外业手簿进行检查，确保无误后才能进行内业成果的计算。

2.5.1 内业成果计算的步骤

1. 高差闭合差 f_h 及其允许值 $f_{h允}$ 的计算

当 $|f_h| \leqslant |f_{h允}|$ 时,进行内业成果的计算。

如果 $|f_h| > |f_{h允}|$,则说明外业测量数据不符合要求,需要重测。不能进行内业成果的计算。表 2.2 为工程测量限差规定表。

表 2.2 工程测量的限差规定表

等级	允许闭合差 /mm	一般应用范围举例
三等	$f_{h允} = \pm 12\sqrt{L}$ $f_{h允} = \pm 4\sqrt{n}$	有特殊要求的较大型工程、城市地面沉降观测等
四等	$f_{h允} = \pm 20\sqrt{L}$ $f_{h允} = \pm 6\sqrt{n}$	综合规划路线、普通建筑工程、河道工程等
等外 (图根)	$f_{h允} = \pm 40\sqrt{L}$ $f_{h允} = \pm 12\sqrt{n}$	水利工程、山区线路工程、排水沟疏浚工程、小型农田等

2. 高差闭合差调整值的计算

当高差闭合差在允许范围之内时,可进行高差闭合差的调整,高差闭合差调整的原则是将高差闭合差按测站数或距离成正比例反号平均分配到各观测高差上。

设每一测段高差改正数(也称调整值)为 v_i 则

$$v_i = -\frac{f_h}{\sum n}n_i \quad (\sum n \text{ 为测站总数}, n_i \text{ 为测段测站数}) \tag{2.14}$$

或

$$v_i = -\frac{f_h}{\sum L}L_i \quad (\sum L \text{ 为水准路线总长度}, L_i \text{ 为测段长}) \tag{2.15}$$

高差改正数的总和应与高差闭合差大小相等,符号相反,即

$$\sum v = -f_h \tag{2.16}$$

用式(2.16)检核计算的正确性。

对于支水准路线,取往测和返测高差的平均值作为两点间的高差,符号与往测相同。

3. 计算改正后的高差 $\hat{h}_i$

将各段高差观测值加上相应的高差改正数,求出各段改正后的高差,即

$$\hat{h}_i = h_i + v_i \tag{2.17}$$

改正后高差的总和应与理论高差相等,即

$$\sum \hat{h}_i = \sum h_{理} \tag{2.18}$$

用式(2.18)检核计算的正确性。

4. 待定点高程的计算

由起始点的已知高程 $H_{始}$ 开始,逐个加上相应测段改正后的高差 $\hat{h}_i$,即得下一点的高程 H_i。

$$H_i = H_{i-1} + \hat{h}_i \tag{2.19}$$

由待定点推算得到的终点高程与已知的终点高程应该相等，即

$$H_{终} = H_{待n} + \hat{h}_{n+1} = H_{终已} \tag{2.20}$$

用式（2.20）检核计算的正确性。

2.5.2 计算算例

2.5.2.1 闭合水准路线成果算例

某一闭合水准路线的观测成果如图 2.17 所示，试按四等水准测量的精度要求，计算待定点 A、B、C 的高程。（$H_{BM} = 31.753\text{m}$）

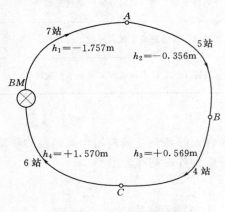

图 2.17 闭合水准路线

1. 计算高差闭合差 f_h 及其允许值 $f_{h允}$

$$f_h = \sum h_{测} = +0.026\text{m} = +26\text{mm}$$

$$f_{h允} = \pm 6\sqrt{n} = \pm 6\sqrt{22} = \pm 28.1\text{mm}$$

$|f_h| \leqslant |f_{h允}|$ 可以进行高差闭合差的调整。

2. 计算各段高差改正数

按式（2.14）进行高差闭合差改正数的计算，即

$$v_1 = -\frac{f_h}{\sum n} n_1 = \frac{-0.026}{22} \times 7 = -0.008\text{（m）}$$

$$v_2 = -\frac{f_h}{\sum n} n_2 = \frac{-0.026}{22} \times 5 = -0.006\text{（m）}$$

$$v_3 = -\frac{f_h}{\sum n} n_3 = \frac{-0.026}{22} \times 4 = -0.005\text{（m）}$$

$$v_4 = -\frac{f_h}{\sum n} n_4 = \frac{-0.026}{22} \times 6 = -0.007\text{（m）}$$

改正数计算校核 $\sum v = -26\text{mm} = -f_h$ 计算正确。

3. 计算改正后的高差 $\hat{h}_i$

按式（2.17）计算改正后的高差 $\hat{h}_i$ 为

$$\hat{h}_1 = h_1 + v_1 = -1.757 - 0.008 = -1.765\text{（m）}$$

$$\hat{h}_2 = h_2 + v_2 = -0.356 - 0.006 = -0.362\text{（m）}$$

$$\hat{h}_3 = h_3 + v_3 = +0.569 - 0.005 = +0.564\text{（m）}$$

$$\hat{h}_4 = h_4 + v_4 = +1.570 - 0.007 = +1.563\text{（m）}$$

改正后高差计算校核 $\sum \hat{h} = 0 = \sum h_{理}$ 计算正确。

4. 计算待定点高程

按式（2.18）计算各待定点高程为

$$H_A = H_{BM} + \hat{h}_1 = 31.753 - 1.765 = 29.988\text{（m）}$$

$$H_B = H_A + \hat{h}_2 = 29.988 - 0.362 = 29.626 (\text{m})$$

$$H_C = H_B + \hat{h}_3 = 29.626 + 0.564 = 30.190 (\text{m})$$

检核计算 $H_{BM算} = H_C + \hat{h}_4 = 30.190 + 1.563 = 31.753\text{m} = H_{BM已知}$ 计算正确。

至此计算结束。

计算步骤列于表 2.3 中。

表 2.3　　　　　　　　　　　　　　闭合水准路线的成果计算表

点名	测站数	实测高差 /m	高差改正数 /m	改正后高差 /m	高　程 /m	备　注
BM	7	−1.757	−0.008	−1.765	31.753	
A	5	−0.356	−0.006	−0.362	29.988	
B	4	+0.569	−0.005	+0.564	29.626	
C	6	+1.570	−0.007	+1.563	30.190	
BM					31.753	
Σ	22	+0.026	−0.026	0		
辅助计算	$f_h = \sum h_测 = +0.026\text{m} = +26\text{mm}$ $f_{h允} = \pm 12\sqrt{n} = \pm 12\sqrt{22} = \pm 56\text{mm}$					

2.5.2.2　附合水准路线的成果算例

某一附合水准路线观测成果如图 2.18 所示，试按四等水准测量的精度要求计算待定点 1、2、3 点的高程。（$H_{BM_1} = 48.000\text{m}$，$H_{BM_2} = 45.869\text{m}$）

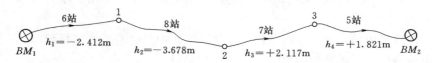

图 2.18　附合水准路线

分步计算略。

计算结果见表 2.4。

表 2.4　　　　　　　　　　　　　　附合水准路线的成果计算表

点名	测站数	实测高差 /m	高差改正数 /m	改正后高差 /m	高　程 /m	备　注
BM_1	6	−2.412	+0.005	−2.407	48.000	
1	8	−3.678	+0.006	−3.672	45.593	
2	7	+2.117	+0.006	+2.123	41.921	
3	5	+1.821	+0.004	+1.825	44.044	
BM_2					45.869	
Σ	26	−2.152	+0.021	−2.131		
辅助计算	$f_h = \sum h_测 - (H_{BM_2} - H_{BM_1}) = -0.021\text{m} = -21\text{mm}$ $f_{h允} = \pm 12\sqrt{n} = \pm 12\sqrt{26} = \pm 61\text{mm}$					

2.6　三等、四等水准测量

在地形测图和施工测量中，多采用三等、四等水准测量作为首级高程控制，三等、四等水准测量与普通水准测量相比，精度高，要求严格。三等、四等水准测量的一测站的观测程序、操作方法、视线长度和读数等都有一定的技术要求。

2.6.1　三等、四等水准测量的技术要求

国家测绘局制定的三等、四等水准测量的技术要求见表 2.5。

表 2.5　　　　　　　　三等、四等水准测量的主要技术要求

等级	视距 /m	高差闭合差限差 /mm		视线 高度	前后 视距差 /m	前后视距 积累差 /m	黑红面 读数差 /mm	黑红面所测 高差之差 /mm
		平地	山区					
三等	≤75	$\pm 12\sqrt{L}$	$\pm 4\sqrt{n}$	三　丝 能读数	≤2.0	≤5.0	2.0	3.0
四等	≤100	$\pm 20\sqrt{L}$	$\pm 6\sqrt{n}$	三　丝 能读数	≤3.0	≤10.0	3.0	5.0

2.6.2　三等、四等水准测量的施测方法

三等、四等水准测量的观测应在通视良好、成像清晰稳定的情况下进行。一般采用双面水准尺进行观测，下面以四等水准测量为例介绍双面尺法的观测程序。

1. 测站观测程序

（1）照准后尺黑面，读取下丝（1）、上丝（2）、中丝（3），并进行记录。

（2）照准后尺红面，读取中丝（4），并进行记录。

（3）照准前尺黑面，读取下丝（5）、上丝（6）、中丝（7），并进行记录。

（4）照准前尺红面，读取中丝（8），并进行记录。

以上四等水准测量的观测程序可简称为"后—后—前—前"或"黑—红—黑—红"。四等水准测量每站观测程序也可为"后—前—前—后"（或称为"黑—黑—红—红"），即：后视黑面尺读下、上、中丝；前视黑面尺读下、上、中丝；前视红面尺读中丝；后视红面尺读中丝。

2. 测站的计算与校核

首先将观测数据（1）、（2）、…、（8）按表 2.6 的形式记录。

（1）视距计算。

后视距离（9）＝[（1）－（2）]×100；

前视距离（10）＝[（5）－（6）]×100；

前、后视距差值（11）＝（9）－（10）；

前、后视距累积差（12）＝本站（11）＋前站（12）。

（2）高差计算。

后尺黑、红面读数差（13）＝K_1＋（3）－（4）；

前尺黑、红面读数差（14）＝K_2＋（7）－（8）；

K_1、K_2 分别为后、前两水准尺的黑、红面的零点差，也称尺常数，一般为 4.687m、4.787m。

黑面高差（15）＝（3）－（7）；

红面高差（16）＝（4）－（8）；

黑、红面高差之差（17）＝（15）－[（16）±0.1]＝（13）－（14）。

其中（16）±0.1 为两根水准尺的零点差（以米为单位），两者相差 0.1m，取"＋"或"－"号应视黑面所算出的高差来确定，红面高差比黑面高差小，则应加上 0.1m，反之，则应减去 0.1m。

高差中数计算，当上述计算合乎限差要求时，可进行高差中数计算。

$$高差中数(18)=\frac{1}{2}\{(15)+[(16)\pm0.1]\}$$

3. 检核计算

（1）每站检核：（17）＝（13）－（14）＝（15）－[（16）±0.1]；

至此，一个测站测量工作全部完成，确认各项计算符合要求后，方可迁站。

（2）每页观测成果检核。

除了检查每站的观测计算外，还应在每页手簿的下方，计算本页的∑检查，并使之满足下列要求。

红、黑面后视中丝总和减红、黑面前视中丝总和应等于红、黑面高差总和，还应等于平均高差总和的两倍。

$$\sum(9)-\sum(10)=末站(12)$$

当每页测站数为偶数时：

$$\sum[(3)+(4)]-\sum[(7)+(8)]=\sum[(15)+(16)]=2\sum(18)$$

测站数为奇数时：

$$\sum[(3)+(4)]-\sum[(7)+(8)]=\sum[(15)+(16)]=2\sum(18)\pm0.1$$

校核无误后，算出总视距。

$$水准路线总长度 L=\sum(9)+\sum(10)$$

2.6.3 成果计算

在完成水准路线观测后，计算高差闭合差，若高差闭合差符合要求，则调整闭合差并计算各点高程。方法见本章 2.5 节。表 2.6 是四等水准测量的记录、计算与检核表。

三等水准测量一般采用"后—前—前—后"的观测顺序。这样的观测程序主要是为了减小仪器下沉误差的影响。三等水准测量的计算、检核与四等水准测量相同，只是限差要求更严格一些。

表 2.6 　　　　　　　　　　　　　　　　　四等水准测量记录表

测站编号	后尺 下丝 上丝	前尺 下丝 上丝	方向及尺号	标尺读数		K+黑减红 /mm	高差中数 /mm	备注
	后视距	前视距		黑面 /mm	红面 /mm			
	视距差 d /m	累计差 ∑d /m						
	(1)	(5)	后 K_1	(3)	(4)	(13)		$K_1=4.687$ $K_2=4.787$
	(2)	(6)	前 K_2	(7)	(8)	(14)	(18)	
	(9)	(10)	后一前	(15)	(16)	(17)		
	(11)	(12)						
1	1738	2195	后 K_1	1153	5842	−2		
	1367	1819	前 K_2	2008	6795	0	−854	
	37.1	37.6	后一前	−0855	−0953	−2		
	−0.5	−0.5						
2	2071	1982	后 K_2	1848	6636	−1		
	1625	1537	前 K_1	1760	6446	+1	+89	
	44.6	44.5	后一前	+0088	+0190	−2		
	+0.1	−0.4						
3	1861	2112	后 K_1	1698	6383	+2		
	1534	1787	前 K_2	1949	6734	+2	−251	
	32.7	32.5	后一前	−0251	−0351	0		
	+0.2	−0.2						
4	1647	1985	后 K_2	1466	6253	0		
	1283	1624	前 K_1	1804	6490	+1	−338	
	36.4	36.1	后一前	−0338	−0237	−1		
	+0.3	+0.1						

$\sum$ (9) =150.8　　　　$\sum$ (3) =6165　　　$\sum$ (4) =25114　　　$\sum$ (15) =−1356

$\sum$ (10) =150.7　　　$\sum$ (7) =7521　　　$\sum$ (8) =26465　　　$\sum$ (16) =−1351

$\sum$ (9) −$\sum$ (10) =+0.1　　　[$\sum$ (3) +$\sum$ (4)] −[$\sum$ (7) +$\sum$ (8)] =−2708

　　　　　　　　　　　　　　　$\sum$ (15) +$\sum$ (16) =−2708

末站 (12) =+0.1　　　　　　　　　　　$\sum$ (18) =−1354

总视距 $\sum$ (9) +$\sum$ (10) =301.5　　　　2$\sum$ (18) =−2708

2.7　微倾式水准仪的检验与校正

2.7.1　水准仪的几何轴线及其应满足的关系

　　如图 2.19 所示，水准仪的主要几何轴线有望远镜的视准轴（CC）、水准管轴（LL）、仪器竖轴（VV）和圆水准器轴（L_0L_0）。根据水准测量的原理，水准仪必须提供一条水平视线。为保证水准仪能提供一条水平视线，各轴线间应满足的几何条件如下：

（1）圆水准器轴应平行于仪器竖轴（L_0L_0//VV）。

（2）十字丝横丝应垂直于仪器竖轴（横丝⊥VV）。

（3）水准管轴应平行于视准轴（LL//CC）。

其中：（1）和（2）是次要条件；（3）是主要条件。

这些条件在仪器出厂时经检验都满足了要求，但由于长期的使用和运输中的震动，使仪器各部分的螺丝松动，各轴线之间的关系发生了变

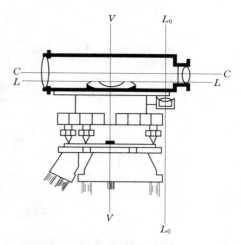

图 2.19　水准仪几何轴线关系

化。所以水准测量作业前，应对水准仪进行检验，如有问题，应该及时校正。

2.7.2　水准仪的检验和校正

2.7.2.1　圆水准器轴平行于仪器竖轴的检验与校正

1. 检验目的

使圆水准轴平行于仪器竖轴。若两轴平行，圆水准器气泡居中时，竖轴就处于铅垂位置。

2. 检验原理

假设仪器竖轴与圆水准器轴不平行，它们之间有一交角 δ，那么当圆水准器气泡居中时，圆水准器轴竖直，竖轴则偏离竖直位置 δ 角，如图 2.20（a）所示。将仪器旋转 180°，如图 2.20（b）所示，由于仪器是以竖轴为旋转轴旋转的，此时仪器的竖轴位置不变动，而圆水准器轴则从竖轴的右侧转到了竖轴左侧，与铅垂线的夹角为 2δ。圆水准器气泡偏离中心位置，气泡偏离的弧长所对的圆心角即等于 2δ。

3. 检验方法

安置仪器后，调节脚螺旋使圆水准器气泡居中，然后将望远镜绕竖轴旋转 180°，此时若气泡仍然居中，说明此项条件满足；若气泡偏离中心位置，说明此项条件不满足，应进行校正。

4. 校正方法

校正时，用校正针拨动圆水准器下面的三个校正螺丝，使气泡向居中位置移动偏离长度的一半，这时圆水准器轴与竖轴平行，如图 2.20（c）所示。然后再旋转脚螺旋使气泡居中，此时竖轴处于竖直位置，如图 2.20（d）所示。拨动三个校正螺丝前，应一松一紧，校正完毕后注意把螺丝紧固。校正必须反复数次，直到仪器转动到任何方向圆气泡都居中为止。

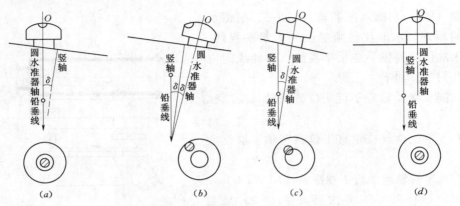

图 2.20 圆水准器检验、校正原理

2.7.2.2 十字丝横丝垂直于仪器竖轴的检验与校正

1. 检验目的

仪器整平后，使十字丝的横丝处于水平状态，即使横丝垂直仪器竖轴。

2. 检验原理

如果十字丝横丝不垂直于仪器的竖轴，当竖轴处于竖直位置时，十字丝横丝不是水平的，横丝的不同部位在水准尺上的读数不相同。

3. 检验方法

水准仪整平后，用十字丝横丝的一端瞄准与仪器等高的一固定点，如图 2.21（a）中的 M 点。固定制动螺旋，然后用微动螺旋缓缓地转动望远镜。如图 2.21（b）所示，若该点始终在十字丝横丝上移动，说明此条件满足；若该点偏离横丝，如图 2.21（c）、图 2.21（d）所示，表示条件不满足，需要校正。

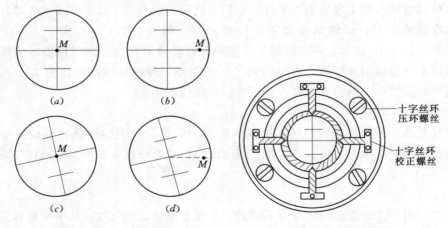

图 2.21 十字丝横丝的检验　　　　　图 2.22 十字丝校正装置

4. 校正方法

旋下靠目镜处的十字丝环外罩，用螺丝刀松开十字丝环的四个固定螺丝，如图 2.22 所示。按横丝倾斜的反方向转动十字丝环，使横丝与目标点重合，再进行检验，直到目标点始终在横丝上相对移动为止，最后旋紧十字丝环固定螺丝，盖好护罩。

2.7.2.3 水准管轴平行于视准轴的检验与校正

1. 检验目的

使水准管轴平行于视准轴。当仪器水准管气泡居中时，视准轴水平，水准仪提供一条水平视线。

2. 检验原理

设水准轴不平行视准轴所夹角度为 i，检验时将仪器安置在不同的点上以测定两固定点间的两次高差来确定 i 角，若两次测得的高差相等，则 i 角为零；若两次测得的高差不相等，则需计算 i 角，如 i 角超限，则应进行校正。

3. 检验方法

在较平坦的地面上选定相距 $80\sim100\text{m}$ 的 A、B 两点，分别在 A、B 两点打入木桩，在木桩上竖立水准尺。将水准仪安置在 A、B 两点中间，使前后视距相等，如图 2.23（a）所示，精确整平仪器后，依次照准 A、B 两尺进行读数，设读数分别为 a_1、b_1，此时因前后视距相等，所以 i 角对前、后尺读数的影响均为 x，A、B 两点间的高差为

$$h_{AB} = a_1 - b_1 = (a+x) - (b+x) = a - b \tag{2.21}$$

式（2.21）抵消了 i 角误差对高差的影响，所以由 a_1、b_1 算出的高差即为正确高差。

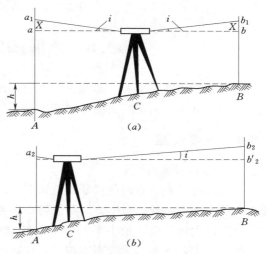

图 2.23　水准管轴平行于视准轴的检验与校正
（a）中点；（b）A 端点

用变化仪器高法两次测出 A、B 两点的高差，两次测得的高差小于 5mm 时，取平均值 h_{AB} 作为最后结果。

由于仪器距两尺的距离相等，由图 2.23（a）中可见，无论水准管轴是否平行视准轴，在中点处测出的高差 h_{AB} 都是正确高差，这说明在水准测量中将仪器放在两尺中点处可以消除 i 角误差。

将水准仪搬至距离 A 点（或 B 点）约2~3m 处，如图 2.23（b）所示，仪器精平后读取两尺中丝读数 a_2 和 b_2。因为仪器离 A 点很近，i 角对 A 尺读数 a_2 的影响很小，可以认为 a_2 即为视线水平时的正确读数。因此根据 a_2 和正确高差 h_{AB} 可以计算出 B 尺视线水平时的正确读数 b_2' 为

$$b_2' = a_2 - h_{AB} \tag{2.22}$$

如果 $b_2' = b_2$ 说明两轴平行，否则，有 i 角存在。

i 角值的计算公式为

$$i = \frac{b_2 - b_2'}{D_{AB}}\rho \tag{2.23}$$

式中 D_{AB} ——点 A、B 间距离。

当 $i>0$ 时，说明视准轴向上倾斜；当 $i<0$ 时，说明视准轴向下倾斜。

规范中规定 DS$_3$ 型水准仪的 i 角大于 $20''$ 时需要进行校正。

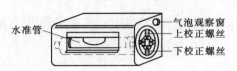

图 2.24 水准管的校正

4. 校正方法

水准仪不动，转动微螺旋使十字丝的横丝切于 B 尺的正确读数 b_2' 处，此时视准轴处于水平位置，而水准管气泡偏离中心。用校正针先拨松水准管左右端校正螺丝，再拨动上、下两个校正螺丝，如图 2.24 所示，使上下螺丝一松一紧，升降水准管的一端，使偏离的气泡重新居中。此项校正需反复进行，直至达到要求后，将松开的校正螺丝旋紧。

2.8 水准测量的误差分析

水准测量的误差来源主要有三个方面，即仪器误差、观测误差和外界条件影响。研究误差的主要目的是为了找出消除或减少误差的方法，以提高水准测量精度。

2.8.1 仪器误差

1. 水准仪误差

水准仪的误差一方面是仪器制造误差，即仪器在制造过程中所存在的缺陷，这在仪器校正中是无法消除的；另一方面是仪器检验和校正不完善所存在的残余误差，在这些误差中，影响最大的是视准轴不平行于水准管轴的误差，此项误差与仪器至立尺点距离成正比，在测量中，使前、后视距离相等，在高差计算中就可消除该项误差的影响。

2. 水准尺误差

水准尺误差主要包括水准尺分划不准确和零点误差等。由于使用磨损等原因，水准标尺的底面与其分划零点不完全一致，其差值称为零点差。标尺零点差的影响对于测站数为偶数的水准路线是可以自行抵消的；但对于测站数为奇数的水准路线，高差中含有这种误差的影响。所以，水准测量中，在一个测段内应使测站数为偶数。不同精度等级的水准测量对水准尺有不同的要求，精密水准测量要用经过检定的水准尺，一般不用塔尺。

2.8.2 观测误差

1. 水准气泡居中误差

水准测量时通过水准管气泡居中来实现视线水平的条件。由于水准管内液体与管壁的黏滞作用和观测者眼睛分辨能力的限制，致使气泡没有严格居中引起的误差。水准管气泡居中误差一般为 $\pm 0.15\tau$（τ 为水准管的分划值）采用符合水准器时，气泡居中精度可提高一倍。故由气泡居中误差引起的读数误差为

$$m_\tau = \frac{0.15\tau}{2\rho}D \qquad (2.24)$$

式中 D ——视线长度。

2. 读数误差

读数误差是观测者在水准尺上估读毫米数的误差，与人眼分辨能力、望远镜放大率以及视线长度有关。通常其计算公式为

$$m_V = \frac{60''}{V} \frac{D}{\rho} \qquad (2.25)$$

式中　V——望远镜放大率；

　　　$60''$——人眼分辨的最小角度。

为保证读数精度，各等级水准测量对仪器望远镜的放大率和最大视线长度都有相应规定。

3. 水准尺倾斜

水准测量时，若水准尺倾斜，在水准尺上的实际读数总比水准尺垂直时正确的读数要大。

当尺子倾斜 2°时，会造成大约 1mm 的误差。为了减少标尺竖立不直产生的读数误差，可使用装有圆水准器的水准标尺，并注意在测量中要认真扶尺。

2.8.3　外界条件影响

1. 仪器和尺子的下沉误差

地面松软，仪器、尺子和尺垫的重量使仪器和尺子产生下沉，造成测量的结果和实际不符。因此，仪器必须安置在土质坚固的地面上，将脚架踩实，以提高观测精度。

2. 地球曲率和大气折光的影响

由于光线的折射作用，使视线不成一条直线。靠近地面的温度较高，空气密度较稀，因此视线离地面越近，折射就越大，并使尺子上的读数改变，所以规范上规定视线必须高出地面一定的高度。水平视线在水准尺上的读数理论上应为在相应水准面上的读数，两者之差就是地球曲率的影响，在一般比较稳定的情况下，大气折光的影响为地球曲率的影响的 1/7，且符号相反。地球曲率和大气折光的共同影响为

$$f = \left(1 - \frac{1}{7}\right)\frac{D^2}{2R} = 0.43 \frac{D^2}{R} \qquad (2.26)$$

式中　D——视线长度；

　　　R——地球半径。

如果使前后视距相等，由式（2.26）计算的 f 值则相等，地球曲率和大气折光的影响将得以消除或大大地减弱。

由于误差是不可避免的，因此无法完全消除误差的影响，但可以采取一定的措施减小误差的影响，提高测量结果的精度。水准测量时测量人员应认真执行水准测量规范，同时应避免测量人员疏忽大意造成的错误。

2.9　电子水准仪

近年来，随着光电技术的发展，出现了电子水准仪，电子水准仪也称数字水准仪。它是在自动安平水准仪的基础上发展起来的，它采用条形码，因各厂家标尺编码的条码图案

不同，不能互换使用。目前照准标尺和调焦仍需人工目视进行。人工完成照准和调焦，标尺条码一方面被成像在望远镜分划板上，供目镜观测；另一方面通过望远镜的分光镜，标尺条码又被成像在光电传感器上，供电子读数。因此，如果使用传统的标尺，电子水准仪又可以像普通自动安平水准仪一样使用。但这时的测量精度低于电子测量的精度。

电子水准仪采用电子光学系统自动记录数据来代替人工读数，使工作效率和测量精度

大幅提高。电子水准仪在自动量测高程的同时，还可以进行视距测量。因此，电子水准仪可用于水准测量、地形测量和施工测量中。与电子水准仪配套使用的水准尺为条纹编码尺，由玻璃纤维或铟钢制成。

电子水准仪的操作简单，在粗略整平仪器并瞄准目标后，按下测量键后约 3～4s 即可得到中丝读数和视距。即使标尺倾斜、调焦不很清晰也能观测，仅观测速度略受影响。观测中尺子被局部遮挡，仍可进行观测。

电子水准仪还可进行自动连续测量，自动记录的数据，也可直接输入计算机进行处理。图 2.25 为蔡司DINI12电子水准仪。

图 2.25 蔡司 DINI12 电子水准仪

【知识小结】

水准测量是高程测量中最基本、最精密也是最重要的一种方法，因此本章的内容是本门课程的重点内容之一，学习本章主要掌握以下几方面的知识内容。

（1）水准测量的原理。水准测量是利用水准仪提供的水平视线在水准尺上读数，直接测定地面上两点间的高差，然后根据已知点高程及测得的高差来推算待定点高程的一种方法。

（2）水准测量的仪器——水准仪。进行水准测量所用的仪器是水准仪，其构造主要有望远镜、水准器和基座三部分组成。水准仪的使用包括仪器安置、整平、瞄准和调焦、读数等步骤。在进行水准测量之前，要进行水准仪的检验与校正，其中重点内容是水准管轴平行于视准轴的检验与校正。

（3）水准测量的方法。在外业进行水准测量，重要的是要掌握测站的观测、记录和计算方法。三等、四等水准测量每一测站上都有固定的观测程序，三等水准测量严格按照"后—前—前—后"的观测程序，四等水准测量可以按照"后—前—前—后"或者"后—后—前—前"的观测程序进行。同时，水准测量一般按照一定的水准路线施测，水准路线主要有闭合水准路线、附合水准路线和支水准路线。

（4）水准测量成果的计算。水准测量外业结束后即可进行内业计算，内业计算的目的是合理地调整高差闭合差，计算出未知点的高程。内业计算主要从以下几步进行，即首先计算高差闭合差，并与高差闭合差允许值进行比较，在其符合要求的情况下进行后续计算；按照与测站数（或距离）成正比反号均分的原则计算高差闭合差的调整值；计算改正后的高差；最后计算出未知点的高程。

【知识与技能训练】

（1）绘图说明水准测量的基本原理。

（2）什么是视准轴？什么是水准管轴？

（3）什么是水准管分划值？它的大小和整平仪器的精度有什么关系？

（4）什么是视差？产生视差的原因是什么？如何消除视差？

（5）什么是转点？转点的作用是什么？

（6）水准仪的圆水准器和管水准器的作用有何不同？水准测量时，读完后视读数后转动望远镜瞄准前视尺时，圆水准气泡和符合气泡都有少许偏移（不居中），这时应如何调节仪器，才能读前视读数？

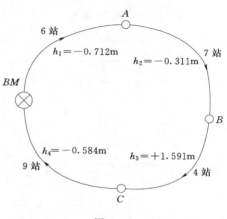

（7）图 2.26 为四等闭合水准路线观测成果，试按测站数调整闭合差，并计算各待定点高程。（已知 $H_{BM}=39.520$m）

图 2.26

（8）图 2.27 为四等附合水准路线观测成果，试按测站数调整闭合差，并计算各待定点高程。（已知 $H_{BM1}=51.261$m，$H_{BM2}=52.968$m）

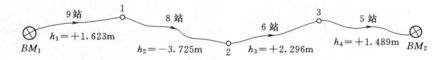

图 2.27

（9）计算完成表 2.7 中四等水准测量外业测量成果。（$K_1=4687$，$K_2=4787$）

表 2.7　　　　　　　　　　　四等水准测量观测记录表

| 测站编号 | 后尺 下丝 上丝 | 前尺 下丝 上丝 | 方向及尺号 | 标尺读数 | | K＋黑减红 /mm | 高差中数 /mm | 备　注 |
| | 后视距 | 前视距 | | 黑面 /mm | 红面 /mm | | | |
	视距差 d /m	累计差 ∑d /m						
	(1)	(5)	后 K_1	(3)	(4)	(13)		
	(2)	(6)	前 K_2	(7)	(8)	(14)	(18)	
	(9)	(10)	后一前	(15)	(16)	(17)		
	(11)	(12)						
1	1472	1441	后 K_1	1395	6083			$K_1=4687$
	1321	1274	前 K_2	1358	6143			$K_2=4787$
			后一前					

测站编号	后尺		前尺		方向及尺号	标尺读数		$K+$黑减红 /mm	高差中数 /mm	备 注
		下丝		下丝						
		上丝		上丝						
	后视距		前视距			黑面 /mm	红面 /mm			
	视距差 d /m		累计差$\sum d$ /m							
2	1539		1558		后 K_2	1392	6178			
	1224		1225		前 K_1	1408	6093			
					后—前					
3	1435		1490		后 K_1	1342	6028			
	1249		1311		前 K_2	1398	6187			
					后—前					
4	1668		1642		后 K_2	1525	6312			
	1382		1342		前 K_1	1493	6179			
					后—前					

$\sum$ (9) =　　　　　　　$\sum$ (3) =　　　　$\sum$ (4) =　　　　$\sum$ (15) =

$\sum$ (10) =　　　　　　$\sum$ (7) =　　　　$\sum$ (8) =　　　　$\sum$ (16) =

$\sum$ (9) $-\sum$ (10) =　　　[$\sum$ (3) $+\sum$ (4)] $-$ [$\sum$ (7) $+\sum$ (8)] =

　　　　　　　　　　　　$\sum$ (15) $+\sum$ (16) =

末站 (12) =　　　　　　　　　　$\sum$ (18) =

总视距$\sum$ (9) $+\sum$ (10) =　　　　$2\sum$ (18) =

（10）水准仪有哪些几何轴线？它们之间应满足哪些条件？其中什么是主要条件？

（11）在 DS₃ 型水准仪的水准管轴平行于视准轴的检验中，选择相距 80m 的 A、B 两点，仪器安置于 A、B 两点中间时，A、B 两尺的读数分别为 1.377m 和 1.361m；将水准仪搬至前视尺 B 点近旁约 3m 处，A、B 两尺的读数分别为 1.467m 和 1.464m，问该水准仪的水准管轴是否平行于视准轴？如不平行，i 角是多少？视线是上倾还是下倾？该如何校正？

（12）水准测量的误差有哪些？在测量中应如何操作才能消除或减小其对测量成果的影响？

第3章 角 度 测 量

【学习目标】

角度测量是三项基本测量工作的内容之一，它包括水平角测量和竖直角测量。本章介绍了角度测量的基本原理；电子经纬仪的构造及使用；水平角和竖直角测量；经纬仪的检验和校正；角度测量误差及注意事项。要求熟悉角度测量的基本原理和经纬仪的构造，各部分的名称及使用；掌握经纬仪安置的方法；掌握水平角和竖直角的测量方法；熟悉经纬仪检验和校正方法；了解角度测量误差产生的原因及注意事项。

【学习要求】

知识要点	能 力 要 求	相 关 知 识
经纬仪及其使用	(1) 能够熟练进行经纬仪的对中与整平； (2) 掌握电子经纬仪的按键功能	(1) 电子经纬仪的构造和性能； (2) 经纬仪对中和整平的方法
水平角测量	(1) 能够根据工程情况选择合理的水平角测量方法； (2) 能够在测量中采取减小测量误差的有效措施； (3) 能够正确计算出所测量的水平角	(1) 水平角的测量方法：测回法、方向观测法； (2) 水平角测量的基本步骤； (3) 影响测角误差的因素：仪器误差、观测误差、外界条件影响
竖直角测量	(1) 能够根据仪器找出竖直角的计算公式； (2) 能够计算出竖盘读数指标差	(1) 竖直度盘构造； (2) 竖直角测量原理； (3) 竖盘读数指标差的计算

3.1 角 度 测 量 原 理

3.1.1 水平角测量原理

测定地面点的平面位置，一般需要观测水平角。所谓的水平角，就是空间两条直线在水平面上投影的夹角。水平角一般用 β 表示。例如图 3.1 中，$\angle BAC$ 为直线 AB 与 AC 之间的夹角，测量中所要观测的水平角是 $\angle BAC$ 在水平面上的投影，即 $\angle bac$。

由图 3.1 可以看出，地面上 A、B、C 三点在水平面上的投影 a、b、c 是通过做他们的铅垂线得到的。因此，$\angle bac$ 就是通过 AB、AC 的两竖直面所形成的二面角。此二面角在两竖直面的交线 Oa 上任意一点均可进行量测。设想在竖线 Oa 上的 O 点放置一个按顺时针注记的全圆量角器（称为度盘），并使其水平。通过 AC 的竖面与度盘的交线读数 n，

通过 AB 竖面与度盘的交线得另一读数 m，则 m 减 n 就是圆心角 β，即

$$\beta = m - n \qquad (3.1)$$

这个 β 就是水平角。

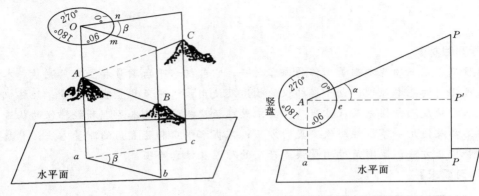

图 3.1　水平角测角原理　　　　图 3.2　竖直角测角原理

3.1.2　竖直角测量原理

在同一竖直面内，目标方向与水平面的夹角称为竖直角，亦称竖角、垂直角，通常用 α 表示。竖直角的范围是：$\alpha \in (-90°, +90°)$，当视线位于水平方向上方时，竖直角为正值，称为仰角；当视线位于水平方向下方时，竖直角为负值，称为俯角。

根据竖直角的基本概念，要测定竖直角，必然也与水平角一样是两个方向读数的差值。如图 3.2 所示，测站点 A 至目标点 P 的方向线 AP 与其在水平面的投影 aP 间的夹角，即 AP' 的夹角 α 就是 AP 方向的竖直角。为了测定这个竖直角，可以在 A 点上放置竖直度盘，视线方向在竖直度盘的读数为 a，即

$$竖直角 \alpha = a - 水平方向读数 \qquad (3.2)$$

竖直角有两种表示形式：一种是通常讲的竖直角，即目标方向线与水平视线的夹角，一般用符号 α 表示；另一种是天顶距，即目标方向线与天顶方向（即铅垂线的反方向）的夹角，称为天顶距，一般用符号 Z 表示。

经纬仪就是根据上述水平角和竖直角的测量原理设计制造。同时，还可以进行视距测量。

3.2　电 子 经 纬 仪

电子经纬仪是在光学经纬仪的基础上发展起来的测角仪器，是全站型电子速测仪的过渡产品，其主要特点是采用电子测角系统，能自动显示测量结果，减轻了外业劳动强度，提高了工作效率。

图 3.3 为南方 ET‐02/05/05B 系列电子经纬仪，电子经纬仪的主要结构与普通经纬

仪大致相同，不同的是使用了光电度盘，即度盘的角值符号变成能被光电器件识别的和接受的特定的信号，然后转换成常规的角值，从而实现了读数记录的数字化和自动化。按角值和光电信号的转换，大体分为两类：一类是把度盘分区、环进行编码，称为编码度盘，它直接把角度转换成二进制代码，所以称为绝对转换系统；另一类是利用光栅度盘把单位角度转换成脉冲信号，然后利用计算机累计变化的脉冲数，求得相应的角度值，称为增量转换系统。下面分别简单介绍编码度盘测角和光栅度盘测角原理。

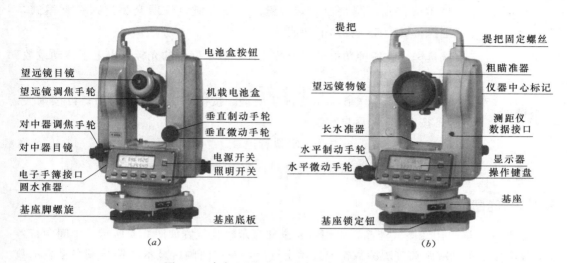

图 3.3　南方 ET-02/05/05B 系列电子经纬仪

3.2.1　电子经纬仪的键盘功能

由于生产厂家的不同，电子经纬仪的型号、读数装置及使用方法不尽相同。下面主要以南方 ET-02/05/05B 系列电子经纬仪为例说明电子经纬仪的键盘操作方法。

南方 ET-02/05/05B 系列电子经纬仪的键盘具有一键双重功能，一般情况下仪器执行键上方所标的第一（测角）功能，当按下 MODE 键后再按其余各键则执行按键下方所标示的第二（测距）功能。

$\dfrac{\text{R/L}}{\text{CONS}}$ 键	R/L 显示右旋/左旋水平角选择键。连续按此键，两种角值交替显示。 CONS 专项特种功能模式键。
$\dfrac{\text{HOLD}}{\text{MEAS}}$ 键 (◄)	HOLD 水平角锁定键。按此键两次，水平角锁定；再按一次解除。 MEAS 测距键。按此键连续精确测距（电经仪无效）。
(◄)	在特种功能模式中按此键，显示屏中的光标左移动。
$\dfrac{\text{0SET}}{\text{TRK}}$ 键 (►)	0SET 水平角置零键，按此键两次，水平角置零。 TRK 跟踪测距键。按此键每秒跟踪测距一次，精度至 0.01（电经仪无效）。
(►)	在特种功能模式中按此键，显示屏中的光标右移动。

V%	竖直角和斜率百分比显示键。连续按键交替显示。

V%键

在测距模式状态时，连续按此键则交替显示斜距（◢）、平距（◣）、高差（◢）。

▲ 增量键

在特种功能模式中按此键，显示屏中的光标可以上下移动或数字向上增加。

MOOE键

MODE 测角、测距模式转换键。连续按键，仪器交替进入一种模式，分别执行键上或下标示的功能。

（▼）

减量键。在特种功能模式中按此键，显示屏中的光标可以上下移动或数字向下减少。

✸键
REC

✸望远镜十字丝和显示光屏照明键。按键一次打开灯照明；再按则关（若不按键，10s 后自动熄灭）。

REC 记录键。令电子手簿执行记录。

PWR键

PWR 电源开关键。按键开机；按键大于 2s 则关机。

3.2.2 信息显示符号

液晶显示屏采用线条式液晶，常用符号全部显示时其位置如图 3.4 所示。中间两行各 8 个数位显示角度或距离等观测数据或提示字符串，左右两侧所显示的符号或字母表示数据的内容或采用的单位名称。各显示符号的功能见表 3.1。

图 3.4　经纬仪液晶显示屏

表 3.1　　　　　　　　　　　　　　显 示 符 号 及 功 能

显示	内　　容	显示	内　　容
V	竖直角	G	角度显示单位　　　　GON
HR	右水平角	R/L	水平角测量方式（左、右角）
HL	左水平角	HOLD	保持水平角读数
Ht	复测法测角	0SET	水平角设置为零
8AVG	复测次数/平均角值	POWER	电源开关
TITL	倾斜改正模式	FUNC	按键上方注记功能选择
F	功能键选择方式	REP	重复角度测量
%	百分比		

3.3 经纬仪的使用

经纬仪的使用包括仪器安置、瞄准和读数三个方面。

3.3.1 经纬仪的安置

经纬仪安置程序是：打开三脚架腿螺旋，调整好脚架高度使其适合于观测者，将其安置在测站上，使架头大致水平。从仪器箱中取出经纬仪安置在三脚架头上，并旋紧连接螺旋，即可进行安置工作，即对中和整平。

3.3.1.1 对中

对中的目的是使仪器的中心（竖轴）与测站点（角的顶点）位于同一铅垂线上。这是测量水平角的基本要求。对中方法有两种：垂球对中和光学对中。

1. 垂球对中

将垂球挂在连接螺旋下面的铁钩上，调整垂球线的长度，使垂球尖接近地面点位。如果垂球中心偏离测站点较远，可以通过平移三脚架使垂球大致对准点位；如果还有偏差，可以把连接螺旋稍微松动，在架头上平移仪器来精确对准测站点，再旋紧连接螺旋即可。对中误差一般小于 3mm。

2. 光学对中

使用光学对中器时应与整平仪器结合进行。光学对中的步骤如下：

（1）张开三脚架，目估对中且使三脚架架头大致水平，架高适中。

（2）将经纬仪固定在脚架上，调整对中器目镜焦距，使对中器的圆圈标志和测站点影像清晰。

（3）转动仪器脚螺旋，使测站点影像位于圆圈中心。

（4）伸缩脚架腿，使圆水准器泡居中。然后，旋转脚螺旋，通过管水准整平仪器。

（5）察看对中情况，若偏离不大，可以通过平移仪器使圆圈套住测站点位，精确对中。若偏离太远，应重新整置三脚架，直到达到对中的要求为止。

3. 激光对中

激光对中的方法与光学对中的方法基本相同，不同的是激光对中的经纬仪没有光学对中器，按住仪器上的照明键几秒钟，激光束会打在地面上，在地面上可见红色的激光点，通过搬动仪器使激光点与地面点的标志重合，然后再按照光学对中的步骤（4）、步骤（5）操作即可。

4. 注意事项

（1）对中后应及时固紧连接螺旋和架腿固定螺丝。

（2）检查对中偏差应在规定限差要求之内。

（3）在坚滑地面上设站时，应将脚架腿固定好，以防止架腿滑动。

（4）在山坡上设站时，应使脚架的两个腿在下坡，一个腿在上坡，以保障仪器稳定、安全。

3.3.1.2 整平

整平的目的是使仪器的水平度盘位于水平位置，仪器的竖轴位于铅垂位置。

整平分两步进行。首先用脚螺旋使圆水准气泡居中，即概略整平，主要是通过伸缩脚架腿或旋转脚螺旋使圆水准气泡居中，其规律是圆水准气泡向伸高脚架腿的一侧移动，或者圆水准气泡移动方向与左手大拇指和右手食指旋转脚螺旋的方向一致；精确整平是通过旋转脚螺旋使照准管水准器在相互垂直的两个方向上气泡都居中。精确整平的方法如图3.5所示。

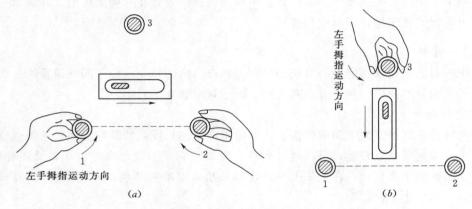

图 3.5　精确整平原理示意图

（1）旋转仪器使照准部管水准器与任意两个脚螺旋的连线平行，用两手同时相对或相反方向转动这两个脚螺旋，使气泡居中。

（2）然后将仪器旋转 90°，使水准管与前两个脚螺旋连线垂直，转动第三个脚螺旋，使气泡居中。如果水准管位置正确，如此反复进行数次即可达到精确整平的目的，即水准管器转到任何方向时，水准气泡居中，或偏离不超过 1 格。

3.3.2 瞄准

瞄准是用十字丝中心部位正对目标，故十字丝是瞄准目标的主要设备。测水平角时，以十字丝的纵丝瞄准目标。当目标较粗时，常用单丝平分或用双丝对称夹准；若目标较细时，则常用单丝与目标重合或双丝对称夹准。如果杆状目标（花杆或旗杆）歪斜时，尽量照准根部，以减少照准偏差的影响。

横丝用来测竖直角时瞄准目标。照准时，目标要靠近纵丝。切准目标的部位一定要明确并记录在手簿上，一般用中丝切准目标的上沿。另外还应注意，无论测水平角或竖直角，其照准目标的部位均应接近于十字丝的中心。如图3.6所示，经纬仪测水平角时用双丝瞄准目标。

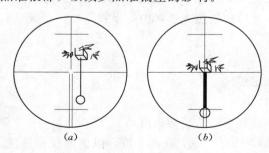

图 3.6　十字丝瞄准目标

操作方法：松开照准部和望远镜的制动

螺旋，转动照准部和望远镜，用粗瞄准器使望远镜大致照准目标，然后从镜内找到目标并使其移动到十字丝中心附近，固定照准部和望远镜的制动螺旋，再旋转其微动螺旋，便可以准确照准目标的固定部位，读取水平角或竖直角数值。

3.3.3 读数记录

在经纬仪显示屏上读取度盘读数，并将读数记录在手簿上。

3.3.4 配置度盘

配置度盘是为了减少度盘分划误差的影响和计算方向观测值的方便，使起始方向（或称零方向）水平度盘读数在 0°～1°之间，或某一制定位置，称为配置度盘。

当测角精度要求较高时，往往需要在一个测站上观测几个测回。为了减少度盘分划误差的影响，各测回起始方向的递增数值 δ 的计算公式为

$$\delta = \frac{180°}{n} \tag{3.3}$$

式中　n——测回数。

3.4　水　平　角　测　量

水平角的观测方法有多种，无论采用何种方法，为消除仪器的某些误差，一般用盘左和盘右两个位置进行观测。所谓盘左，就是观测者对着望远镜的目镜时，竖盘在望远镜的左边；盘右则是观测者对着望远镜的目镜时，竖盘在望远镜的右边。盘左又称正镜；盘右又称倒镜。

根据观测目标的多少，常采用的水平角的观测方法有：测回法和全圆测回法。

3.4.1 测回法

测回法只用于观测两个方向之间的夹角，是水平角观测的基本方法。设要观测的水平角为 $\angle\beta$（图3.7），在 O 点安置经纬仪，分别照准 A、B 两点的目标进行读数，两读数之差即为水平角值。其具体操作步骤如下：

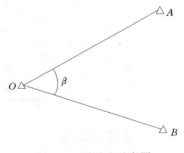

图 3.7　测回法示意图

（1）盘左位置。瞄准目标 A，使标杆或测钎准确地夹在双竖丝中间（或单丝去平分）；为了减低标杆或测钎竖立不直的影响，应尽量瞄准标杆或测钎的最低部。

（2）读取水平度盘读数 $a_左$，记入观测手簿。

（3）顺时针方向转动照准部，用同样的方法瞄准目标 B，读记水平度盘读数 $b_左$；以上两步称为盘左半测回或上半测回，测得角值为 $\beta_左 = b_左 - a_左$。

（4）倒转望远镜，盘左变成盘右，按上述方法先瞄准目标 B，记水平度盘读数 $b_右$。

（5）逆时针转动照准部，瞄准目标 A，记水平度盘读数 $a_右$。

以上步骤（4）、步骤（5）两步称为盘右测回或下半测回，测得角值为 $\beta_右 = b_右 - a_右$。

盘左和盘右两个半测回合在一起称为一个测回。两个半测回的角值不超过允许限差，则取平均值就是一测回的观测结果，即

$$\beta = \frac{1}{2}(\beta_左 + \beta_右) \tag{3.4}$$

采用盘左、盘右两个位置观测水平角，可以抵消某些仪器构造误差对测角的影响，同时可以检查观测中有无错误。由于水平度盘注记是顺时针方向增加的，因此在计算角值时，无论是盘左还是盘右，均应用右侧目标的读数减去左侧目标的读数，如果不够减，则应加上 $360°$再减。为了提高测量精度，往往需要对某角度观测多个测回，各测回度盘的起始读数递增值为 $\delta = 180°/n$。

测回法通常有两项限差，一是两个半测回的方向值（即角值）之差，二是各测回角值之差；对于不同精度的仪器，有不同的规定限值。就 DJ$_6$经纬仪而言，半测回角值之差不应大于 $36''$，各测回角度之差不应大于 $24''$，如果超限，应找出原因并重测，表 3.2 为测回法观测记录表。

表 3.2　　　　　　　　　　　测 回 法 观 测 记 录 表

测站	测回	垂直度盘位置	目标	度盘读数 /(° ′ ″)			半测回角值 /(° ′ ″)			一测回角值 /(° ′ ″)			各测回平均值 /(° ′ ″)			备注
O	1	左	A	0	00	06	85	35	42							
			B	85	35	48				85	35	39				
		右	A	180	00	12	85	35	36				85	35	41	
			B	265	35	48										
O	2	左	A	90	01	06	85	35	48							
			B	175	36	54				85	35	42				
		右	A	270	01	06	85	35	36							
			B	355	36	42										

3.4.2　全圆测回法

全圆测回法也称方向观测法，观测三个及以上的方向时，通常采用全圆测回法。它是以某一个目标作为起始方向（又称零方向），依次观测出其余各个目标相对于起始方向的方向值，然后根据方向值计算水平角值。

3.4.2.1　观测步骤

如图 3.8 所示，在测站 O 上观测 A、B、C、D 各个方向之间的水平角，用全圆测回法的操作步骤如下：

（1）将仪器安置于测站 O 上，对中、整平。

（2）选与 O 点相对较远的目标 A 作为零方向。

（3）盘左位置，照准目标 A，配置度盘的起始读数。读取该数并记入观测手簿中。

（4）顺时针方向转动照准部，依次瞄准目标 B、C、D，读取相应的水平读数并记入观测手簿中。

（5）为了检查观测过程中水平度盘是否变动，需要顺时针方向再次瞄准零方向 A 并读水平度盘的读数。这一步骤称为"归零"，两次零方向读数之差称为半测回归零差。使用 DJ₆ 经纬仪观测，半测回归零差不应大于 $18''$。如果半测回归零差超限，应立即查明原因并重测。

以上步骤（3）～（5）步为上半测回，可见上半测回的观测顺序为 $A \rightarrow B \rightarrow C \rightarrow D \rightarrow A$。

（6）倒转望远镜使仪器成盘右位置，逆时针转动照准部，照准零方向 A，读取读数并记入观测手簿中。

（7）逆时针方向转动照准部，依次照准目标 D、C、B，读取相应的读数并记入观测手簿中。

（8）再逆时针转动照准部瞄准零目标点 A，读取水平度盘读数并计算归零误差是否超限，其限差规定同上半测回。

步骤（6）～（8）步为下半测回，可见下半测回的观测顺序为 $A \rightarrow D \rightarrow C \rightarrow B \rightarrow A$。

上、下半测回合起来称为一测回。表3.3为两个测回的全圆测回法手簿的记录和计算举例。

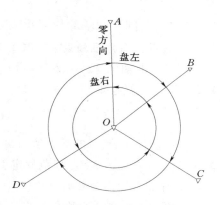

图 3.8　全圆测回法示意图

表 3.3　　全圆测回法观测记录表

测站	测回数	目标	水平度盘读数 盘左 /(° ′ ″)	水平度盘读数 盘右 /(° ′ ″)	2C /(″)	平均值 /(° ′ ″)	归零方向值 /(° ′ ″)	各测回平均方向值 /(° ′ ″)	水平角值 /(° ′ ″)
O	1	A	0　00　06	180　00　18	−12	(0　00　16) 0　00　12	0　00　00	0　00　00	81　53　52
		B	81　54　06	261　54　00	+06	81　54　03	81　53　47	81　53　52	
		C	153　32　48	333　32　48	0	153　32　48	153　32　32	153　32　32	71　38　40
		D	284　06　12	104　06　06	+06	248　06　09	284　05　53	284　06　00	130　33　28
		A	0　00　24	180　00　18	+06	0　00　21			75　54　00
	2	A	90　00　12	270　00　24	−12	(90　00　21) 90　00　18	0　00　00		
		B	171　54　18	351　54　18	0	171　54　18	81　53　57		
		C	243　32　48	63　33　00	−12	243　32　54	153　32　33		
		D	14　06　24	194　06　30	−06	14　06　27	284　06　06		
		A	90　00　18	270　00　30	−12	90　00　24			

3.4.2.2 全圆测回法的计算及限差规定

1. 计算两倍照准轴误差（2C）及限差

两倍照准轴误差（用 $2C$ 表示）在数值上等于一测回同一方向的盘左读数 L 与盘右读数 $R \pm 180°$ 之差，即

$$2C = L - (R \pm 180°) \tag{3.5}$$

同一测回中，$2C$ 的最大值与最小值之差称为"$2C$ 互差"。在进行水平角的测量时更多的是关注"$2C$ 互差"。规范规定 J_6 型仪器同一测回 $2C$ 互差的绝对值不得大于 $36''$。

2. 计算各方向读数的平均值

取每一方向盘左读数与盘右读数 $\pm 180°$ 的平均值，作为该方向的平均读数：

$$平均读数 = \frac{L + (R \pm 180°)}{2} \tag{3.6}$$

由于归零起始方向有两个平均读数，应再取其平均值，作为该方向的平均读数。

3. 各测回同一方向归零方向值的计算

为了便于测回间的计算和比较，要把起始方向值（零方向值）改化成 $0°00'00''$，即把原来的方向值减去起始方向 A"归零"后的平均值，公式为

$$归零方向值 = 平均读数 - 零方向平均读数 \tag{3.7}$$

如果进行多个测回观测，同一方向的各测回观测得到的归零方向理论上应该是相等的，但实际会包含有误差，它们之间的差值称为"同一方向各测回归零值之差"。规范规定 J_6 型仪器各测回同一方向归零方向值之差不得大于 $24''$。

4. 各测回平均归零方向值的计算

各测回同一方向归零方向值之差符合要求，将各测回同一方向的归零方向值相加并除以回数，即得该方向各测回平均归零方向值。

5. 水平角计算

将组成该角的两个方向的方向值相减即可得该水平角。

3.4.3 原始数据更改的规定

（1）读记错误的秒值不许改动，应重新观测。读记错误的度、分值，必须现场更改，但同一方向盘左、盘右、半测回值三者之间不得同时更改两个相关数字，同一测站不得有两个相关的数字连环更改，否则均应重测。

（2）凡更改错误，均应将错误数字、文字用横线整齐划去，在其上方写出正确的数字或文字，原错误数字或文字应仍能看清楚，以便检查。需要重测的方向或需要重测的测回可用从左上角至右下角的斜线划去，凡划改的数字或划去的不合格成果，均应在备注栏内注明原因。需要重测的方向或测回，应注明重测结果所在的页数。废站页应整齐划去并注明原因。

（3）补测或重测结果不得记录在测错的手簿页数之前。

3.5 竖直角测量

3.5.1 竖直度盘的构造

竖直度盘的中心和水平轴的一端固连在一起并垂直于水平轴，它的中心也与望远镜旋转中心重合并和望远镜旋转轴固连在一起。当望远镜上下转动时，望远镜带动竖直度盘转动，但用来读取竖直度盘读数的指标并不随望远镜而转动，因此可以读取不同的角度。当望远镜视线水平时，竖直度盘读数设为一固定值。用望远镜照准目标点，读出目标点对应的竖盘读数，根据该读数与望远镜视线水平时的竖直度盘读数就可以计算出竖直角。

竖直度盘指标与竖直度盘指标水准管连在一个微动架上，转动竖直度盘指标水准管的微动螺旋，可以改变竖直度盘分划线影像与指标线之间的相对位置。在正常的情况下，当竖直度盘指标水准管气泡居中时，竖直度盘指标就处于正确的位置。因此，在观测竖直角时，每次读取竖盘读数之前，都应先调节竖直度盘指标水准管的微动螺旋，使竖直度盘指标水准管气泡居中。但目前的经纬仪竖直度盘指标水准管装有自动补偿装置，能自动归零，因而可以直接读数。

竖直度盘的注记形式多为全圆式顺时针或逆时针注记，如图 3.9 （a） 为 J_6、030、T_1、T_2 等经纬仪竖盘的注记形式；如图 3.9 （b）所示为 J_6 级经纬仪竖盘注记形式；如图 3.9 （c）所示为蔡司 010 等仪器的竖盘注记的形式。为显示直观起见，将盘左望远镜水平时的竖盘正确读数位置标为指标位置。

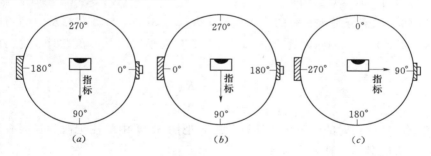

图 3.9　竖盘注记形式

3.5.2 竖直角的计算公式

竖直角的角值是目标视线的读数与水平视线读数（始读数）之差，仰角为正，俯角为负。竖直角的计算与竖直度盘的注记形式有关。现说明竖盘注记形式和竖直角的计算公式。

图 3.10 的上面部分是 DJ_6 经纬仪在盘左时的三种情况，如果指标位置正确，则视准轴水平，指标水准管气泡居中时，指标所指的竖直度盘读数 $L_{水平}=90°$；当视准轴仰起，测得仰角时，竖直度盘读数比 $L_{水平}$（$L_{水平}=90°$）小；当视准轴俯下时，竖直度盘读数比 $L_{水平}$（$L_{水平}=90°$）大。

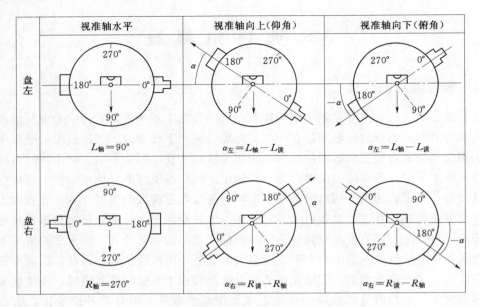

图 3.10　竖直角计算示意图

因此，盘左时竖直角的计算公式应为

$$\alpha_{左} = L_{水平} - L_{读}$$

即

$$\alpha_{左} = 90° - L_{读} \tag{3.8}$$

$\alpha_{左} > 0$ 为仰角；$\alpha_{左} < 0$ 为俯角。

图 3.11 的下半部分是盘右时的三种情况，$R_{水平} = 270°$，与盘左相反，仰角时读数比 $R_{水平}$（$R_{水平} = 270°$）大，俯角时比 $R_{水平}$（$R_{水平} = 270°$）小。因此，盘右时竖直角的计算公式应为

$$\alpha_{右} = R_{读} - R_{水平}$$

即

$$\alpha_{右} = R_{读} - 270° \tag{3.9}$$

以上为顺时针注记时的竖直角的计算公式，把图 3.14 中的注记改为逆时针注记，同理可以得出竖直度盘的计算公式为

$$\alpha_{左} = L_{读} - 90° \tag{3.10}$$

$$\alpha_{右} = 270° - R_{读} \tag{3.11}$$

从以上两种度盘注记的竖角计算公式可以归纳出竖角计算的一般规定。根据竖直度盘读数计算竖角时，首先应看清望远镜向上抬高时竖直度盘读数是增大还是减小：

望远镜抬高时竖直度盘读数增大，则：

竖直角＝瞄准目标视线时竖直度盘读数－视线水平时竖直度盘的读数

望远镜抬高时竖直度盘读数减小，则：

竖直角＝视线水平时竖直度盘的读数－瞄准目标视线时竖直度盘读数

以上规定，适合任何竖直度盘注记形式和盘左、盘右观测。

3.5.3 竖盘指标差

竖直角的计算公式［式（3.8）、式（3.10）］都认为当视线水平时，其读数是 90°的整数倍，但实际情况这个条件是不满足的。这是由于指标从正确位置偏移了的缘故，使视线水平时的读数大了或小了一个数值，即竖盘读数指标的实际位置与正确位置之差，称这个偏差为指标差，通常用 x 表示。当指标偏移方向与竖盘注记方向一致时，则使读数中增大了一个 x，令 x 为正；反之，指标偏移方向与竖盘注记方向相反时，则使读数中减小了一个 x，令 x 为负。

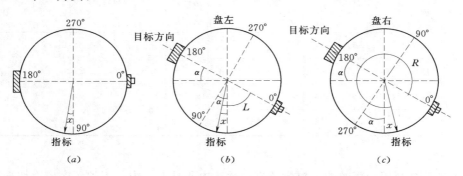

图 3.11　指标差计算示意图

如图 3.11（a）所示，为盘左位置时，照准轴水平，指标偏在读数大一方，如图 3.11（b）所示为盘左位置，当望远镜抬高瞄准目标并使照准轴水平。设竖直度盘读数为 L，则竖角 α 应为

$$\alpha = 90° - L + x$$

图 3.11（c）为盘右位置后，仍照准原目标，并使照准轴水平。设竖直度盘读数为 R，则竖角 α 应为

$$\alpha = R - 270° - x$$

两式相加得
$$\alpha = \frac{1}{2}(R - L - 180°) \tag{3.12}$$

两式相减得
$$x = \frac{1}{2}(L + R - 360°) \tag{3.13}$$

由式（3.12）可以看出，利用盘左、盘右观测竖直角并取平均值可以消除竖盘指标差的影响，即 α 与 x 的大小无关，也就是说指标差本身对求得的竖角没有影响，只是指标差过大时心算不甚方便，应予以纠正。另外，α 与 x 均有正、负之分，计算时应加以注意。

3.5.4 竖直角的观测、记录与计算

竖角的观测方法有两种：一种是中丝法；另一种是三丝法。

1. 中丝法

中丝法指用十字丝的中丝（即水平长丝）切准目标进行竖角观测的方法。其操作步骤如下：

（1）在测站上将仪器整平后，盘左位置照准目标，固定照准部和望远镜，转动水平微

动螺旋和竖直微动螺旋，使十字丝的中丝精确切准目标的特定部位。

（2）如果仪器竖盘指标为自动归零装置，则直接读取读数 L；如果采用的是竖盘指标水准管，应先调整竖盘指标水准管微动螺旋使气泡居中再读数。记入记录手簿。

（3）盘右精确照准同目标的同一特定部位。按步骤（2）的操作并读数并记录。

（4）根据竖盘注记形式，确定竖直角计算公式，计算竖直角。表 3.4 为竖直角观测记录表。

表 3.4　　　　　　　　　　　　竖 直 角 观 测 记 录 表

测站	目标	盘位	竖盘读数 /(° ′ ″)			半测回读数 /(° ′ ″)			指标差 /(″)	一测回角值 /(° ′ ″)			备　注
O	M	盘左	93	17	24	3	17	24	+3	3	17	21	竖盘逆时针注记
		盘右	266	42	42	3	17	18					
	N	盘左	84	25	00	−5	35	00	+6	−5	35	06	
		盘右	275	35	12	−5	35	12					

2. 三丝法

三丝法就是利用十字丝的三根横丝按望远镜内所见上、中、下的顺序依次切准同一目标并读数的观测方法。其操作方法与中丝法基本相同，所不同的是，盘左、盘右观测时，均以上、中、下丝的顺序依次切准目标并读数，而在记簿时，盘左按自上而下的顺序将读数记入手簿，盘右则按自下而上的顺序将读数记入手簿。

采用三丝法时，由于上丝（或下丝）与中丝读数之间相差 $17'11''$，所以以手簿中的上丝和下丝的指标差分别比中丝的指标差相差 $-17'11''$ 和 $+17'11''$ 左右，其指标差较差的确定则以一次设站中同一根横丝的所有指标差分别计算。其他计算与中丝法相同。

3.6　经纬仪的检验和校正

为了测得正确可靠的水平角和竖直角，使之达到规定的精度标准，作业开始前必须对经纬仪进行检验和校正。

3.6.1　经纬仪的轴线及其应满足的几何条件

经纬仪的主要部件之间，也就是主要轴线和平面之间，必须满足水平角观测提出的要求。如图 3.12 所示，经纬仪的主要轴线有：竖轴旋转轴 VV（仪器的旋转轴）、横轴 HH（望远镜的旋转轴）、望远镜的视准轴 CC 和照准部水准管轴 LL。根据水平角的概念，经纬仪在水平角观测时应满足一定的几何条件。这些条件如下：

（1）照准部管水准轴与竖轴垂直（$LL \perp VV$）。

（2）十字丝竖丝与横轴垂直（竖丝 $\perp HH$）。

（3）视准轴与横轴垂直（$CC \perp VV$）。

（4）横轴与竖轴垂直（$HH \perp VV$）。

（5）竖盘指针差应近于零。

（6）竖轴应与水平度盘面垂直，且过度盘中心。

（7）水平轴应与竖盘面垂直，且过度盘中心。

以上条件在仪器出厂时，除（6）、（7）两项已得到严格保证外，其他5项只是得到一定程度的满足。因此，在作业前应查明仪器是否满足上述条件，如不满足则应进行校正。

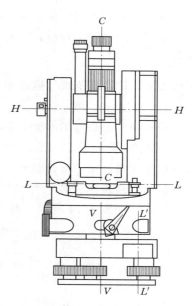

3.6.2 经纬仪的检验与校正

在对仪器进行检验校正之前，应先对仪器进行一般检视，即检查一下度盘和照准部旋转是否平滑自如；各种螺旋和望远镜运转是否灵活有效；望远镜视场中有无灰尘或点；度盘和测微尺的分划线是否清晰；仪器附件是否齐全。然后再对仪器进行逐项检验和校正。

3.6.2.1 照准部水准管轴与竖轴垂直的检验、校正

图 3.12　经纬仪轴线示意图

1. 检校目的

整平仪器后，保证竖轴与铅垂线方向一致，即使水平度盘处于水平位置。

2. 检验方法

先概略整平仪器，使管水准器与任意两个脚螺旋的连线平行，旋转脚螺旋使气泡居中，然后将照准部旋转 180°，若气泡仍居中，则表示条件满足，否则应校正。

当气泡居中时，表明水准管轴已水平，此时，如果水准管轴与竖轴是垂直的，则竖轴应处于铅垂线方向，水平度盘应处于水平位置；若水准管轴与竖轴不垂直，如图 3.13（a）所示，竖轴与铅垂线将有夹角 α，则水平度盘与水准管轴的交角也为 α。当照准部旋转 180° 时，气泡偏离，如图 3.13（b）所示，竖轴倾斜方向没变，可见管水准轴与水平线的夹角为 2α，气泡偏离零点的格值 e 就显示了 2α 角。

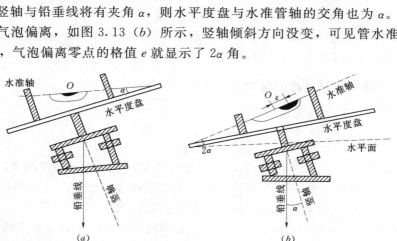

图 3.13　照准部水准管的检验与校正

3. 校正方法

先旋转脚螺旋，用校正针拨动水准管一端的校正螺丝，改正气泡偏离格值的一半（α/

2），使竖轴处于铅垂方向。剩下的一半（$\alpha/2$）用水准管的正交螺丝改正，使气泡居中。

此项检验校正必须反复进行，直到照准部转到任何位置后气泡偏离值不大于 1 格时为止。

3.6.2.2 十字丝竖丝与横轴垂直的检验、校正

1. 检校目的

使十字丝竖丝与照准面方向一致。

2. 检验方法

整平仪器。用十字丝竖丝一端照准一清晰小点 A，固定照准部和望远镜，转动望远镜微动螺旋，使目标点 A 沿竖丝慢慢移动，若点 A 不离开竖丝，则表示满足条件，否则应进行校正。如图 3.14 所示，点 A 移动到竖丝另一端时偏到了 A' 处。

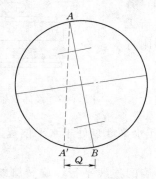

图 3.14 十字丝检验　　　　图 3.15 十字丝校正螺丝

3. 校正方法

打开十字丝环护罩，可见图 3.15 所示的校正装置，松开四个校正螺丝 E，轻轻转动十字丝环，使点 A 从 A' 处向竖丝移动偏离量的一半（$Q/2$）即可。

此项检校需反复进行，直至上下转动望远镜时点 A 始终不离开竖丝为止。校正结束，应及时拧紧四个校正螺丝 E，并旋上护盖。

3.6.2.3 视准轴与横轴垂直的检验、校正

1. 检校目的

使视准面成一铅垂面。

2. 检验方法

如图 3.16 所示，在一平坦场地上，选择相距约 60m 左右的 A、B 两点，安置仪器于 A、B 连线的中点 O 上，在 A 点设置一个与仪器高度相等的标志，在 B 点与仪器等高的位置横置一把刻有毫米分划的直尺，并使其垂直于视线 OB。

盘左位置瞄准 A 点标志，固定照准部，然后倒转望远镜，在 B 尺上读得读数 B_1，如图 3.16（a）所示，盘右位置瞄准 A 点，固定照准部，倒转望远镜，在 B 尺上得读数 B_2。如图 3.16（b）所示，此时，盘左时 B_1B 之长为 $2c$ 的反映，盘右 B_2B 之长亦为 $2c$ 的反映，即 B_1B_2 之长为 $4c$ 的反映。

则 c 的角值为

$$c = \frac{1}{4} \frac{\overline{B_1 B_2}}{\overline{OB}} \rho \qquad (3.14)$$

如果 $B_1 = B_2$，则说明视准轴垂直与横轴，否则就需要校正。

3. 校正方法

由 B_2 点向 B_1 点量取 $B_1 B_2$ 长度的 1/4 定出 B_3 点，此时 B_3 便垂直于横轴，用校正针拨动十字丝环的左右一对校正螺丝，先松其中一个校正螺丝，使十字丝中心与 B_3 点重合。应重复上述检验操作，一般来说 J_6 经纬仪应使 C 值小于 $1'$ 为止。

此项检校需反复进行。

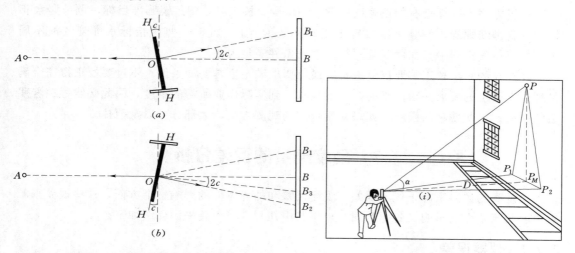

图 3.16 视准轴的检验与校正　　图 3.17 横轴的检验与校正

3.6.2.4 横轴应与竖轴垂直的检验、校正

1. 检校目的

整平仪器后，横轴能处于水平位置。

2. 检验方法

如图 3.17 所示，在一面高墙上固定一个清晰的照准标志 P，在距墙面约 $10 \sim 20m$ 处安置仪器，先盘左位置照准点 P（仰角宜大于 $30°$），固定照准部，然后使望远镜视准轴水平，在墙面上标出照准点 P_1；然后倒转望远镜，盘右再次照准 P 点，固定照准部，使望远镜视准轴水平，在墙面上标出照准点 P_2，则横轴误差的计算公式为

$$i = \frac{\overline{P_1 P_2}}{2D\tan\alpha} \rho \qquad (3.15)$$

式中　α——P 点的竖直角，通过对 P 点的竖直角观测得到；

D——测站至 P 点的水平距离。

计算出来的 $i \geqslant 20''$ 时，必须校正。

3. 校正方法

横轴与竖轴不垂直的主要原因是横轴两端支架不等高所致。故校正时，打开仪器的支架护盖，调整偏心轴承环，抬高或降低横轴的一端使 $i = 0''$。此项校正需要在无尘的室内环境中使用专用的平行光管进行，一般由专业维修人员校正。

3.6.2.5 竖盘指标差的检验、校正

1. 检校目的

使竖盘指标差接近于零。

2. 自动安平补偿器经纬仪指标差的检验与校正

检验方法：整平仪器后，照准一个明显标志点，分别用盘左、盘右观测目标，并读取竖盘读数 L 和 R，按式（3.13）计算指标差，若 $x > 1'$，则应进行校正。

校正方法：计算盘右的正确读数 $R_{正} = R - x$。校正时，望远镜瞄准目标，调节竖盘指标水准管微动螺旋，使竖盘读数置于正确读数 $R_{正}$ 上，此时，竖盘指标水准管气泡不居中，校正使气泡居中。如此反复进行，直到条件满足为止。

经纬仪的每项校正需要反复进行，最后要求满足应具备的条件。不过要校正得完全满足理论上提出的要求是很困难的，一般只求达到实际作业所需的精度，因此必然存在着残余的误差。这些残余的误差，如果采用合理的观测方法，大部分可以抵消掉。

3.7 角度测量的误差分析

角度观测误差来源于仪器误差、观测误差和外界条件的影响三个方面。这些误差来源对角度观测精度的影响又各不相同。现将其中几种主要误差来源介绍如下。

3.7.1 仪器误差

仪器误差主要包括仪器检校不完善和制造加工不完备引起的误差，主要有视准轴误差、横轴误差和竖轴误差。

1. 视准轴误差

视准轴误差是由于视准轴不垂直横轴引起的水平方向读数误差。由于盘左、盘右观测时该误差的符号相反，因此可以采用盘左、盘右观测取平均值的方法予以消除。

2. 横轴误差

横轴误差是由于横轴与竖轴不垂直产生的，当仪器整平后竖轴即处于铅垂位置，而横轴不水平，则引起水平方向读数存在误差。由于盘左、盘右观测同一目标时的水平方向读数误差大小相等、方向相反。所以也可以采用盘左、盘右观测取平均值的方法予以消除。

3. 竖轴误差

竖轴误差是由于水准管轴不垂直竖轴，或水准管不水平而引起的误差产生的。由于竖轴在垂直方向偏离了一个角度，从而引起横轴倾斜及水平度盘倾斜、视准轴旋转面倾斜，产生的测角误差。这种误差不能通过盘左盘右观测取中数的方法消除其对水平角观测方向的影响。只能通过校正尽量减少残存误差，每测回观测前仔细整平仪器，倾斜角大的测站要特别注意仪器整平，尽量削弱其影响。

视准轴误差、横轴误差和竖轴误差是经纬仪的三个主轴误差，通常称为三轴误差，它

是仪器误差的主要组成部分，必须予以充分重视。

4. 度盘偏心误差

如图 3.18 所示，经纬仪的照准部旋转中心 O_1 与水平度盘分划中心 O 理论上应该完全重合。但由于仪器误差的影响，实际上它们不会完全重合，存在照准部偏心误差。

若 O_1 和 O 重合，瞄准 A、B 目标时正确的读数为 a_L、b_L、a_R、b_R。若不重合，其读数为 a_{L1}、b_{L1}、a_{R1}、b_{R1}，与正确的读数差为 x_a、x_b。由图 3.18 可见，在盘左、盘右时，指标线在水平度盘上的读数具有对称性，因此，度盘偏心也可以用盘左、盘右观测取平均值的方法加以消除。

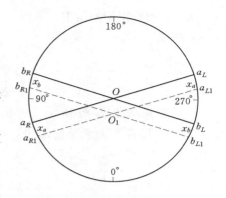

图 3.18　度盘偏心

5. 度盘刻划不均匀误差

由于仪器度盘刻划不均匀引起的方向读数误差，可以通过配置度盘各测回起始读数的方法，使读数均匀地分布在度盘各个区间而予以减小。电子经纬仪采用的不是光学度盘而是电子度盘，所以不需要通过配置起始度盘的读数。

6. 竖盘指标差

由于竖盘指标水准管工作状态不正确，导致竖盘指标没有处在正确的位置，产生竖盘读数误差。通过校正仪器，理论上可使竖盘指标差处于正确位置，但校正会存在残余误差。这种误差同样也可以用盘左、盘右观测取平均值的方法加以消除。

3.7.2　观测误差

1. 仪器对中误差

仪器对中误差是指仪器经过对中后，仪器竖轴没有与过测站点中心的铅垂线严密重合的误差（也称测站偏心误差）。它对水平角观测的影响如图 3.19 所示，C 测站标志中心，观测 $\angle ACB = \beta$；C_0 为仪器实际对中位置，测得 $\angle AC_0B = \beta'$；e（即 CC）为对中误差，S_A、S_B 分别为测站至目标 A、B 的距离，δ_1、δ_2 分别为对中误差。

$$\beta = \beta' + (\delta_1 + \delta_2)$$

故由对中误差引起的水平角误差为

$$\Delta\beta = \beta - \beta' = \delta_1 + \delta_2$$

若以 δ 代表 δ_1、δ_2，S 代表 S_A，S_B，又因 δ 很小，故

$$\delta = \frac{e}{S}\rho'' \tag{3.16}$$

由此可知，当 S 一定时，e 越长，δ 越大；e 相同时，S 越长，δ 越小；e 的长度不变而只是方向改变时，e 与 S 正交的情况 δ 最大，e 与 S 方向一致的情况 δ 为零，故当 $\angle ACC_0 = \angle BCC_0 = 90°$ 时，$(\delta_1 + \delta_2)$ 的值最大。所以观测接近 $180°$ 的水平角或边长过短时，应特别注意仪器对中。

例如：解析图根测量中，取 $S_1 = S_2 = 200m$，$e = 3mm$ （规范规定对中误差不大于 3mm）所以

$$\delta_{max} = \frac{3 \times 206000''}{200 \times 1000} \approx 3''$$

故

$$\Delta\beta_{max} = \delta_1 + \delta_2 \approx 6''$$

此误差相当于 J_6 级经纬仪的估读误差。若 S 大于 200m 时，δ 会更小，$\Delta\beta$ 也更小，但对于只有几十米长的短边，e 与目标方向正交时，误差不可忽视，应注意严格对中。

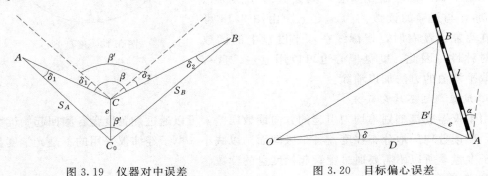

图 3.19　仪器对中误差　　　　　　　图 3.20　目标偏心误差

2. 目标偏心误差

目标偏心误差是指照准点上竖立的花杆或旗杆不垂直或没有立在点位中心而使观测方向偏离点位中心的误差，如图 3.20 所示。

O 为测站点，A 为目标点，A、B 为标杆，杆长为 l，标杆倾角 α，则目标偏心引起的测角误差为

$$\delta = \frac{e}{D}\rho = \frac{l\sin\alpha}{D}\rho \tag{3.17}$$

如果 $l = 1.5m$、$\alpha = 30'$、$D = 100m$，计算得 $\delta = 27''$。可见，目标偏心差对水平方向的影响与 e 成正比，与边长成反比。因此观测时应尽量瞄准标杆的底部，标杆要尽量竖直，在边较短时，越要注意将标杆竖直并立在点位中心，标杆要细一些。

3. 照准误差和读数误差

在角度观测中，影响照准精度的因素有望远镜放大倍率、物镜孔径等仪器参数、人眼的判断能力、照准目标的形状、大小、颜色、衬托背景、目标影像的亮度和清晰度以及通视情况等，一般认为望远镜放大倍率和人眼的判断能力是影响照准精度的主要因素，故通常认为照准误差是 $\frac{60''}{V}$，其中 60″ 为人眼的一般鉴别角，V 为望远镜放大倍率。J_6 级经纬仪通常取 $V = 25$，则其照准误差约为 $\pm 24''$。经验证明：目标亮度适宜，清晰度好。花杆粗细适中，双丝照准精度会略高一些。

读数误差主要取决于仪器读数设备，一般以仪器最小估读数作为读数误差的极限，对于 J_6 级经纬仪，其读数误差的极限为 6″。如果照明情况不佳或显微目镜调焦不好以及观测者技术不熟练，其读数误差将会超过 6″，但一般不大于 20″。

3.7.3 外界条件的影响

外界条件的影响主要指各种外界条件的变化对角度观测精度的影响。如大风影响仪器稳定；大气透明度差影响照准精度；空气温度变化，特别是太阳直接的曝晒，可能使脚架产生扭转，并影响仪器的正常状态地面辐射热会引起空气剧烈波动，使目标影像变得模糊甚至飘移；视线贴近地面或通过建筑物旁、冒烟的烟囱上方、接近水面的空间等还会产生不规则的折光；地面坚实与否影响仪器的稳定程度等。这些影响是极其复杂的，要想完全避免是不可能，但大多数与时间有关。因此，在角度观测时应注意选择有利的观测时间，操作要轻稳，尽量缩短一测回的观测时间，仪器不在太阳下曝晒，尽可能避开不利条件，以减少外界条件变化的影响。

【知识小结】

角度测量是测量的基本任务之一，在求解地面点位时通常都要进行角度测量，角度测量使用的仪器是经纬仪。本章从角度的概念入手介绍角度测量的基本原理、电子经纬仪的构造、性能及使用方法、角度测量的方法以及角度测量时的误差分析，通过本章的学习使学生能够掌握以下一些知识内容：

（1）水平角和竖直角的概念及其测量原理。

（2）根据测角原理而制造的角度测量仪器——经纬仪，主要是电子经纬仪的基本构造、性能及其使用。

（3）水平角的观测方法。根据观测目标的多少，水平角的观测方法有测回法和全圆方向法。主要掌握这两种观测方法的观测步骤、计算方法及限差规定。

（4）竖直度盘的构造、竖角计算公式、竖盘指标差以及竖直角的测量方法。

（5）经纬仪的检验与校正以及角度测量误差的分析，这主要是为了能顺利地完成测角任务并达到相应的测角精度。这部分主要了解经纬仪轴线应满足的条件、检验与校正的项目、角度测量的误差来源以及怎样减弱误差对测角的影响。

【知识与技能训练】

（1）什么是水平角？瞄准在同一竖直平面上高度不同的点，其水平度盘的读数是否相同？

（2）什么叫竖角？竖角的正负是如何规定的？为什么只瞄准一个方向即可测得的竖直角？

（3）观测水平角时，对中的目的是什么？整平的目的是什么？

（4）试述全圆测回法测量水平角的观测步骤。

（5）水平角观测中有哪几个项限差？

（6）什么叫指标差？指标差对竖角有何影响？

（7）角度测量中，仪器误差主要包括哪些项目？哪些误差可以用盘左、盘右取中数的观测方法消除或削弱？

（8）对中误差、照准误差、读数误差能否通过观测方法予以消除？

（9）计算表 3.5 中竖直角和竖盘指标差。

（10）计算表 3.6 中测回法观测水平角的外业观测数据。

表 3.5 竖 直 角 观 测 记 录 表

测站	目标	盘位	竖盘读数 /(° ′ ″)			半测回读数 /(° ′ ″)			指标差	一测回角值 /(° ′ ″)			备 注
O	M	盘左	91	12	42								竖盘逆时针注记
		盘右	268	47	30								
	N	盘左	88	35	18								
		盘右	271	24	36								

表 3.6 测回法水平角观测记录表

测站	测回	垂直度盘位置	目标	度盘读数 /(° ′ ″)			半测回角值 /(° ′ ″)			一测回角值 /(° ′ ″)			各测回平均值 /(° ′ ″)			备注
O	1	左	A	0	03	24										
			B	79	20	30										
		右	B	259	20	48										
			A	180	03	36										
	2	左	A	90	02	18										
			B	169	18	36										
		右	B	349	19	24										
			A	270	02	12										

（11）计算表 3.7 中全圆测回法观测水平角的外业观测数据。

表 3.7 全圆测回法水平角观测记录表

测站	测回数	目标	水平度盘读数						2C /(″)	平均读数 /(° ′ ″)	归零方向值 /(° ′ ″)	各测回平均方向值 /(° ′ ″)	水平角值 /(° ′ ″)
			盘左 /(° ′ ″)			盘右 /(° ′ ″)							
O	1	A	0	02	12	180	02	06					
		B	50	33	54	230	33	18					
		C	115	27	06	295	27	00					
		D	192	52	42	12	52	30					
		A	0	02	24	180	02	06					
	2	A	90	32	24	270	32	24					
		B	141	03	36	321	03	18					
		C	205	57	18	25	57	06					
		D	283	22	54	103	22	48					
		A	90	32	30	270	32	18					

第4章 距离测量

【学习目标】

本章介绍距离测量的基本知识，主要包括钢尺量距、光电测距和电子全站仪等。学习本章，要掌握水平距离的概念；掌握钢尺量距的一般方法；掌握直线定线的概念和方法；掌握电磁波测距的基本原理；掌握电子全站仪的使用方法。

【学习要求】

知识要点	能 力 要 求	相 关 知 识
钢尺量距	(1) 能够根据工地实际情况选用钢尺量距方法； (2) 能够利用钢尺等工具进行短距丈量； (3) 能够利用钢尺等工具进行长距丈量	(1) 水平距离的概念； (2) 目估定线和经纬仪定线方法； (3) 钢尺量距的一般方法； (4) 钢尺量距的注意事项
电磁波测距	(1) 能够根据工地实际情况选用光电量距方法； (2) 能够利用光电测距仪或电子全站仪等进行距离测量	(1) 光电量距基本原理； (2) D3000 系列红外测距仪简介； (3) 电子全站仪的使用

距离测量是测量的基本工作之一，所谓距离，通常是指地面上两点的连线铅垂投影到水平面上的长度，亦称为水平距离，简称平距。地面上不同高度上两点之间的距离称为倾斜距离，简称斜距。如果不是特别说明，测量上的距离均指平距。

距离测量的方法有钢尺（或皮尺）量距、视距测量、电磁波测距和 GPS 测量等。钢尺（或皮尺）量距是用钢（皮）卷尺沿地面直接丈量距离；视距测量是利用经纬仪望远镜中的视距丝及视距标尺按几何光学原理进行测距；电磁波测距是用仪器发射并接收电磁波，通过测量电磁波在待测距离上往返传播的时间解算出距离；GPS 测量是利用两台 GPS 接收机接收空间轨道上 4 颗卫星发射的精密测距信号，通过空间交会的方法解算出两台 GPS 接收机之间的距离。本章重点介绍钢尺量距、视距测量和电磁波测距的方法。

4.1 钢 尺 量 距

直接用钢尺或皮尺进行距离丈量是常用的距离丈量方法，其测距的精度可达到 1∶1000～1∶5000，精密测距的精度可以达到 1∶10000～1∶40000，适于在平坦地区测量距离。

4.1.1 钢尺量距的工具

1. 钢尺、皮尺

钢尺也称钢卷尺，是用钢制成的带状尺，尺的宽度约 10～15mm，厚度约 0.4mm，长度有 20m、30m、50m 等几种。钢尺有卷放在圆盘型的尺壳内的，也有卷放在金属尺架上的，如图 4.1 所示。钢尺的分划也有好几种，有的以厘米为基本分划，适用于一般量距；有的也以厘米为基本分划，但尺端第一分米内有毫米分划；也有全部以毫米为基本分划。后两种适用于较精密的距离丈量。钢尺的分米和米的分划线上都有数字注记。

根据零点位置的不同，钢尺有端点尺和刻线尺两种。端点尺是以尺的最外端作为尺的零点，如图 4.2（a）所示，端点尺方便从墙根起量距；刻线尺是以尺前端的一刻划线作为尺的零点，如图 4.2（b）所示，这种钢尺可以测得较高的丈量精度。

皮尺是用麻线织成的带状尺子，外形和钢卷尺相似，长度有 20m、30m、50m 等几种，皮尺上注有厘米分划。由于皮尺容易拉长一般用于精度比较低的距离测量工作中。

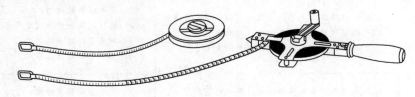

图 4.1 钢尺

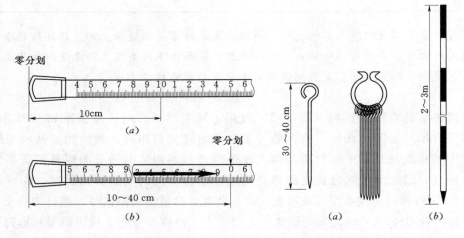

图 4.2 钢尺的分划
（a）端点尺；（b）刻线尺

图 4.3 距离丈量的辅助工具
（a）测钎；（b）标杆

2. 其他辅助工具

其他辅助工具有测钎、标杆、垂球、温度计、弹簧秤和尺夹。测钎一般用 8# 的铅丝或 φ4 的钢筋制成，长约 30～40cm，如图 4.3（a）所示。一端磨尖便于插入土中准确定位；另一端卷成圆环，便于串子一起携带。测钎主要用于标定尺段和作为定线的标志。标杆用木或竹竿制成，直径 0.5～2cm，长 1m 多，间隔 10cm 涂以红、白相间的油漆，如图

4.3 (*b*) 所示。它主要用于直线的定线和在倾斜尺段上进行水平丈量时标定尺段点位。弹簧秤用于对钢尺施加规定的拉力，保证了尺长的稳定性。温度计用于测定量距时的温度，以便对钢尺丈量的距离加温度改正，如图 4.4 所示。

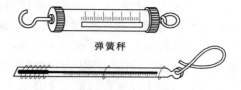

图 4.4　辅助工具弹簧秤和温度计

4.1.2　距离丈量的一般方法

4.1.2.1　直线定线

一般距离丈量的边长都比整根尺子长，这样两点之间的距离就需要丈量若干尺段，为使尺段点位不偏离测线的方向，就需要定线。所谓的定线，就是将所有尺段点（也称节点）都标定在两点连线所决定的铅垂面内。定线工作一般用目估或用经纬仪完成。

1. 目测定线

一般精度量距对定线的精度要求不高，可采用目测定线的方法。如图 4.5 所示，设 *A*、*B* 两点相互通视，要在 *A*、*B* 两点的直线上分段 1、2 点。先在 *A*、*B* 点上竖立标杆，甲站在 *A* 点标杆后约 1m 处，指挥乙左右移动标杆，直到甲在 *A* 点沿标杆的同一侧看到 *A*、2、*B* 三支标杆成一条线为止。同理可以定出直线上的其他点。定线时一般要求点与点之间的距离稍小于一整尺长，地面起伏较大时则宜更短；乙所持的标杆应竖直，利用食指和拇指夹住标杆的上部，稍微提起，利用重心使标杆自然竖直。此外。为了不挡住甲的视线，乙应持标杆站立在直线方向的左侧或右侧。目测定线的偏差一般小于 10cm，若尺段长为 30m 时，由此引起的距离误差小于 0.2mm，在图根控制测量中是可以忽略不计的。

图 4.5　目测定线

2. 经纬仪定线

经纬仪定线主要用于精密量距中。设 *A*、*B* 两点相互通视，将经纬仪安置在 *A* 点，用望远镜纵丝瞄准 *B* 点，制动照准部，望远镜上下转动，指挥在两点间某一点上的助手，左右移动标杆，直至标杆像为纵丝所平分。为了减小照准部误差，精密定线时，可用直径更细的测钎或垂球线代替标杆。

4.1.2.2　钢尺（或皮尺）测距的一般方法

1. 平坦地面的距离丈量

当地面平坦时可沿地面直接丈量水平距离。丈量距离时一般需要 3 人，前、后尺各 1

人，记录 1 人。如图 4.6 所示，清除待量直线上的障碍物后，在直线两端点 A、B 竖立标杆，后尺手持钢尺的零端位于 A 点，前尺手持钢尺的末端和一组测钎沿 AB 方向前进，行至一个尺段处停下。后尺手用手势指挥前尺手将钢尺拉在 AB 直线上，后尺手将钢尺的零点对准 A 点，当两人同时把钢尺拉紧后，前尺手在钢尺末端的整尺段分划处竖直插下一根测钎（如果在水泥地面上丈量插不下测钎时，也可以用粉笔在地面上画线做记号）得到 1 点，即量完一个尺段。前、后尺手抬尺前进，当后尺手到达插测钎或画记号处时停住，再重复上述操作，量完第二尺段。后尺手拔起地上的测钎，依次前进，直到量完 AB 直线的最后一段为止。

最后一段距离一般不会刚好是整尺段的长度，称为余长。丈量余长时，前尺手在钢尺上读取余长值，则最后 A，B 两点间的水平距离为

$$D_{AB} = n \times l + q \tag{4.1}$$

式中　　n——整尺段数；

　　　　l——钢卷尺一整尺段的长度；

　　　　q——余长。

在平坦地面，钢尺沿地面丈量的结果就是水平距离。

图 4.6　平坦地面的距离丈量

为了防止丈量中发生错误及提高量距的精度，需要往、返丈量。上述为往测，返测时，需要重新定线，最后取往、返测距离的平均值作为丈量结果。往、返丈量距离的较差的相对误差为

$$K = \frac{|D_{AB} - D_{BA}|}{\overline{D_{AB}}} = \frac{1}{M} \tag{4.2}$$

式中　　$\overline{D_{AB}}$——往、返丈量距离的平均值。

在计算相对误差时，一般化成分子为 1 的分数形式，相对误差的分母越大，说明量距的精度越高。

例 4.1　A、B 的往测距离为 162.73m，返测距离为 162.78m，则相对误差 K 为

$$K = \frac{|162.73 - 162.78|}{162.755} = \frac{1}{3255}$$

在平坦地区，钢尺的相对误差一般应不大于 1：3000；在量距困难地区，其相对误差也不应大于 1：1000。当量距的相对误差没有超出上述规定时，可取往、返测距离的平均值 $\overline{D_{AB}}$ 作为两点间的水平距离。

2. 倾斜地面的距离丈量

（1）平量法。沿倾斜地面丈量距离，当地势起伏不大时，可将钢尺（或皮尺）拉平丈量。如图 4.7 所示，丈量由 A 点向 B 点进行，后尺手持钢尺零端，并将零刻线对准起点 A 点，前尺手进行定线后，将尺拉在 AB 方向上并使尺子抬高水平，然后用垂球尖端将尺段的末端投于地面上，再插以测钎。若地面倾斜较大，将钢尺抬平有困难时，可将一尺段分为几段来平量。由于从坡下向坡上丈量困难较大，故一般采用两次独立丈量，将钢尺的一端抬高或两端同时抬高使尺子水平。

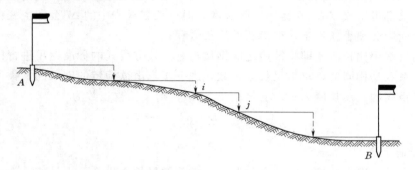

图 4.7　平量法示意图

（2）斜量法。当倾斜地面的坡度比较均匀时，如图 4.8 所示，可以沿着斜坡丈量出 A、B 的斜距 L，测出地面倾斜角 α 或两端点的高差 h，然后按式（4.3）计算 A、B 的水平距离 D 为

$$D = L\cos\alpha = \sqrt{L^2 - h^2} \tag{4.3}$$

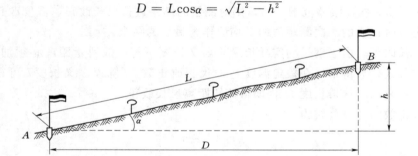

图 4.8　斜量法示意图

4.1.3　距离丈量的精密方法

当量距的相对误差要求在 1∶10000～1∶40000 时，就要用精密方法进行距离丈量。精密距离丈量需用钢尺完成，距离丈量前，要对钢尺进行检定。

1. 钢尺检定

由于钢尺的材料性质、制造误差等原因，使用时钢尺的实际长度与名义长度（钢尺尺面上标注的长度）不一样，通常在使用前对钢尺进行检定，用钢尺的尺长方程式来表示尺长。

尺长方程式为

$$l_t = l_0 + \Delta l + \alpha(t - t_0)l_0 \tag{4.4}$$

式中　l_t——钢尺在 $t℃$ 时的实际长度；

　　　l_0——钢尺名义长度；

　　　Δl——尺长改正数；

　　　α——钢尺的膨胀系数，一般为 $1.25 \times 10^{-5}/℃$；

　　　t——钢尺量距时的温度；

　　　t_0——钢尺检定时的温度（一般为20℃）。

每根钢尺都可由式（4.4）得出实际长度，但尺长方程式中的 Δl 会发生变化，故尺子使用一段时期后必须重新检定，得出新的尺长方程式。

检定钢尺常用比长法，即将欲检定的钢尺与有尺长方程式的标准钢尺进行比较，认为它们的膨胀系数是相同的，求出尺长改正数，进一步求出欲检定的钢尺的尺长方程式。

设丈量距离的基线长度为 D，丈量结果为 D'，则尺长改正数为

$$\Delta l = \frac{D - D'}{D'}l_0 \tag{4.5}$$

2. 丈量的方法

钢尺检定后，得出在检定时拉力与温度条件下的尺长方程式。丈量前，先用经纬仪定线。如果地势平坦或坡度均匀，则可以测定直线两端点的高差作为倾斜改正的依据；若沿线坡度变化，地面起伏，定线时应注意坡度的变化，两标志间的距离要略短于钢尺长度。丈量时根据弹簧秤对钢尺施加标准拉力，并同时用温度计测定温度。每段需要丈量 3 次，每次应略微变动尺子的位置，3 次读得长度值之差的允许值根据不同要求而定，一般不超过 2~5mm。如 3 次在限差范围之内，则对测量的结果进行尺长改正、温度改正和倾斜改正，然后再取改正后的 3 次测距值的平均值作为最后的结果。

（1）尺长改正。由于钢尺的实际长度与名义长度不符，故所量距离必须加尺长改正。根据尺长方程式，算得钢尺在检定温度 t_0 时尺长改正数 Δl 除以名义长度 l 可得每米尺长的改正数，再乘以所量得长度 D'，即得该段距离尺长改正。

尺长改正数的计算公式为

$$\Delta D_l = \frac{\Delta l}{l}D' \tag{4.6}$$

（2）温度改正。尺长方程式的尺长改正是在标准温度情况下的数值，量距时的平均温度 t 与标准温度 t_0 并不相等，因此作业时的温度与标准温度的差值对尺子的影响数值就是温度改正数。设 t 为丈量时的平均温度，丈量全长 D' 的温度改正数为

$$\Delta D_t = D' \times 1.25 \times 10^{-5}(t - t_0) \tag{4.7}$$

（3）倾斜改正。设两点的高差为 h，为了将斜距 D' 改算成水平距离 D，则需要加倾斜改正。

倾斜改正数为

$$\Delta D_h = \frac{-h^2}{2D'} \tag{4.8}$$

测得地面两点的距离 D' 加上上述三项改正数，就可以求得两点之间的水平距离 S 为

$$S = D' + \Delta D_l + \Delta D_t + \Delta D_h \tag{4.9}$$

4.1.4 距离丈量的误差分析及消减方法

（1）定线误差。距离丈量时，钢尺或皮尺没有准确地放在所量距离的直线方向上，使所量距离不是直线而是一组折线，造成丈量结果偏大，这种误差称为定线误差。

一般在精密量距中当距离达到 30m 时，定线误差为 1mm。

（2）尺长误差。如果钢尺或皮尺的名义长度和实际长度不符，则产生尺长误差。尺长误差是积累的，丈量的距离越长，误差越大。因此，新购置的钢尺必须经过检定，测出其尺长改正值 ΔD_l。

（3）温度误差。钢尺的长度随温度而变化，当丈量时的温度与钢尺检定时的标准温度不一致时，将产生温度误差。按照钢的膨胀系数计算，温度每变化 1℃，丈量距离为 30m 时，对距离的影响为 0.4mm。

（4）钢尺倾斜和垂曲误差。在高低不平的地面上采用钢尺水平法量距时，钢尺不水平或中间下垂而成曲线时，都会使量得的长度比实际要大。因此，丈量时必须注意钢尺水平，整尺段悬空时，中间应有人托住钢尺，否则会产生不容忽视的垂曲误差。

（5）拉力误差。钢尺在丈量时所受拉力应与检定时的拉力相同。若拉力变化 ±2.6kg，尺长将改变 ±1mm。

（6）丈量误差。丈量时，在地面上标志尺段点位置处插测钎不准，前、后尺手配合不佳，余长读数不准等，都会引起丈量误差，这种误差对丈量结果的影响可正可负，大小不定。在丈量中要尽量做到对点准确，配合协调。

4.1.5 钢尺量距的注意事项

（1）丈量时应检查钢尺或皮尺，看清钢尺的零点位置。

（2）量距时要定线准确，尺子要水平，拉力要均匀。

（3）读数时要细心、精确，不要看错、念错。

（4）钢尺易生锈，丈量结束后应用软布擦去尺上的泥和水，涂上机油，以防生锈。

（5）钢尺易折断，如果钢尺出现卷曲，切不可用力硬拉。

（6）在行人和车辆较多的地区量距时，中间要有专人保护，以防止钢尺被车辆压而折断。

（7）不准将钢尺或皮尺沿地面拖拉，以免磨损尺面分划。

（8）收卷尺子时，应按顺时针方向转动卷尺摇柄，切不可逆转，以免损坏。

4.2 电磁波测距

4.2.1 概述

电磁波测距是用电磁波（光波或微波）作为载波传输测距信号直接测量两点间距离的一种方法。与传统的钢尺量距和视距测量相比，电磁波测距具有测程长、精度高、作业快、工作强度低、几乎不受地形限制等优点。

电磁波测距仪按其所采用的载波可分为：用微波段的无线电波作为载波的微波测距仪；用激光作为载波的激光测距仪；用红外光作为载波的红外测距仪，后两者又统称为光电测距仪。微波和激光测距仪多属于长程测距，测程可达 60km，一般用于大地测量，而红外测距仪属于中、短程测距仪（测程为 15km 以下），一般用于小地区控制测量、地形测量、地籍测量和工程测量等。

4.2.2 电磁测距基本原理

如图 4.9 所示，测距仪是通过测量电磁波在待测距离 D 上往、返传播一次所需要的时间 t_{2D}，依式（4.10）来计算待测距离 D 为

$$D = \frac{1}{2}C \times t_{2D} \qquad\qquad (4.10)$$

其中
$$C = \frac{C_0}{n}$$

$$C_0 = 299792458 \pm 1.2(\text{m/s})$$

式中　C——光在大气中的传播速度；

C_0——光在真空中的传播速度；

n——大气折射率（$n \geqslant 1$）。

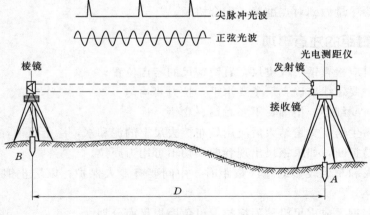

图 4.9　电磁波测距原理图

4.2.3 电磁波测距仪的基本结构及使用方法

1. 测距仪的基本结构

图 4.10 是南方测绘公司生产的 ND3000 红外相位式测距仪，它自带望远镜，望远镜的视准轴、发射光轴和接收光轴同轴，有垂直制动螺旋和微动螺旋，可以安装在光学经纬仪上或电子经纬仪上。测距时，测距仪瞄准棱镜测距，经纬仪瞄准棱镜测量竖直角，通过测距仪面板上的键盘，将经纬仪测量出的天顶距输入到测距仪中，可以计算出水平距离和

高差。图 4.11 是 ND3000 红外相位式测距仪面板操作键。

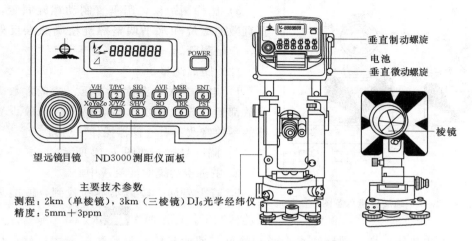

望远镜目镜　　ND3000 测距仪面板

主要技术参数
测程：2km（单棱镜），3km（三棱镜）DJ₆光学经纬仪
精度：5mm＋3ppm

图 4.10　ND3000 红外测距仪及其单棱镜

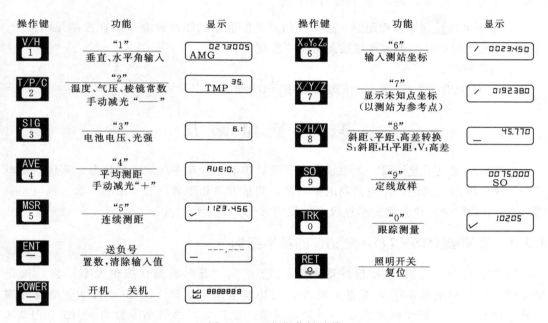

操作键	功能	显示	操作键	功能	显示
V/H 1	"1" 垂直、水平角输入	0273005 AMG	X₀Y₀Z₀ 6	"6" 输入测站坐标	∕ 0023.450
T/P/C 2	"2" 温度、气压、棱镜常数 手动减光 "——"	TMP 35.	X/Y/Z 7	"7" 显示未知点坐标 （以测站为参考点）	∕ 0192380
SIG 3	"3" 电池电压、光强	6.1	S/H/V 8	"8" 斜距、平距、高差转换 S:斜距,H:平距,V:高差	_ 45.770
AVE 4	"4" 平均测距 手动减光 "+"	AUE10.	SO 9	"9" 定线放样	0075.000 SO
MSR 5	"5" 连续测距	✓ 1123.456	TRK 0	"0" 跟踪测量	✓ 10205
ENT ▬	送负号 置数,清除输入值	---.---	RET	照明开关 复位	
POWER ▬	开机　关机	8888888			

图 4.11　面板操作键功能

2. ND3000 红外测距仪的使用

（1）测距前的准备。

1）取下电子经纬仪的手提把，或者将连接器安装在光学经纬仪的顶端。

2）装经纬仪，对中整平，注意适当的高度。

3）用随箱配带的内六角扳手，松开测距仪 U 形支架下端的两个支脚固定螺旋，调整它们的间距，使其适合经纬仪顶端的连接器，然后固定支脚。装好电池，将测距仪安装在经纬仪的顶端，旋紧连接螺旋。

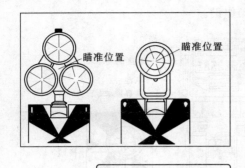

图 4.12 瞄准棱镜示意图

4) 镜站安装好反射棱镜。

5) 俯仰测距仪，用垂直制动螺旋固定，再用垂直微动螺旋和水平调整螺旋精确照准反射镜中心，开始测距。

(2) 距离测量。

1) 电源开关。温度、气压、棱镜常数等仪器常数都预先设置好了，不需要进行修改设置。具体的参数修改参看《仪器操作手册》。

2) 瞄准目标，如图 4.12 所示。

a. 主机望远镜对准棱镜中心。

b. 若距离远，棱镜不容易找到，或能见度太低的情况下，可按两次 SIG ⒊ 键。

c. 调整主机俯仰微动螺旋和水平微动螺旋，使回光信号显示数字最大，然后用手动增减光键或减至显示数为 60 左右即可以测距。

d. 接下来按 S/H/V ⒏ 键即测距键，这样测站点到照准点的距离就会显示在液晶显示屏上。斜距、高差之间的转换通过连续按此键即可实现。

e. 测距流程：

开机-GOOD-"＊"显示-精确照准-按 SIG 键-按 S/H/V 键

4.3 电子全站仪

全站仪是把电子经纬仪、测距仪和电子微处理器整合在一起的测量仪器。其优点是电子经纬仪和电磁波测距仪使用共同的望远镜，测量方向和距离只需要瞄准一次。现以拓普康 GTS—211D 全站仪为例说明该仪器的使用方法。

4.3.1 拓普康 GTS—211D 全站仪的基本结构

拓普康 GTS—211D 全站仪外形如图 4.13 所示，有两面操作按键及显示窗，操作很方便。能自动进行水平和垂直倾斜改正，补偿范围为 ±3′。GTS—211D 全站仪的测角最小读数为 1″，测角精度为 5″，采用增量法读数；测距的最小读数为 ± (3mm±2× 10^{-6})，单棱镜的测距为 1.1～1.2km，三棱镜的测距为 1.6～1.8km；内部有自动记录装置，可记录 2000 个测量点。拓普康 GTS—211D 全站仪除能进行角度测量、距离测量、坐标测量、偏心测量，悬高测量和对边测量外，还能进行数据采集、放样及存储管理。

拓普康 GTS—211D 全站仪只有 10 个按键，如图 4.14 所示，其名称与功能见表 4.1。

拓普康 GTS—211D 全站仪显示窗采用点阵式液晶显示（LCD），可显示 4 行，每行 20 个字符。通常三行测量数据，最后一行显示随测量模式变化的按键功能。前三行常用显示符号的意义见表 4.2。

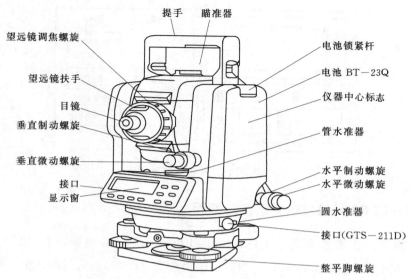

不同国家的市场，垂直制动与微动螺旋的位置有所不同

图 4.13　拓普康 GTS—211D 全站仪

表 4.1　　　　　　　　　　**拓普康 GTS—2100 全站仪的按键名称及功能**

键	名　称	功　　　　能
↗	坐标测量键	坐标测量模式
◢	距离测量键	距离测量模式
ANG	角度测量键	角度测量模式
MENU	菜单键	在菜单模式和正常测量模式之间切换，在菜单模式下设置应用测量与调节方式
ENS	退出键	• 返回测量模式或上一层模式 • 从正常测量模式直接进入数据采集模式或放样模式
POWER	电源键	电源开关
F1—F4	软键（功能键）	对应于显示的软键信息

表 4.2　　　　　　　　**拓普康 GTS—211D 全站仪显示窗内常用符号的意义**

显　示	内　容	显　示	内　　容
V	垂直角	E	东向坐标
HR	水平角（右）	Z	高程
HL	水平角（左）	*	EDN（电子测距）正在进行
HD	水平距离	M	以米为单位
VD	高差	Ft	以英尺为单位
SD	斜距	Fi	以英尺与英寸为单位
N	北向坐标		

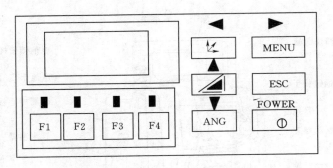

图 4.14　全站仪键盘

4.3.2　拓普康 GTS—211D 全站仪的使用

使用时将全站仪安置在测站上，按 POWER 键，即打开电源，显示器初始化约 2s 后，显示零指示设置指令（OSET）、当前的棱镜常数（PSM）、大气改正值（PPM）以及电池剩余容量，纵转望远镜，使望远镜的视准轴通过水平线，即设置垂直度盘和水平度盘初始读数。

4.3.2.1　角度测量

开机设置读数指标后，就进入角度测量模式，或者按 ANG 键进入角度模式。

1. 水平角右角和垂直角测量

如图 4.15 所示，欲测 A、B 两方向的水平角，安置仪器后，照准目标 A，按 F1（OSET）键和 YES 键，可设置目标 A 的水平读数为 $0°0'0''$。旋转仪器照准目标 B，直接显示目标 B 的水平角 H 和垂直角 V。

2. 水平角右角、左角的切换

水平角右角，即仪器右旋角，从上往下看水平度盘，水平读数顺时针增大；水平角左角，即左旋角，水平读数逆时针增大。在测角模式下，按 F4（↓）键两次转到第 3 页功能。每按 F2（R/L）一次，右角交替切换。通常使用右角模式观测。

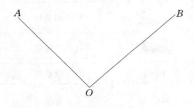

图 4.15　角度测量

4.3.2.2　距离测量

距离测量可设为单次测量和 N 次测量。一般设为单次测量，以节约用电。距离测量可区分三种测量模式，即精测模式、粗测模式、跟踪模式。一般情况先用精测模式观测，最小显示单位为 1mm，测量时间约 2.5s。粗测模式最小显示单位为 10mm。测量时间约 0.7s 跟踪模式用于观测移动目标，最小显示单位为 10mm，测量时间为 0.3s。

当距离测量模式和观测次数设定后，在测角模式下，照准棱镜中心，按 ◢ 键，即开始连续测量距离，显示内容从上往下为水平角（HR）、平距（HI）和高差（VD）。若再按 ◢ 键一次，显示内容变为水平角（HR）、垂直角（V）和斜距（SD）。当连续测量不再需要时，可按 F1 （MEAS）键，按设定的次数距离测量，最后显示距离平均值。

注意，当光电测距正在工作时，HD 右边出现"＊"标志。

4.3.2.3 坐标测量

如图 4.16 所示，GTS—211D 全站仪可在坐标测量模式

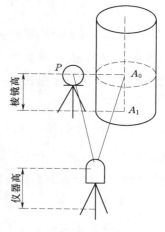

下直接测定碎部点（立棱镜点）坐标。在坐标测量之前必须将全站仪进行定向。输入测站点坐标。若测量三维坐标，还必须输入仪器高和棱镜高。

具体操作如下：

在坐标测量模式下，先通过第二页的 F1 （R..HT），F2 （INS. HT），F3 （OCC）分别输入棱镜高、仪器高和测站点坐标，再在角度测量模式下，照准后向点（后视点），设定测站点到水平度盘读数，完成全站仪的定向。然后照准立于碎部点的棱镜，按 键，开始测量，显示碎部点坐标（N，E，Z）即（X，Y，H）。

图 4.16 坐标测量

4.3.2.4 数据采集

1. 键入控制点坐标

GTS—211D 全站仪在野外采集数据时，可以先在室内将图根控制点坐标键入 GTS—211D 全站仪，以减轻测站安置工作量。先由主菜单中的内存管理（MEMORY MGR）进入坐标输入（COORD. INPUT）状态：依次输入文件名、点号 PT♯ 及坐标数据 N（x）、E（y）、Z（H）。

2. 整置仪器

在测站点上对中、整平，按下仪器电源开关 POWER，转动望远镜，使全站仪进入观测状态，再按 MENU 键，进入主菜单。

3. 输入数据采集文件名

在主菜单下，选择数据采集（DATA COLLECT），输入数据采集文件名。这个文件名与内业输入控制点坐标的文件名相同。可以直接键入（INPUT），也可以从库里查找（LIST）。若内业没有输入控制点坐标，这时要输入便于记忆的数据采集文件名，按 ENT 键输入。

4. 输入测站点数据

在数据采集菜单 1/3 下，选择 F_1 （OCC. PT♯ INPUT），分别输入测站点的点号（PT♯）或坐标（N，E，Z）、测站编码（ID）、仪器高（INS. HT）。按 F_4 （OCNEZ）键输入测站点点号或坐标。输入点号还是直接输入坐标，由 F_3 （NEZ）切换。最后按 ENT 键输入。若采用无码作业，测站上可不输入编码（ID），用 ▼ 键跳过去；若测平面

图，仪器高（INS. HT）可不输入。

5. 输入后视点（定向点）数据

在数据采集菜单 1/3 下，选择 $\boxed{F_2}$（BACKSIGHT）键进入后视点（定向点）数据设置状态。按 $\boxed{F_4}$（BS）键即可输入定向点坐标或定向角，通过按 $\boxed{F_3}$（NE/AZ）键可使输入方法在坐标值、设置水平角和坐标点之间交替切换。另外，在后视点数据设置（BACKSIGHT）状态下，按 $\boxed{\blacktriangle}$、$\boxed{\blacktriangledown}$ 键，可直接输入后视点编码和目标高（棱镜高）。

6. 定向

当测站点数据和后视点输入完成后，按 $\boxed{F_3}$（MEAS）键，再照准后视点，选择一种测量模式，如按 $\boxed{F_2}$（SD）键，进入斜距测量；按 $\boxed{F_3}$（NEZ）键，进入坐标测量。这时，水平度盘自动设置为后视点的方位角值。然后返回数据采集菜单 1/3。

7. 碎部点测量

在数据采集菜单 1/3 下，按 $\boxed{F_3}$（FS/SS）键即开始碎部点测量。照准目标（棱镜），依次输入点号、编码、目标高（镜高），选择一测量模式［如斜距（SD）或坐标（NEZ）］开始测量、记录。测完第一碎部点后，点号自动加 1，照准目标，选择 $\boxed{ALL}$ 开始进行与上点相同的测量。

【知识小结】

距离测量是测量的基本工作之一，目前的测距仪都比较先进、精度比较高而且距离测量的内、外业都比以前方便多了，所以距离测量在现代测量中的地位越来越重要。本章的目的主要是使读者通过学习了解和掌握目前常用的距离测量的方法。其主要内容如下：

（1）距离丈量的工具，钢尺、测钎、标杆、垂球、弹簧秤、温度计和尺夹，以及它们在钢尺量距中的具体用途，还必须掌握测距前的直线定线工作。

（2）钢尺量距的一般方法。

（3）电磁波测距的基本原理，包括脉冲式光电测距仪和相位式光电测距仪。

（4）了解南方 ND 系列红外测距仪测距的基本操作。

（5）了解三种测距仪的测距误差及其来源、削弱误差的方法。

（6）以拓普康 GTS－211D 全站仪了解全站仪的使用方法。

【知识与技能训练】

（1）测量上常用的测距方法有哪几种？

（2）什么叫直线定线？怎样进行直线定线？

（3）在平坦地面，用钢尺一般量距的方法丈量 A、B 两点间的水平距离，往测为 210.251m，返测为 210.243m，则水平距离 D_{AB} 的结果如何？其相对误差是多少？哪段精度高些？

（4）光电测距有什么特点？全站仪测距的基本过程是什么？

第5章 测量误差的基本知识

【学习目标】

本章为测量误差的基本知识，主要介绍了测量误差的概念、来源和分类；偶然误差的特性；衡量观测值精度的指标；误差传播定律及其应用。学习本章，要求了解测量误差的概念和来源；认识到观测条件对观测值质量的影响；掌握测量误差的分类；理解偶然误差的特性；熟知衡量观测值精度的指标；掌握误差传播定律及其在测量中的应用。

【学习要求】

知识要点	能 力 要 求	相 关 知 识
测量误差的基本知识	（1）能够理解测量误差的概念及来源； （2）能够区分系统误差和偶然误差； （3）能够根据偶然误差的特性确定测量限差	（1）测量误差的概念； （2）观测条件； （3）系统误差和偶然误差的概念； （4）偶然误差的特性
衡量观测值精度的指标	（1）能够进行中误差、相对误差和极限误差的计算； （2）能够根据精度指标来衡量观测值的精度高低； （3）能够根据实际情况选取合适的衡量精度的指标	（1）中误差、相对误差、极限误差的概念； （2）中误差、相对误差、极限误差的计算
传播定律及其在测量中的应用	（1）能够理解误差传播定律的推导过程； （2）能够运用误差传播定律评定观测值函数的精度	（1）观测值倍数函数的中误差及其应用； （2）观测值和或差函数的中误差及其应用； （3）观测值线性函数的中误差及其应用； （4）观测值一般函数的中误差及其应用

5.1 测量误差概述

5.1.1 测量误差的概念

测量实践表明，在测量工作中，无论测量仪器设备多么精密，无论观测者多么仔细认真，也无论观测环境多么良好，在测量结果中总是有误差存在。例如，观测某一闭合水准路线，各测站的高差之和不等于零；又如对某一三角形的三个内角进行观测，其三个内角值之和也不等于180°。这种差异表现为测量结果与观测量客观存在的真值之间的差值，这种差值称为真误差。

$$真误差＝观测值－真值$$

一般用 Δ 表示真误差，用 X 表示真值，用 L 表示观测值，即

$$\Delta_i = L_i - X \tag{5.1}$$

测量工作中总是不可避免地存在误差，研究观测误差的来源及其规律，可采取各种措施来减小误差的影响。

5.1.2 测量误差的来源

引起测量误差的因素有很多，概括起来主要有以下三个方面。

1. 仪器误差

测量工作总是需要使用一定的仪器、工具设备，由于仪器设备本身的精密度，所以观测必然受到其影响，再者仪器设备在使用前虽经过了校正，但残余误差仍然存在。测量结果中就不可避免地包含了这种误差。

2. 观测者误差

测量工作离不开人的参与，由于观测者的感觉器官的鉴别能力有限，所以无论怎样仔细地工作，在仪器的安置、照准、读数等方面都会产生误差。

3. 外界条件的影响

观测时所处的外界条件，如温度、湿度、风力、气压等因素的影响，必然使观测结果产生误差。

测量仪器、观测者和外界条件这三方面的因素综合起来称为观测条件。观测条件与观测结果的精度有着密切的关系。在较好的观测条件下进行观测所得的观测结果的精度就要高一些，反之，观测结果的精度就要低一些。

在测量过程中，有时还会出现读错、记错等错误，是由观测者粗心大意造成的，称为粗差。测量中粗差是绝对不允许出现的，而测量中的误差则是不可避免的。要严格区分误差和粗差的界线。

5.1.3 测量误差的分类

根据测量误差对观测结果的影响性质不同，测量误差可分为系统误差和偶然误差两类。

1. 系统误差

在相同的观测条件下对某量进行一系列观测，如果误差出现的符号及大小均相同或按一定的规律变化，这种误差称为系统误差。

系统误差产生的原因主要是仪器制造或校正不完善、观测人员操作习惯和测量时外界条件等引起的。如量距中用名义长度为 30m 而经检定后实际长度为 30.002m 的钢尺，每量一尺段就有 0.002m 的误差，丈量误差与距离成正比。可见系统误差具有积累性。又如某些观测者在照准目标时，总习惯于把望远镜十字丝对准于目标的某一侧，也会使观测结果带有系统误差。

在实际测量工作时，系统误差可以采取适当的观测方法或加改正数来消除或减弱其影响。例如，在水准测量中采用前后视距相等来消除视准轴与水准管轴不平行而产生的误差，在水平角观测中采用盘左盘右观测来消除视准轴误差等。因此，只要找到系统误差的规律之后，就可以采取一定的观测方法、观测手段设法减小以至消除系统误差的影响。

2. 偶然误差

在相同的观测条件下对某量进行一系列观测，如果误差的符号和大小都具有不确定性，但就大量观测误差总体而言，又服从一定的统计规律性，这种误差称为偶然误差，也叫随机误差。如望远镜的照准误差、读数的估读误差、经纬仪的对中误差等。偶然误差产生的原因是由观测者、仪器和外界条件等多方面引起的。对偶然误差，通常采用增加观测次数来减少其误差、提高观测成果的质量。

在观测过程中，系统误差与偶然误差是同时产生的，当系统误差采取了适当的方法加以消除或减弱以后，决定观测精度的主要因素就是偶然误差了，偶然误差影响了观测结果的精确性，所以在测量误差理论中研究对象主要是偶然误差。

5.1.4 偶然误差的特性

偶然误差从表面上看似乎没有规律性，即从单个或少数几个误差的大小和符号的出现上呈偶然性，但从整体上对偶然误差加以归纳统计，则显示出一种统计规律，而且观测次数越多，这种规律性表现得越明显。

例如：在相同观测条件下独立地观测了198个三角形的全部内角，由于观测值中带有误差，各三角形的内角之和就不等于180°。

现将198个真误差进行统计分析：取0.5″为区间，将198个真误差按其大小和正负号排列。以表格的形式统计出其在各区间的分布情况，见表5.1。

表 5.1　　　　　　　　　　　　偶然误差的区间分布表

误差区间 dΔ	正误差（+Δ）		负误差（−Δ）		总　　数	
	个数 n	频率 $\left(\frac{n}{198}\right)$	个数 n	频率 $\left(\frac{n}{198}\right)$	个数 n	频率 $\left(\frac{n}{198}\right)$
0.0～0.5″	30	0.152	31	0.157	61	0.308
0.5～1.0″	25	0.126	25	0.126	50	0.253
1.0～1.5″	18	0.092	19	0.096	37	0.188
1.5～2.0″	12	0.061	11	0.055	23	0.116
2.0～2.5″	8	0.040	8	0.040	16	0.080
2.5～3.0″	3	0.015	4	0.020	7	0.035
3.0～3.5″	2	0.010	2	0.010	4	0.020
3.5 以上	0	0	0	0	0	0
Σ	98	0.496	100	0.504	198	1.000

从表5.1中可以看出，该组误差的分布表现出的规律是：小误差比大误差出现的频率高；绝对值相等的正、负误差出现的频率几乎相同；误差都在一个小范围内，最大误差不超过3.5″。

为了更直观清晰地表达误差的分布情况，除了采用误差分布表的形式外，还可以利用图形形象地表达。在图5.1中，取误差Δ的大小为横坐标，取误差出现于各区间的频率（相对个数）除以区间的间隔值dΔ为纵坐标，建立坐标系并绘图，这样每一误差区间上的长方条面积就代表误差出现在该区间的相对个数，该图称为直方图。用直方图的形式可以表示误差分布情况。

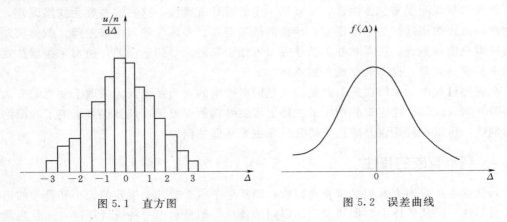

图 5.1　直方图　　　　　　　　　　　图 5.2　误差曲线

在图 5.1 中，当误差个数 $n \to \infty$ 时，如果再把误差间隔 $d\Delta$ 无限缩小，则图 5.1 中的各长方形顶点折线就变成了一条光滑的曲线，该曲线称为误差分布曲线，即正态分布曲线。如图 5.2 所示，图中曲线形状越陡峭，表示误差分布越密集，观测质量越高；曲线越平缓，表示误差分布越离散，观测质量越低。

从误差分布曲线中可以看出，曲线中间高、两端低，表明小误差出现的机会大，大误差出现的机会小；曲线对称，表明绝对值相等的正、负误差出现的机会均等；曲线以横轴为渐近线，即最大误差不会超过一定限值。

通过以上分析讨论，总结出偶然误差具有如下 4 条统计特性：

(1) 有界性：在一定观测条件下，偶然误差的绝对值不超过一定的限度。

(2) 显小性：绝对值小的误差比绝对值大的误差出现的机会多。

(3) 对称性：绝对值相等的正、负误差出现的概率大致相同。

(4) 抵消性：随着观测次数无限增多，偶然误差的算术平均值趋近于零，即

$$\lim_{n \to \infty} \frac{[\Delta]}{n} = 0 \qquad (5.2)$$

式中　n——观测次数。

$$[\Delta] = \Delta_1 + \Delta_2 + \Delta_3 + \cdots + \Delta_n$$

显然，第 4 条特性是由第 3 条特性导出的。

5.2　衡量精度的指标

研究测量误差最主要的目的，就是衡量测量成果的精度。在测量工作中，观测质量是有优劣的，也就是精度有高有低。所谓精度，就是指误差分布的密集或离散的程度。在一定条件下对某一量进行的一组观测如果误差分布较为密集，则表示其观测质量较好，观测精度较高，如果误差分布较为离散，则表示观测质量较差，观测精度较低。为了较好地评定测量精度，衡量观测精度的高低，需要建立衡量精度的统一标准。

下面介绍几种常用的精度指标。

5.2.1　中误差

在相同的观测条件下，对某量进行了 n 次观测，其观测值为 L_1、L_2、$\cdots$、L_n，相应的真误差为 Δ_1、Δ_2、$\cdots$、Δ_n，则各个真误差平方和的平均值的平方根，称为中误差，通常用 m 表示，即

$$m = \pm \sqrt{\frac{\Delta_1^2 + \Delta_2^2 + \cdots + \Delta_n^2}{n}} = \pm \sqrt{\frac{[\Delta\Delta]}{n}} \tag{5.3}$$

m 值越大，观测精度越低，m 值越小，则观测精度越高。

【例 5.1】　对某三角形内角之和观测了 5 次，其三角形内角和的观测值与其真值 $180°$ 相比较，真误差分别为 $+5''$、$-2''$、$0''$、$-5''$、$+3''$，求观测值的中误差。

解　$m = \pm\sqrt{\dfrac{[\Delta\Delta]}{n}} \pm \sqrt{\dfrac{(+5)^2 + (-2)^2 + 0^2 + (-5)^2 + (+3)^2}{5}} = \pm\sqrt{\dfrac{63}{5}} = \pm 3.5''$

【例 5.2】　设有甲、乙两组观测值，其真误差分别如下：

甲：$-5''$、$-2''$、$0''$、$+4''$、$+2''$

乙：$-6''$、$-5''$、$0''$、$+5''$、$+7''$

解　$$m_1 = \pm\sqrt{\frac{25 + 4 + 0 + 16 + 4}{5}} = \pm 3.1''$$

$$m_2 = \sqrt{\frac{35 + 25 + 0 + 25 + 49}{5}} = \pm 5.2''$$

因为 $m_1 < m_2$，所以甲组观测精度比乙组观测精度高。

5.2.2　相对中误差

中误差是一种绝对误差，当观测误差与观测值的大小有关时，仅用中误差是不能准确地反映观测精度的高低的。例如，用钢尺丈量 100m 及 500m 两段距离，两段距离的中误差均为 ± 0.1m，两者的中误差相同，若用中误差来衡量精度，两段距离丈量的精度是相等的。但就单位长度的测量精度而言，两者并不相同，显然前者的丈量精度要比后者低。因此，必须引入相对中误差（简称相对误差）这一精度指标。

相对误差定义为观测值中误差的绝对值与观测值之比，通常化成分子为 1 的分数形式，即

$$K = \frac{|\text{中误差}|}{\text{观测值}} = \frac{|m|}{L} = \frac{1}{\dfrac{L}{|m|}} \tag{5.4}$$

根据相对误差的定义，上述两段距离丈量中，相对中误差分别为

$$K_1 = \frac{1}{1000}$$

$$K_2 = \frac{1}{5000}$$

显然，500m 的长度相对误差小于 100m 长度的相对误差。丈量 500m 段精度要高些。

在测量工作中，一般用相对误差来衡量距离测量的精度。

5.2.3 容许误差

偶然误差的第一个特性说明，在一定观测条件下，偶然误差的绝对值不会超过一定的限值，这个限值就是容许误差。在测量工作中，如果观测误差绝对值小于容许误差，则认为该观测值合格。如果观测误差的绝对值大于容许误差，就认为观测值质量不合格，该观测结果就舍去。那么应该如何确定这个限值？

实践证明，等精度观测的一组误差中，绝对值大于 2 倍中误差的偶然误差出现的可能性约为 5%；大于 3 倍中误差的偶然误差出现的可能性仅为 0.3%，这个规律就是确定容许误差的依据。

在实际测量工作中，通常采用 2 倍中误差作为容许误差。

$$\Delta_{限} = 2m \tag{5.5}$$

当要求较低时，也采用 3 倍中误差作为容许误差。

$$\Delta_{限} = 3m \tag{5.6}$$

容许误差也称为极限误差或允许误差。

5.3 误 差 传 播 定 律

上节已经阐述了衡量一组观测值质量的精度指标。但在测量工作中，有些量往往不是直接测得的，而是通过观测量间接计算得到的。例如，在水准测量中，一测站的高差是由前、后尺读数计算得到的，即 $h = a - b$。读数 a、b 是直接观测值，高差 h 是 a、b 的函数。显然，观测值 a、b 的测量误差必然会影响其函数的精度。如果观测值 a、b 的中误差已经求得，那么如何根据观测值的中误差来计算观测值函数的中误差呢？阐述观测值的中误差与其函数中误差之间关系的定律称误差传播定律。

误差传播的方式与其函数形式有关，下面就由简到繁的函数形式推导误差传播定律的公式。

5.3.1 观测值倍数函数的中误差

设有函数

$$z = kx \tag{5.7}$$

式中　x——独立观测值，其中误差为 m_x；

　　　k——常数。

如果 x 产生真误差 Δx，则其函数 z 也产生真误差 Δz，即

$$z + \Delta z = k(x + \Delta x) \tag{5.8}$$

式（5.8）减去式（5.7），得

$$\Delta z = k\Delta x \tag{5.9}$$

若对 x 同精度观测了 n 次，则有

$$\left.\begin{array}{l} \Delta z_1 = k\Delta x_1 \\ \Delta z_2 = k\Delta x_2 \\ \quad\vdots \\ \Delta z_n = k\Delta x_n \end{array}\right\} \tag{5.10}$$

将式（5.10）各式两边平方，然后相加得

$$[\Delta z^2] = k^2[\Delta x^2] \tag{5.11}$$

将式（5.11）两边除以 n，得

$$\frac{[\Delta z^2]}{n} = k^2\frac{[\Delta x^2]}{n} \tag{5.12}$$

式（5.12）中，$\dfrac{[\Delta z^2]}{n} = m_z^2$，$\dfrac{[\Delta x^2]}{n} = m_x^2$。

则式（5.12）可写为

$$m_z^2 = k^2 m_x^2$$

或

$$m_z = km_x \tag{5.13}$$

式（5.13）即为观测值倍数函数中误差的计算公式。

5.3.2　观测值和或差函数的中误差

设有函数

$$z = x \pm y \tag{5.14}$$

其中，x、y 为独立观测值，其中误差分别为 m_x、m_y，如果 x、y 各产生真误差 Δx、Δy，则其函数 z 也产生真误差 Δz，即有

$$z + \Delta z = (x + \Delta x) \pm (y + \Delta y) \tag{5.15}$$

式（5.15）减去式（5.14），得

$$\Delta z = \Delta x \pm \Delta y \tag{5.16}$$

若对 x、y 同精度各观测了 n 次，则有

$$\left.\begin{array}{l} \Delta z_1 = \Delta x_1 \pm \Delta y_1 \\ \Delta z_2 = \Delta x_2 \pm \Delta y_2 \\ \quad\vdots \\ \Delta z_n = \Delta x_n \pm \Delta y_n \end{array}\right\} \tag{5.17}$$

将式（5.17）各式两边平方，然后相加得

$$[\Delta z^2] = [\Delta x^2] + [\Delta y^2] \pm 2[\Delta x\Delta y] \tag{5.18}$$

将式（5.18）两边除以 n，得

$$\frac{[\Delta z^2]}{n} = \frac{[\Delta x^2]}{n} + \frac{[\Delta y^2]}{n} \pm 2\frac{[\Delta x\Delta y]}{n} \tag{5.19}$$

式（5.19）中，Δx、Δy 均为相互独立的偶然误差；$[\Delta x\Delta y]$ 也具有偶然误差的特性，由偶然误差的特性 4 可知，当 $n\to\infty$ 时，$\dfrac{[\Delta x\Delta y]}{n}$ 趋近于零。

式（5.19）中，$\dfrac{[\Delta z^2]}{n} = m_z^2$，$\dfrac{[\Delta x^2]}{n} = m_x^2$，$\dfrac{[\Delta y^2]}{n} = m_y^2$。

则式 (5.19) 可写为

$$m_z^2 = m_x^2 + m_y^2$$

或
$$m_z = \pm \sqrt{m_x^2 + m_y^2} \tag{5.20}$$

式 (5.20) 即为观测值和或差函数中误差的计算公式。

【例 5.3】 在水准测量中,若水准尺上每次读数中误差为 ± 2.0mm。则每站高差中误差是多少?

解
$$h = a - b$$

$$m_h = \pm \sqrt{m_a^2 + m_b^2} = \pm \sqrt{2.0^2 + 2.0^2} = \pm 2.8 \text{(mm)}$$

【例 5.4】 在 1∶1000 地形图上,量得某段距离 $d = 80.50$cm,测量中误差 $m_d = \pm 0.2$cm,求该段距离的实际长度和中误差。

解
$$D = kd = 1000 \times 80.50 = 80500 \text{ (cm)} = 805 \text{ (m)}$$
$$M_d = km_d = \pm 1000 \times 0.2 = \pm 200 \text{ (cm)} = \pm 2.0 \text{ (m)}$$

所以实际长度
$$D = 805 \pm 2.0 \text{ (m)}$$

5.3.3 观测值线性函数的中误差

设有线性函数

$$z = k_1 x_1 \pm k_2 x_2 \pm \cdots \pm k_n x_n \tag{5.21}$$

式中 x_1,x_2,$\cdots$,x_n——独立观测值,其中误差分别为 m_{x1},m_{x2},$\cdots$,m_{xn};

k_1,k_2,$\cdots$,k_n——常数。

如果观测值 x_1,x_2,$\cdots$,x_n 各产生真误差 Δx_1,Δx_2,$\cdots$,Δx_n,则其函数 Z 也产生真误差 Δz,即

$$z + \Delta z = k_1(x_1 + \Delta x_1) \pm k_2(x_2 + \Delta x_2) \pm \cdots \pm k_n(x_n + \Delta x_n) \tag{5.22}$$

将式 (5.22) 减去式 (5.21) 得

$$\Delta z = k_1 \Delta x_1 \pm k_2 \Delta x_2 \pm \cdots \pm k_n \Delta x_n \tag{5.23}$$

若对观测值 x_1,x_2,$\cdots$,x_n 进行了 n 次等精度观测,则有

$$\left. \begin{array}{l} \Delta z_1 = k_1 \Delta x_{11} \pm k_2 \Delta x_{21} \pm \cdots \pm k_n \Delta x_{n1} \\ \Delta z_2 = k_1 \Delta x_{12} \pm k_2 \Delta x_{22} \pm \cdots \pm k_n \Delta x_{n2} \\ \vdots \\ \Delta z_n = k_1 \Delta x_{1n} \pm k_2 \Delta x_{2n} \pm \cdots \pm k_n \Delta x_{m} \end{array} \right\} \tag{5.24}$$

把式 (5.24) 各式两边平方,相加后再除以 n 得

$$\frac{[\Delta z^2]}{n} = k_1^2 \frac{[\Delta x_1^2]}{n} + k_2^2 \frac{[\Delta x_2^2]}{n} + \cdots + k_n^2 \frac{[\Delta x_n^2]}{n}$$
$$+ 2k_1 k_2 \frac{[\Delta x_1 \Delta x_2]}{n} + 2k_2 k_3 \frac{[\Delta x_2 \Delta_3]}{n} + \cdots \tag{5.25}$$

根据偶然误差的第 4 条特性,式 (5.25) 可写成

$$\frac{[\Delta z^2]}{n} = k_1^2 \frac{[\Delta x_1^2]}{n} + k_2^2 \frac{[\Delta x_2^2]}{n} + \cdots + k_n^2 \frac{[\Delta x_n^2]}{n}$$

根据中误差的定义,则有

$$m_z^2 = k_1^2 m_{x_1}^2 + k_2^2 m_{x_2}^2 + \cdots + k_n^2 m_{x_n}^2$$

$$m_z = \pm \sqrt{k_1^2 m_{x_1}^2 + k_2^2 m_{x_2}^2 + \cdots + k_n^2 m_{x_n}^2} \tag{5.26}$$

式（5.26）即为观测值线性函数中误差的计算公式。

【例 5.5】 用经纬仪观测某角四测回，其观测值为 $L_1 = 80°35'34''$、$L_2 = 80°35'40''$、$L_3 = 80°35'24''$、$L_4 = 80°35'30''$，如果一测回测角的中误差为 $\pm 6''$，试求该角的中误差。

解 该角值的最后测量结果 β 就是四测回所测角值的算术平均值，即

$$\beta = \frac{L_1 + L_2 + L_3 + L_4}{4}$$

则

$$m_\beta = \pm \sqrt{\frac{4 \times 6^2}{4^2}} = \pm 3''$$

5.3.4 观测值一般函数的中误差

设有函数

$$z = f(x_1, x_2, \cdots, x_n) \tag{5.27}$$

式中 x_1，x_2，$\cdots$，x_n——独立观测值，其中误差分别为 m_{x_1}，m_{x_2}，$\cdots$，m_{x_n}。

若观测值 x_1，x_2，$\cdots$，x_n 产生的真误差为 Δx_1，Δx_2，$\cdots$，Δx_n，则函数 Z 也产生真误差 Δz。

现对函数取全微分，得

$$\mathrm{d}z = \frac{\partial f}{\partial x_1} \mathrm{d}x_1 + \frac{\partial f}{\partial x_2} \mathrm{d}x_2 + \cdots + \frac{\partial f}{\partial x_n} \mathrm{d}x_n \tag{5.28}$$

式（5.28）可用下式代替，即

$$\Delta z = \frac{\partial f}{\partial x_1} \Delta x_1 + \frac{\partial f}{\partial x_2} \Delta x_2 + \cdots + \frac{\partial f}{\partial x_n} \Delta x_n \tag{5.29}$$

式中 $\dfrac{\partial f}{\partial x}$——函数对自变量 x 的偏导数，当函数关系确定时，它们均为常数。

设 $\dfrac{\partial f}{\partial x_1} = k_1$，$\dfrac{\partial f}{\partial x_2} = k_2$，$\cdots$，$\dfrac{\partial f}{\partial x_n} = k_n$。

因此，式（5.29）为线性函数的真误差关系式，则由式（5.26）可得

$$m_z^2 = k_1^2 m_{x_1}^2 + k_2^2 m_{x_2}^2 + \cdots + k_n^2 m_{x_n}^2$$

即

$$m_z = \pm \sqrt{\left(\frac{\partial f}{\partial x_1}\right)^2 m_{x_1}^2 + \left(\frac{\partial f}{\partial x_2}\right)^2 m_{x_2}^2 + \cdots + \left(\frac{\partial f}{\partial x_n}\right)^2 m_{x_n}^2} \tag{5.30}$$

式（5.30）即为观测值一般函数中误差的计算公式。

通过以上推导可以看出，观测值线性函数中误差关系式是一般函数中误差关系式的特殊形式。

【例 5.6】 有一长方形，测得其长为 $55.68\mathrm{m} \pm 0.01\mathrm{m}$，宽为 $45.36\mathrm{m} \pm 0.02\mathrm{m}$。求该长方形的面积及其中误差。

解 设长为 a，宽 b，面积为 S

$$S = ab = 55.68 \times 45.36 = 2525.64 (\mathrm{m}^2)$$

$$m_z = \pm \sqrt{\left(\frac{\partial s}{\partial a}\right)^2 m_a^2 + \left(\frac{\partial s}{\partial b}\right)^2 mb^2}$$

$$=\pm \sqrt{b^2 m_a^2 + a^2 m_b^2}$$

$$=\pm \sqrt{45.36^2 \times (\pm 0.01)^2 + 55.68^2 \times (\pm 0.02)^2} = \pm 1.2(\text{m}^2)$$

所以，该长方形的面积为 $S = 2525.64 \pm 1.2$ （m^2）。

【例 5.7】 $z = D\cos\alpha$，其中 $D =$ （50.37±0.04）m，$\alpha = 50°30'12'' \pm 12''$。试求 z 的中误差 m_z。

解 $$z = D\cos\alpha$$

$$m_z = \pm \sqrt{\left(\frac{\partial z}{\partial D}\right)^2 m_D^2 + \left(\frac{\partial z}{\partial \alpha}\right)^2 \left(\frac{m_a}{\rho}\right)^2}$$

$$= \pm \sqrt{\cos^2\alpha m_D^2 + (-D\sin\alpha)^2 \left(\frac{m_a}{\rho}\right)^2}$$

$$= \pm \sqrt{\cos^2 50°31'12'' \times 0.04^2 + (-50.37\sin 50°30'12'')^2 \left(\frac{12}{206265}\right)^2} = \pm 0.026$$

在计算中，$\dfrac{m_a}{\rho}$ 是将角值化为弧度，$\rho = \dfrac{360°}{2\pi} = 57.3° = 3438' = 206265''$。

5.3.5 应用误差传播定律求观测值函数的中误差

应用误差传播定律求观测值函数的中误差的计算步骤如下：

（1）根据题意，列出具体的函数关系式 $z = f(x_1, x_2, \cdots, x_n)$。

（2）如果函数是非线性的，则对函数式求全微分，得出函数的真误差与观测值真误差之间的关系式为

$$\Delta z = \frac{\partial f}{\partial x_1}\Delta x_1 + \frac{\partial f}{\partial x_2}\Delta x_2 + \cdots + \frac{\partial f}{\partial x_n}\Delta x_n$$

（3）写出函数中误差与观测值中误差的关系式为

$$m_z = \pm \sqrt{\left(\frac{\partial f}{\partial x_1}\right)^2 m_{x_1}^2 + \left(\frac{\partial f}{\partial x_2}\right)^2 m_{x_2}^2 + \cdots + \left(\frac{\partial f}{\partial x_n}\right)^2 m_{x_n}^2}$$

（4）代入已知数据，计算函数值的中误差。

5.4 算术平均值及中误差

5.4.1 算术平均值原理

设对某量进行了 n 次等精度观测，观测值分别为 L_1、L_2、$\cdots$、L_n，则其算术平均值 x 为

$$x = \frac{L_1 + L_2 + \cdots + L_n}{n} = \frac{[L]}{n} \tag{5.31}$$

各观测值的真误差表示为

$$\left.\begin{array}{l}\Delta_1 = L_1 - X \\ \Delta_2 = L_2 - X \\ \quad\vdots \\ \Delta_n = L_n - X\end{array}\right\} \tag{5.32}$$

将式（5.32）左右两端相加得

$$[\Delta] = [L] - nX \tag{5.33}$$

将式（5.33）两边同除以 n 得

$$\frac{[\Delta]}{n} = \frac{[L]}{n} - X \tag{5.34}$$

将式（5.34）代入式（5.31）得

$$x = X + \frac{[\Delta]}{n} \tag{5.35}$$

式（5.35）说明，观测值的算术平均值等于观测值的真值加上真误差的算术平均值。

根据偶然误差的抵消性可知，当观测次数无限增大时，偶然误差的算术平均值趋近于零，此时观测值的算术平均值 x 将趋近于真值 X。即

$$\lim_{n\to\infty} \frac{[\Delta]}{n} = 0$$

于是式（5.35）可以写成

$$x = X \tag{5.36}$$

但在实际工作中，观测次数总是有限的，因此，可以认为算术平均值是一个与真值最接近的值，是一个比较可靠的值，称它为真值的最或然值。

5.4.2 算术平均值的中误差

设对某量同精度独立观测了 n 次，观测值分别为 L_1、L_2、$\cdots$、L_n，它们的中误差均等于 m，取 n 个观测值的算术平均值 x 作为该量的最后结果，即

$$x = \frac{[L]}{n} = \frac{L_1}{n} + \frac{L_2}{n} + \cdots + \frac{L_n}{n}$$

由误差传播定律，可得算术平均值的中误差 m 为

$$m = \pm\sqrt{\frac{m^2}{n^2} + \frac{m^2}{n^2} + \cdots + \frac{m^2}{n^2}} = n \times \frac{m^2}{n^2} = \frac{m^2}{n} \pm \frac{m}{\sqrt{n}} \tag{5.37}$$

算术平均值的中误差 m 与观测次数的平方根成反比。增加观测次数可以提高算术平均值的精度。但是也不能无限制地增加，只要达到精度要求做到省工即可。

【知识小结】

本章主要介绍了误差理论的基本知识，学习本章可以从以下三个方面进行理解。

（1）测量误差的定义及特性。首先从工程实例引出了测量误差的基本概念，即测量结果与观测量客观存在的真值之间的差值；然后从三项观测条件介绍了测量误差的来源，并根据测量误差对观测结果的影响将测量误差分为两大类——系统误差和偶然误差。根据误差理论将偶然误差作为研究对象，理解偶然误差的算术特性及算术平均值原理。

（2）衡量精度的指标。衡量观测精度的指标主要有中误差、容许误差和相对误差，其

中，中误差是衡量精度的绝对指标；当观测误差与观测值的大小有关时，用相对误差来衡量精度，相对误差是观测值中误差的绝对值与观测值之比；另一个衡量精度的指标，就是容许误差，容许误差为中误差的 2 倍（精度要求不高时，可以 3 倍的中误差为限）。

（3）误差传播定律。阐述观测值的中误差与其函数中误差之间关系的定律称误差传播定律，使用定律计算时，如果关系式是线性函数，便直接代入定律式进行计算，如果是非线性函数，就需要求全微分，化为线性式再代入定律进行计算。

【知识与技能训练】

（1）何谓测量误差？测量误差的来源有哪几个方面？

（2）什么叫系统误差？什么叫偶然误差？偶然误差有什么特性？

（3）什么叫中误差？什么叫相对中误差？什么叫极限误差？

（4）已知一测回测角中误差为 $\pm 6''$，欲使测角精度达到 $\pm 2''$，问至少需要几个测回？

（5）用钢尺进行距离丈量，共量了 5 个尺段，若每尺段丈量的中误差均为 $\pm 3\text{mm}$，问全长中误差是多少？

（6）设有一 n 边形，每个内角的测角中误差均为 $\pm 6''$，求该 n 边形内角和闭合差的中误差。

（7）对某三角形 ABC 测量，测得边 $AB = 95.546 \pm 0.010\text{m}$，$\angle A = 55°25'18'' \pm 3.0''$，$\angle B = 45°24'08'' \pm 3.5''$，试计算边 BC 及其中误差。

（8）若水准测量中每公里观测高差的精度相同，则 K 公里观测高差的中误差是多少？若每测站观测高差的精度相同，则 n 个测站观测高差的中误差是多少？

第 6 章 直 线 方 位 测 量

【学习目标】

直线方位测量是确定两点间平面位置关系的基本要素，学习本章，要了解直线方向的表示方法；了解三种方位角之间的关系；着重掌握坐标方位角的推算公式并能够进行坐标方位角的推算；掌握坐标正、反算的基本方法；掌握罗盘仪的使用并能够使用罗盘仪测定直线的磁方位角。为后续导线测量的学习奠定基础。

【学习要求】

知识要点	能 力 要 求	相 关 知 识
直线方向的表示方法	（1）能够根据工程实际情况选择合适的表示直线方向的方法； （2）了解进行三种方位角之间关系的换算； （3）能够进行坐标方位角与象限角关系的换算； （4）能够用罗盘仪测定直线的磁方位角	（1）标准方向； （2）真方位角、磁方位角、坐标方位角以及象限角的概念； （3）三种方位角之间的关系； （4）罗盘仪的构造和使用； （5）用罗盘仪测定直线磁方位角
坐标方位角的计算	（1）能够计算直线的正、反坐标方位角； （2）能够进行直线坐标方位角的推算	（1）正、反坐标方位角的概念； （2）直线坐标方位角的推算公式
坐标正、反算	（1）能够进行坐标正算； （2）能够进行坐标反算	（1）坐标正算计算公式； （2）坐标反算计算公式； （3）根据坐标增量符号进行方位角象限的判断

6.1 直 线 定 向

在测量工作中常要确定两点间平面位置的相对关系，除了需要测量两点之间的水平距离以外，还需要确定这条直线的方向。确定一条直线与标准方向之间所夹的水平角的工作称为直线定向。

6.1.1 标准方向

标准方向也称为基准方向或起始方向，我国通用的标准方向有三种，即真子午线方向、磁子午线方向和坐标纵轴方向，简称为真北方向、磁北方向和轴北方向，即通常所说的三北方向，如图 6.1 所示。

1. 真子午线方向

通过地球表面某点的真子午线的切线方向称为该点的真子午线方向，即真北方向。它是通过天文测量的方法测定的。

2. 磁子午线方向

通过地球表面某点的磁子午线的切线方向称为该点的磁子午线方向，即磁北方向。它是用罗盘仪测定的，磁针在地球磁场的作用下自由静止时所指的方向即为磁子午线方向。

3. 坐标纵轴方向

在高斯平面直角坐标系中，其每一投影带中央子午线的投影为坐标纵轴方向，即轴北方向。若采用假定坐标系则将坐标纵轴方向作为标准方向。

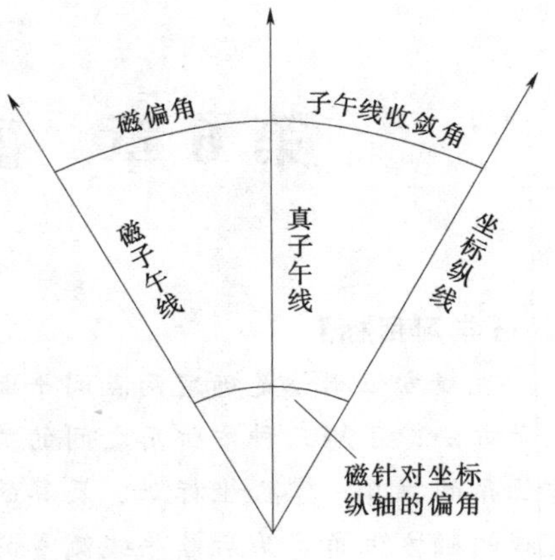

6.1.2 直线方向的表示方法

6.1.2.1 方位角

测量工作中，常用方位角来表示直线的方向。直线的方位角是从标准方向线的北端顺时针旋转至某直线所夹的水平角，一般用 α 表示，其角值范围是 $0°\sim360°$。

根据所选的标准方向不同，方位角又分为真方位角，磁方位角和坐标方位角三种。

1. 真方位角

从真子午线的北端顺时针旋转到某直线所夹的水平角称为该直线的真方位角，一般用 $A_{真}$ 表示。

2. 磁方位角

从磁子午线的北端顺时针旋转到某直线所夹的水平角称为该直线的磁方位角，一般用 $A_{磁}$ 表示。

3. 坐标方位角

从坐标纵轴的北端顺时针旋转到某直线所夹的水平角，称为该直线的坐标方位角。一般用 α 表示。

在测量工作中常采用坐标方位角来表示直线的方向。以后在不加以说明的情况下，方位角均指坐标方位角。

图 6.1 三北方向

6.1.2.2 象限角

在测量工作中，有时也用象限角表示直线的方向，象限角是从标准方向线的南端或北端旋转至某直线所成的锐角，一般用 R 表示，其角值范围是 $0°\sim90°$。由于可以从标准方向线的南端开始旋转，也可以从标准方向线的北端开始旋转，象限角是有方向性的。表示象限角时不但要表示角度的大小，而且还要注明该直线在第几象限。象限角分别用北东、南东、北西和南西表示，如图 6.2 所示。

坐标方位角与象限角之间的关系如表 6.1 所示。

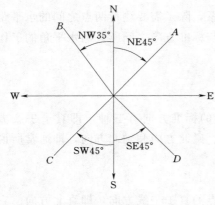

图 6.2 象限角

象　限	坐标方位角与象限角之间的关系	象　限	坐标方位角与象限角之间的关系
第Ⅰ象限	$\alpha = R$	第Ⅲ象限	$\alpha = R + 180°$
第Ⅱ象限	$\alpha = 180° - R$	第Ⅳ象限	$\alpha = 360° - R$

表 6.1　　　　　　　　　　　　坐标方位角与象限角之间的关系

6.1.3　三种方位角之间的关系

1. 真方位角与磁方位角之间的关系

由于地磁的两极与地球的两极并不重合，故同一点的磁北方向与真北方向一般是不一致的，其之间的夹角称为磁偏角，以 δ 表示。真方位角与磁方位角之间关系如图 6.3 所示。

其换算关系式如下：

$$A_{真} = A_{磁} + \delta \tag{6.1}$$

当磁针北端偏向真北方向以东称为东偏，磁偏角为正，当磁针北端偏向真北方向以西称西偏，磁偏角为负。我国的磁偏角的变化范围大约在 $+6°\sim-10°$ 之间。

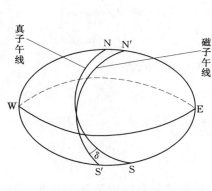

图 6.3　磁偏角

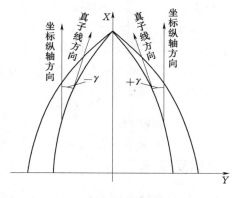

图 6.4　子午线收敛角

2. 真方位角与坐标方位角之间的关系

赤道上各点的真子午线方向是相互平行的，地面上其他各点的真子午线都收敛于地球两极，是不平行的。地面上各点的真子午线北方向与坐标纵线北方向之间的夹角，称为子午线收敛角，一般用 γ 表示。真方位角与坐标方位角的关系如图 6.4 所示，其换算关系式如下：

$$A_{真} = \alpha + \gamma \tag{6.2}$$

在中央子午线以东地区，各点的坐标纵线北方向偏在真子午线的东边，γ 为正值，在中央子午线以西地区，γ 为负值。

3. 坐标方位角与磁方位角之间关系

已知某点的子午线收敛角 γ 和磁偏角 δ，则坐标方位角与磁方位角之间的关系为

$$\alpha = A_{磁} + \delta - \gamma \tag{6.3}$$

6.2 坐标计算原理

地面上两点间的平面位置关系与该两点间的水平距离、坐标方位角密切相关。地面点的平面位置可以用该点的纵、横坐标来表示。

6.2.1 坐标正算

根据直线起点的坐标、直线的水平距离及其坐标方位角来计算直线终点的坐标，称为坐标正算。如图 6.5 所示，已知直线 AB 的起点 A 的坐标 (x_A, y_A)，以及 AB 两点间的水平距离 D_{AB} 和 AB 边的坐标方位角 α_{AB}，要计算终点 B 的坐标 (x_B, y_B) 可按下列步骤计算。

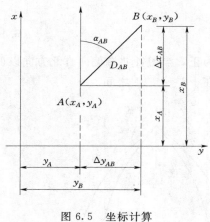

图 6.5 坐标计算

设 $\Delta x_{AB} = x_B - x_A$，$\Delta x_{AB}$ 称为 A 点至 B 点的纵坐标增量。

$\Delta y_{AB} = y_B - y_A$，$\Delta y_{AB}$ 称为 A 点至 B 点的横坐标增量。

可以得出：

$$\left. \begin{array}{l} \Delta x_{AB} = D_{AB}\cos\alpha_{AB} \\ \Delta y_{AB} = D_{AB}\sin\alpha_{AB} \end{array} \right\} \tag{6.4}$$

B 点的坐标计算式为

$$\left. \begin{array}{l} x_B = x_A + \Delta x_{AB} = x_A + D_{AB}\cos\alpha_{AB} \\ y_B = y_A + \Delta y_{AB} = y_A + D_{AB}\sin\alpha_{AB} \end{array} \right\} \tag{6.5}$$

6.2.2 坐标反算

根据直线始点和终点的坐标，计算直线的水平距离和直线的坐标方位角，称为坐标反算。

如图 6.5 所示，A、B 两点的水平距离及坐标方位角可按下列公式计算：

$$D_{AB} = \sqrt{\Delta x_{AB}^2 + \Delta y_{AB}^2} = \sqrt{(x_B - x_A)^2 + (y_B - y_A)^2} \tag{6.6}$$

$$\alpha'_{AB} = \arctan\frac{\Delta y_{AB}}{\Delta x_{AB}} = \arctan\frac{y_B - y_A}{x_B - x_A} \tag{6.7}$$

根据式（6.7）计算所得的角值，还需要进行象限判断，计算得出坐标方位角值。直线的坐标方位角值在四个象限中的情况如下：

（1）当 $\Delta x_{AB} > 0$，$\Delta y_{AB} > 0$ 时，α_{AB} 是第 Ⅰ 象限的角，其角值范围在 $0° \sim 90°$ 之间。所求的坐标方位角 α_{AB} 就等于计算的角值 α'_{AB}，即 $\alpha_{AB} = \alpha'_{AB}$。

（2）当 $\Delta x_{AB} < 0$，$\Delta y_{AB} > 0$ 时，α_{AB} 是第 Ⅱ 象限的角，其角值范围在 $90° \sim 180°$ 之间。所求的坐标方位角 α_{AB} 等于计算所得的负角值 α'_{AB} 加上 $180°$，即 $\alpha_{AB} = \alpha'_{AB} + 180°$。

（3）当 $\Delta x_{AB} < 0$，$\Delta y_{AB} < 0$ 时，α_{AB} 是第 Ⅲ 象限的角，其角值范围在 $180° \sim 270°$ 之间。

所求的坐标方位角 α_{AB} 等于计算所得的正角值 α'_{AB} 加上 $180°$，即 $\alpha_{AB} = \alpha'_{AB} + 180°$。

（4）当 $\Delta x_{AB} > 0$，$\Delta y_{AB} < 0$ 时，α_{AB} 是第 Ⅳ 象限的角，其角值范围在 $270° \sim 360°$ 之间。所求的坐标方位角 α_{AB} 等于计算所得的负角值 α'_{AB} 加上 $360°$，即 $\alpha_{AB} = \alpha'_{AB} + 360°$。

如果先计算出坐标方位角值，也可用下式计算水平距离 D_{AB} 为

$$D_{AB} = \frac{\Delta y_{AB}}{\sin\alpha_{AB}} = \frac{\Delta x_{AB}}{\cos\alpha_{AB}} \tag{6.8}$$

【例 6.1】 已知 A 点的坐标为 $(523.45，748.36)$，AB 边的边长为 90.56m，AB 边的坐标方位角 $\alpha_{AB} = 40°30'$，试求 B 点坐标。

解
$$x_B = 523.45 + 90.56\cos40°30' = 592.31$$
$$y_B = 748.36 + 90.56\sin40°30' = 807.17$$

【例 6.2】 已知 A、B 两点的坐标为 A $(450.00，689.27)$，B $(455.38，500.00)$，试计算 AB 的边长及 AB 边的坐标方位角。

解

$$D_{AB} = \sqrt{(x_B - x_A)^2 + (y_B - y_A)^2} = \sqrt{(455.38 - 450.00)^2 + (500.00 - 689.27)^2}$$
$$= 189.35$$

$$\alpha' = \arctan\frac{y_B - y_A}{x_B - x_A} = \arctan\frac{500.00 - 689.27}{455.38 - 450.00} = -88°22'19''$$

由于 $\Delta x_{AB} > 0$、$\Delta y_{AB} < 0$，所以 α_{AB} 应为第 Ⅳ 象限的角，根据坐标方位角的判断方法

$$\alpha_{AB} = -88°22'19'' + 360° = 271°37'41''$$

6.3 坐 标 方 位 角 的 推 算

6.3.1 正、反坐标方位角

测量工作中的直线都是具有一定方向性的，一条直线存在正、反两个方向。如图 6.6 所示。就直线 AB 而言，通过 A 点的坐标纵轴北方向与直线 AB 所夹的水平角 α_{AB} 称为直线 AB 的正坐标方位角。过 B 点的坐标纵轴北方向与直线 BA 所夹的水平角 α_{BA} 称为直线 AB 的反坐标方位角。正、反坐标方位角的概念是相对的。

由于坐标北方向都是相互平行的，所以一条直线的正、反坐标方位角互差 $180°$，即

$$\alpha_{BA} = \alpha_{AB} \pm 180° \tag{6.9}$$

6.3.2 坐标方位角的推算

测量工作中并不直接测定每条直线的坐标方位

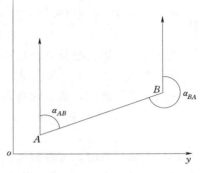

图 6.6 正、反坐标方位角

角，而是通过一已知直线的坐标方位角，根据该直线与某一直线所夹的水平角，推算某一直线的坐标方位角。如图 6.7 所示，折线 1—2—3—4—5 所夹的水平角 β_1、β_2、β_3 称为转

折角，在推算时，β 角有左角和右角之分，左角（右角）是指该角位于推算前进方向左侧（右侧）的水平夹角。

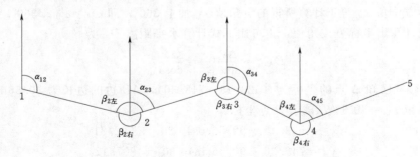

图 6.7 方位角推算

1. 相邻两条边坐标方位角的推算

设 α_{12} 为已知方位角，各转折角为左角。

$$\alpha_{23} = \alpha_{12} + \beta_2 - 180° \tag{6.10}$$

同理有

$$\alpha_{34} = \alpha_{23} + \beta_3 - 180° \tag{6.11}$$

$$\alpha_{45} = \alpha_{34} + \beta_4 - 180° \tag{6.12}$$

$$\vdots$$

$$\alpha_{i,i+1} = \alpha_{i-1,i} + \beta_i - 180° \tag{6.13}$$

由此可以得出按左角推算相邻边坐标方位角的计算公式为

$$\alpha_{前} = \alpha_{后} + \beta_{左} - 180° \tag{6.14}$$

根据左、右角间的关系，将 $\beta_{左} = 360° - \beta_{右}$ 代入式（6.14），则有

$$\alpha_{前} = \alpha_{后} - \beta_{右} + 180° \tag{6.15}$$

综合式（6.14）和式（6.15）可得出相邻两条边坐标方位角的计算公式为

$$\alpha_{前} = \alpha_{后} \pm \beta + 180° \tag{6.16}$$

2. 任意边坐标方位角的推算

将式（6.10）～式（6.13）左、右两边依次相加到所求的边，可得

$$\alpha_{终} = \alpha_{始} \pm \sum\beta \pm n \times 180° \tag{6.17}$$

式（6.17）即为坐标方位角推算公式的表达式。

不难看出，式（6.16）是式（6.17）的特殊情况。

使用公式计算时，需要注意以下问题：

（1）式（6.17）中 β 前"$\pm$"的取法：当 β 为左角时取"$+$"，当 β 为右角时取"$-$"。

（2）实际计算时，可根据坐标方位角的范围在 0°～360°这一特征，$n \times 180°$ 前的"$\pm$"可以任意取"$+$"或"$-$"，随之坐标方位角可能出现大于 360°或负值的两种情况，此时，可以通过 $\pm n \times 360°$，使坐标方位角取值在 0°～360°范围内。

（3）式（6.17）中，β 角是从起始边（已知方向）所在终点的转折角开始连续计算到终边（所求方向）始点的转折角。

（4）若 n 为偶数，在计算中可以不考虑 $\pm n \times 180°$；若 n 为奇数，计算中可以只考虑 $\pm 1 \times 180°$，而使计算工作简化。

【**例 6.3**】　图 6.7 中，已知 $\alpha_{12}=100°$，$\beta_{2左}=110°$，$\beta_{3左}=240°$，$\beta_{4左}=100°$，求 α_{45}。

根据式（6.17）可得

$$\alpha'_{45} = 100° + 110° + 240° + 120° + 3 \times 180° = 1110°$$

化为 $0°\sim360°$ 之内的角值为 $\alpha_{45}=1110°-6\times180°=30°$

或

$$\alpha_{45}=100°+110°+240°+120°-3\times180°=30°$$

可见，不管式（6.17）中 $\pm n \times 180°$ 取"＋"还是取"－"计算结果完全相同。

6.4　用罗盘仪测定直线磁方位角

6.4.1　罗盘仪的构造

罗盘仪是用来测定直线磁方位角的一种测量仪器。罗盘仪的种类很多，构造大同小异，其主要部件是由磁针、度盘和望远镜三部分构成。图 6.8 是罗盘仪的一种。

磁针是由磁铁制成，磁针位于刻度盘中心的顶针上，磁针静止时，磁针就指向南北极方向，即过测站点的磁子午线方向。一般在磁针的北端涂有黑漆，南端缠绕有细铜丝，这是因为我国位于地球的北半球，磁针的北端受磁力的影响下倾，缠绕铜丝可以保持磁针水平。磁针下方有一小杠杆，不用时应拧紧杠杆一端的小螺丝，使磁针离开顶针，避免顶针不必要的磨损。罗盘仪的度盘按逆时针方向由 $0°\sim360°$，最小分划为 $1°$ 或 $30'$，每 $10°$ 有一注记，物镜端与目镜端分别在刻划线 $0°$ 与 $180°$ 的上面。罗盘仪内装有两个相互垂直的长水准器，用于整平罗盘仪。罗盘仪的刻度盘如图 6.9 所示。

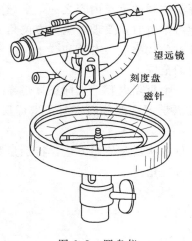

图 6.8　罗盘仪

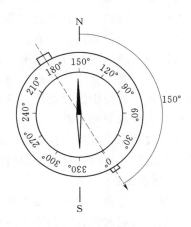

图 6.9　刻度盘

6.4.2　用罗盘仪测定直线磁方位角的方法

如图 6.10 所示，为了测定直线 AB 的磁方位角，将罗盘仪安置在 A 点，用垂球对中，使刻度盘中心与 A 点处于同一铅垂线上，在调平仪器上的水准管，松开磁针固定螺丝，使磁针处于自由状态，用望远镜瞄准 B 点，待磁针静止后读取磁针北端所指的读数，图 6.9 中读数为 $150°$，该读数即为直线 AB 的磁方位角。

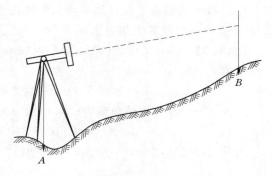

图 6.10 罗盘仪测定磁方位角

6.4.3 使用罗盘仪时的注意事项

（1）使用罗盘仪时附近不能有任何铁器，应避开高压线、磁场等物质，否则磁针会发生偏转而影响测量结果。

（2）罗盘仪须置平，磁针能自由转动，必须等待磁针静止时才能读数。

（3）观测结束后，必须旋紧顶起螺丝，将磁针顶起，以免磁针磨损，并保护磁针的灵活性。若磁针长时间摆动还不能静止，则说明仪器使用太久，磁针的磁性不足，应进行充磁。

【知识小结】

在测量工作中要确定两点间平面位置的相对关系，除了需要测量两点之间的水平距离以外，还需要确定这条直线的方向，本章主要介绍了方向测量的基本知识，本章的主要知识点如下：

（1）直线定向。确定一条直线与标准方向之间所夹的水平角的工作称为直线定向，在测量工作中一般用方位角和象限角来表示直线的方向，学习中，要理解坐标方位角与象限角的关系，掌握正、反坐标方位角的换算。

（2）坐标方位角的推算。坐标方位角的推算是本章的重点内容之一，掌握坐标方位角的计算为后续学习导线的内业计算打下基础。学习本节时，要理解坐标方位角公式的推导过程，重点掌握坐标方位角的推算方法，尤其注意公式中左、右角和"＋"、"－"号的使用以及如何根据坐标增量的符号确定坐标方位角的范围。

（3）坐标正、反算。坐标正、反算是本章又一个重点内容，坐标正算是导线计算的基础，坐标反算是施工放样中放样数据计算的关键。学习这部分内容时，坐标反算是难点，需要进行坐标方位角象限的判断。

（4）用罗盘仪测定直线磁方位角。掌握罗盘仪的构造及使用方法，特别是罗盘仪的读数，并通过实验掌握如何用罗盘仪测定直线的磁方位角。

【知识与技能训练】

（1）什么叫直线定向？为什么要进行直线定向？

（2）测量上作为定向依据的标准方向有几种？

（3）什么叫方位角？方位角有几种？它们之间的关系是什么？

（4）已知直线 AB 的坐标方位角为 $50°25'$，直线 BA 的坐标方位角是多少？

（5）如图 6.11 所示，已知 AB 边的坐标方位角为 $75°16'$，观测的转折角 $\beta_1 = 110°54'45''$、$\beta_2 = 120°36'42''$、$\beta_3 = 106°24'36''$，试计算 DE 边的坐标方位角。

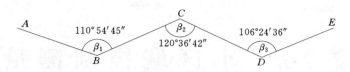

图 6.11

（6）已知 A 点的坐标为 A（478.35，256.86），AB 边的边长为 $D_{AB} = 89.25$m，AB 边的坐标方位角为 $\alpha_{AB} = 40°38'$，试求 B 点的坐标。

（7）已知 A 点的坐标为 A（483.28，589.757），B 点的坐标为 B（352.14，754.58），试求 AB 的边长 D_{AB} 及 AB 边的方位角 α_{AB}。

（8）如何使用罗盘仪测定直线的磁方位角。

第7章　小区域控制测量

【学习目标】

本章介绍了小区域控制测量，包括平面控制测量和高程控制测量。学习本章，要掌握平面控制测量和高程控制测量的基本方法，明确导线测量外业工作的内容及施测要求。掌握导线测量内业计算的方法，并注意检核条件。掌握三角高程测量原理，掌握三角高程测量的方法、计算及校核。

【学习要求】

知识要点	能　力　要　求	相　关　知　识
平面控制测量	（1）能够根据工程情况选择合理的平面控制测量方法； （2）能够根据工程情况选择合理的导线布置形式和进行导线外业工作； （3）能够正确根据导线外业数据，进行导线内业计算	（1）三角测量、导线测量和全球卫星定位系统测量三种方法的概念、比较和选择； （2）导线测量的外业工作的内容及施测要求； （3）导线内业计算的方法
高程控制测量	（1）能够根据工程情况选择合理的高程控制测量方法； （2）能够根据工程已知条件进行三角高程测量的外业工作和内业计算	（1）三等、四等水准测量、等外水准测量和三角高程测量的概念、比较和选择； （2）三角高程测量的外业工作内容及施测要求； （3）三角高程测量的内业计算方法

7.1　控　制　测　量　概　述

在任何测量过程中，都不可避免地存在测量误差。随着测量范围的扩大，误差在测量数据传递过程中会形成积累。为了控制和减弱测量误差的积累，满足测图或施工的需要，测量工作需按照"从整体到局部，先控制后碎部"的原则来开展，即在测区内先进行控制测量，然后进行地形图测绘或施工放样。在测区范围内选定一些对整体具有控制作用的点，称为控制点，组成一定的几何图形，称为控制网。用精密仪器和严密的方法精确测定各控制点的平面位置和高程的测量工作称为控制测量。控制测量分为平面控制测量和高程控制测量两种。

测定控制点平面坐标（x，y）所进行的测量工作称为平面控制测量。测定控制点的高程（H）所进行的测量工作称为高程控制测量。

7.1.1　平面控制测量

在我国，平面控制网是采用逐级控制，分级布设的原则建立起来的。平面控制网的建立方法有：全球定位系统、三角测量、导线测量等。

7.1.1.1 国家平面控制网

在全国范围内建立的平面控制网称为国家平面控制网，是由国家统一组织、统一规划，按照国家制定的统一的测量规范建立的国家控制网。它提供了全国性的、统一的空间定位基准，是全国各种比例尺测图和工程建设的基本控制，也为空间科学和军事应用提供精确的点位依据。

建立国家平面控制网的主要方法有三角测量、导线测量和 GPS 测量。

三角测量是在地面上选定若干个控制点（称为三角点），相邻控制点连接起来构成连续的三角形，观测三角形的内角，精密测定一条或几条边的边长和方位角，根据起点坐标来推求各三角点平面位置。以此建立起来的控制网称为三角网，如图 7.1 所示。测定每个三角形的边长和起始方位角，再根据起始点坐标推求各顶点的平面位置的测量方法称为三边测量，以此建立的控制网称为三边网。将地面上一系列的点，按照相邻次序连成折线形式，依次测定各折线的长度、转折角，再根据起始数据推求各点平面位置的测量方法，称为导线测量。以此建立的控制网称为导线网，如图 7.2 所示。

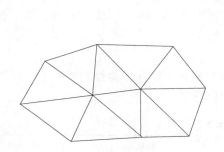

图 7.1 三角网示意图

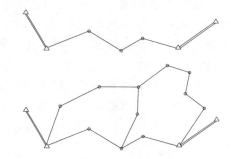

图 7.2 导线示意图

三角测量是过去大范围测定平面控制网点的主要方法，现已被 GPS 定位测量所替代。国家平面控制网按精度分一等、二等、三等、四等。一等、二等三角测量属于国家基本控制测量，三等、四等三角测量属于加密控制测量。各等级三角网的主要技术指标如表 7.1 所示。各等级导线的主要技术指标如表 7.2 所示。

表 7.1 全国三角网技术指标

等 级	平均边长 /km	测角中误差 /(″)	三角形最大闭合差 /(″)	起始边相对中误差
一	20～25	±0.7	±2.5	1/350000
二	13	±1.0	±3.5	1/250000
三	8	±1.8	±7.0	1/150000
四	2～6	±2.5	±9.0	1/100000

表 7.2   精 密 导 线 技 术 指 标

等 级	导线边长/km	测角中误差/(″)	导线节边数	边长测定相对中误差
一	10～30	±0.7	<7	1/250000
二	10～30	±1.0	<7	1/200000
三	7～20	±1.8	<20	1/150000
四	4～15	±2.5	<20	1/100000

7.1.1.2 城市及工程平面控制网

1. 城市平面控制网

在城市地区建立的平面控制网称为城市平面控制网。它属于区域控制网，是国家控制网的发展和延伸。它为城市大比例尺测图、城市规划、城市地籍管理、市政工程建设和城市管理提供基本控制点。

城市平面控制网建立的方法有：三角测量、边角测量（测量三角形的各边长和内角）、导线测量、GPS 定位测量。三角网、GPS 网、边角网的精度等级依次为二等、三等、四等和一级、二级；导线网的精度等级依次为三等、四等和一级、二级、三级。城市各等级平面控制网的主要技术指标如表 7.3～表 7.5 所示。

2. 工程平面控制网

为满足工程建设的需要而建立的平面测量控制网称为工程平面控制网。平面控制网分为施工平面控制网、变形监测网、图根平面控制网三类。

表 7.3   三角网的主要技术指标

等级	平均边长/km	测角中误差/(″)	起始边边长相对中误差	最弱边边长相对中误差
二等	9	≤±1.0	≤1/300000	≤1/120000
三等	5	≤±1.8	≤1/200000（首级） ≤1/120000（加密）	≤1/80000
四等	2	≤±2.5	≤1/120000（首级） ≤1/80000（加密）	≤1/45000
一级小三角	1	≤±5.0	≤1/40000	≤1/20000
二级小三角	0.5	≤±10.0	≤1/20000	≤1/10000

表 7.4   边角组合网边长和边长测量的主要技术指标

等 级	平均边长/km	测距中误差/mm	测距相对中误差
二等	9	≤±30	≤1/300000
三等	5	≤±30	≤1/160000
四等	2	≤±16	≤1/120000
一级	1	≤±16	≤1/60000
二级	0.5	≤±16	≤1/30000

表 7.5 　　　　　　　　　　光电测距导线的主要技术指标

等级	闭合环及附合导线长度/km	平均边长/km	测距中误差/mm	测角中误差/(″)	导线全长相对闭合差
三等	15	3000	≤±18	≤±1.5	≤1/60000
四等	10	1600	≤±18	≤±2.5	≤1/40000
一级	3.6	300	≤±15	≤±5	≤1/14000
二级	2.4	200	≤±15	≤±8	≤1/10000
三级	1.5	120	≤±15	≤±12	≤1/6000

（1）施工平面控制网。在工程建设中，为工程建（构）筑物的施工放样而布设的平面控制网称为施工平面控制网。分为场区平面控制网和建筑物平面控制网。

场区平面控制网的坐标系统，一般与工程设计所采用的坐标系统一致。建立场区平面控制网的方法有：建筑方格网、导线网、三角网、三边网等。

建筑物平面控制网可布设成建筑基线或矩形网。

（2）变形监测网。为工程建筑物变形观测而布设的测量控制网称为变形监测网。包括为观测建筑物沉降而布设的高程控制网和为观测建筑物的水平位移所布设的平面控制网。水平位移是指建筑物在不同时期在水平面内的平面坐标或距离的变化。平面控制的方法有导线、前方交会等方法。

（3）图根平面控制网。直接为测图而建立的平面控制网称为图根平面控制网。组成图根控制网的控制点称为图根点。小测区建立图根控制网时，如测区内或测区外有国家控制点，应与国家控制点连测，将本测区纳入国家统一的坐标系统。如测区附近无国家控制点，或连测确有困难，可采用独立的坐标系统。

建立图根平面控制网的方法主要有小三角测量、导线测量和 GPS 测量。局部地区也可采用全站仪极坐标法和交会定点法加密图根点。图根控制点的密度应根据地形条件和测图比例尺的大小而定，一般平坦开阔地区图根平面控制点的密度不宜小于表 7.6 的规定。

表 7.6 　　　　　　　　　　平坦开阔地区的图根控制点的密度

测图比例尺	1：500	1：1000	1：2000	1：5000
图根点密度/(点/km²)	150	50	15	5
每幅图的控制点数	9	12	15	20

7.1.2 高程控制测量

高程控制测量的方法主要有水准测量和三角高程测量。其控制点布设的原则类似平面控制网，也是由高级到低级，先整体到局部。

国家水准网按精度分为一等、二等、三等、四等。如图 7.3 所示是国家水准网布设示意图。一等水准网是国家最高级的高程控制骨干，它除用作扩展低等级高程控制的基础之

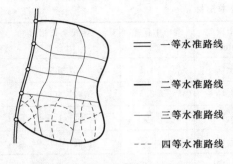

图 7.3　国家水准网布设示意图

=== 一等水准路线

—— 二等水准路线

—— 三等水准路线

--- 四等水准路线

外，还为科学研究提供依据；二等水准网为一等水准网的加密，是国家高程控制的全面基础；三等、四等水准网是在二等水准网的基础上的进一步加密，直接为各种测区提供必要的高程控制。

根据《城市测量规范》（CJJ 8—99）规定：高程控制测量可采用水准测量和三角高程测量方法进行建立。其中，水准测量等级可依次划分为二等、三等、四等，各等级视工程需要均可作为测区首级控制。水准测量适用于地势比较平坦的测区；三角高程测量适用于山区或丘陵地区的高程控制测量。

本章主要讨论小地区控制网建立的有关问题。主要介绍用导线测量建立小地区平面控制网；用三等、四等水准测量和三角高程测量建立小地区高程控制网。

7.2　导　线　测　量

7.2.1　导线测量概述

导线测量是建立平面控制比较常用的方法。其特点是：布设灵活，计算简单，要求通视方向少，边长直接丈量，精度均匀。它适用于狭长地带、隐蔽地区、地物分布较复杂的城市地区。

导线测量的过程是将地面已知点和未知点连成一系列连续的折线，观测这些折线的水平距离和折线间的转折角，根据已知点坐标和观测值，推算各未知点的平面坐标。用经纬仪测量转折角，钢尺丈量边长的导线，通常称为经纬仪导线，用测距仪或全站仪测量边长，这样的导线称为光电测距导线。根据测区的具体情况，可将导线布设成下列三种形式。

1. 闭合导线

如图 7.4 所示，以高级控制点 A、B 中的 A 为起点，AB 边的方位角 α_{AB} 为起始方位角，经过若干个导线点后，仍回到起始点 A，形成一个闭合多边形的导线成为闭合导线。

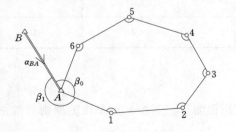

图 7.4　闭合导线示意图

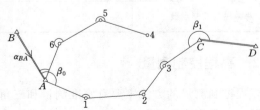

图 7.5　附合导线、支导线示意图

2. 附合导线

如图 7.5 所示，以高级控制点 A 为起始点。BA 方向为起始方向，经过若干个导线点后，附合到另外一个高级控制点 C 和已知方向 CD 边上，这种导线称为附合导线。

3. 支导线

如图 7.5 所示，导线从一个已知点开始，连接一系列未知点（图 7.5 中从 A 点引出的 4、5、6），它既不闭合到起始的控制点上，也不附合到另一高级控制点上，这种导线称为支导线。支导线没有检核条件，有错误也不宜发现，故一条支导线一般不能多于 3 个点。

附合导线、闭合导线和支导线统称为单一导线。

导线按精度可分为一级、二级、三级导线和图根导线，其主要技术指标如表 7.7 所示。

表 7.7 　　　　　　　　　　　**各级导线测量的主要技术指标**

等级	导线长度/km	平均边长/km	测角中误差/(″)	测回数		角度闭合差/(″)	导线全长相对闭合差
				DJ$_6$	DJ$_2$		
一级	4	0.5	5	4	2	$\pm10\sqrt{n}$	1/15000
二级	2.4	0.25	8	3	1	$\pm16\sqrt{n}$	1/10000
三级	1.2	0.1	12	2	1	$\pm24\sqrt{n}$	1/5000
图根	≤1.0M	≤1.5倍测图最大视距	20	1		$\pm40\sqrt{n}$（首级） $\pm60\sqrt{n}$（一般）	1/2000

注　表中 n 为测角个数。

　　　M 为测图比例尺分母。

7.2.2　导线测量的外业工作

导线测量的外业工作包括：踏勘选点、角度观测、边长测量以及导线定向。

1. 踏勘选点

踏勘选点就是根据测图的目的和测区的地形情况，拟定导线的布置形式，实地选定导线点并设立标志。临时性的导线点可用木桩，并钉上一个小钉，表示点位，在水泥地面上也可用红漆圈一圆圈，圆内点一小点或画一"十"字作为临时性标志；永久性的导线点应埋设混凝土桩，桩顶嵌入带有"十"字的金属标志。导线点应统一编号，为了寻找方便，要绘制导线点草图。实地踏勘选点时应注意以下几点：

（1）相邻点间要通视，方便于测角和量边。

（2）点位要选在土质坚实的地方，以便于保存点的标志和安置仪器。

（3）导线点应选择在周围地势开阔的地点，以便于测图时充分发挥控制点的作用。

（4）导线边长要大致相等，以使测角的精度均匀。

（5）导线点的数量要足够，密度要均匀，以便控制整个测区。

2. 水平角观测

导线转折角有左、右之分，以导线为界，沿前进方向左侧的角称为左角，沿前进方向右侧的角称为右角。在附合导线中，一般测量其左角，在闭合导线中一般测量其内角。闭合导线若按逆时针方向编号，其内角即为左角，反之均为右角。各等级导线的水平角观测应满足其技术要求。具体技术要求见表 7.7。

3. 边长测量

导线边长一般用电磁波测距仪测定或全站仪测定。对于一级、二级导线，边长应对向观测 2 测回，并进行气象改正。

4. 导线定向和连接

导线定向的目的是使导线点的坐标纳入国家坐标系统或该地区的统一坐标系统中。当导线与测区已有控制点连接时，必须测出连接角，即导线边与已知边发生联系的角，如图 7.4 中的 β_0，图 7.5 中的 β_0、β_1。对于独立导线，须用罗盘仪测定起始边的正、反磁方位角，取平均值作为定向的依据。

7.2.3 导线测量的内业计算

导线测量外业结束后即可进行内业计算。内业计算的目的是求出各导线点的坐标。计算前应检查外业观测成果有无丢失、记错或算错，成果是否符合规范规定的精度要求。同时要绘制草图注明导线点号和相应的边长、角度，以供计算时使用。闭合导线和附合导线都要满足一定的几何条件。外业观测数据虽已达到规定的精度要求，但难免还包含有误差，使得内业计算中观测结果不能满足图形的几何条件，而产生闭合差，所以在导线内业计算中，要合理的分配这些闭合差，最后计算出各导线点的坐标。

7.2.3.1 闭合导线的内业计算

闭合导线必须满足的条件，一是多边形的内角和条件，二是坐标条件。闭合导线按下述步骤进行计算。

1. 角度闭合差计算与调整

n 边形内角和的理论值应为

$$\sum \beta_{理} = (n-2) \times 180° \tag{7.1}$$

由于测角误差的影响，使观测所得的内角和 $\sum \beta_{测}$ 不等于理论值 $\sum \beta_{理}$，两者之差称为角度闭合差，用 f_β 表示

$$f_\beta = \sum \beta_{测} - \sum \beta_{理} = \sum \beta_{测} - (n-2) \times 180° \tag{7.2}$$

对于图根导线，角度闭合差的允许值一般为

$$f_{\beta允} = \pm 60'' \sqrt{n} \tag{7.3}$$

当角度闭合差 $f_\beta \leqslant f_{\beta允}$ 时，将角度闭合差以相反的符号平均分配给各观测角，即在每个角度观测值上加上一个改正数 v，其数值为

$$v = -\frac{f_\beta}{n} \tag{7.4}$$

改正值 v 取值到秒。当 f_β 不能被 n 整除而有余秒数时，可将余秒数人为调整到短边的邻角上。经改正后的角值总和应等于理论值，以此来校核计算是否有误。

2. 导线各边坐标方位角的推算

角度闭合差调整好后，用改正后的角值从第一条边的已知方位角开始，依次推算出其

他各边的方位角。其计算式为

$$\alpha_{前} = \alpha_{后} \pm 180° \pm \beta \tag{7.5}$$

式（7.5）中±180°，若 $\alpha_{后}$ 小于 180°则取＋180°；否则取－180°。式（7.5）中的±β，若 β 为左角，取＋β，否则取－β。

在推算方位角时，为了校核，还要从最后一条边的方位角，推算出起始边的方位角，推算出的方位角应和已知方位角相等。

3. 坐标增量及坐标增量闭合差的计算与调整

当已知导线各边边长和坐标方位角后。可计算各边的坐标增量，其计算公式为

$$\left.\begin{aligned}\Delta x &= D\cos\alpha \\ \Delta y &= D\sin\alpha\end{aligned}\right\} \tag{7.6}$$

为了满足坐标条件，闭合导线各边坐标增量的代数和理论上应等于零，即

$$\left.\begin{aligned}\sum\Delta x_{理} &= 0 \\ \sum\Delta y_{理} &= 0\end{aligned}\right\} \tag{7.7}$$

由于量距误差的存在和角度闭合差调整后的残余误差的影响，使计算所得坐标增量的代数和不等于零，此值称为闭合导线的坐标增量闭合差，其计算公式为

$$\left.\begin{aligned}f_x &= \sum\Delta x_{测} \\ f_y &= \sum\Delta y_{测}\end{aligned}\right\} \tag{7.8}$$

由于坐标增量闭合差的存在致使图 7.6 中的 A、A' 两点不重合而产生了 f 的缺口，f 称为全长闭合差。f 的大小可表示为

$$f = \sqrt{f_x^2 + f_y^2} \tag{7.9}$$

导线测量精度高低通常用全长相对闭合差 K 来衡量，导线全长闭合差 f 与导线全长之比称为导线全长相对闭合差，简称为导线相对闭合差，一般化成分子为 1 的分数来表示，即

$$K = \frac{f}{\sum D} = \frac{1}{\sum D / f} \tag{7.10}$$

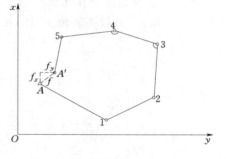

图 7.6　导线全长闭合差示意图

经纬仪导线的相对闭合差，应不大于表 7.7 中的规定。若 K 值符合精度要求，可将增量闭合差以相反的符号，按各边长度成比例分配给各坐标增量，使改正后的坐标增量的代数和等于零。各坐标增量改正值为 δ_x，δ_y 的计算公式为

$$\left.\begin{aligned}\delta_{xi} &= -\frac{f_x}{\sum D}D_i \\ \delta_{yi} &= -\frac{f_y}{\sum D}D_i\end{aligned}\right\} \tag{7.11}$$

式中　δ_{xi}、δ_{yi}——第 i 条边的纵、横坐标增量的改正数；

　　　　D_i——第 i 条边的边长；

　　　　$\sum D$——导线全长。

纵横坐标增量改正数之和应满足

$$\left.\begin{array}{l} \sum \delta_x = - f_x \\ \sum \delta_y = - f_y \end{array}\right\} \qquad (7.12)$$

坐标增量改正数计算好后，写在增量计算值的上面。为书写简便，通常以坐标增量的末位为单位书写，并应上下对齐。然后算出改正后的纵、横坐标增量。此时纵、横坐标增量的代数和应分别等于零。

4. 导线点的坐标计算

根据起始点的已知坐标和改正后的坐标增量，按计算路线依次计算各导线点的坐标，即

$$\left.\begin{array}{l} x_i = x_{i-1} + \Delta x_{i-1,j} \\ y_i = y_{i-1} + \Delta y_{i-1,j} \end{array}\right\} \qquad (7.13)$$

最后推算出起点坐标。两者应完全相等，以此作为坐标计算的校核。

算例见表 7.8。

7.2.3.2 附合导线的内业计算

附合导线的内业计算步骤与闭合导线相同，但由于附合导线与闭合导线几何图形不同，满足的几何条件也就不同。在角度闭合差的计算及纵、横坐标增量闭合差的计算与闭合导线有所不同。下面着重介绍不同之处。

1. 角度闭合差的计算

图 7.7 为两端附合在高级点 A、B 和 C、D 上的附合导线，根据式（7.5）从起始边 AB 的方位角 α_{AB} 通过各转角 β 可推算出各边方位角直至终边方位角 $\alpha_{CD测}$。

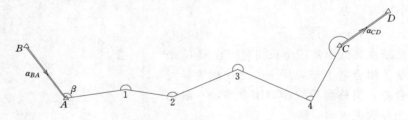

图 7.7　附合导线示意图

$$\alpha_{CD测} = \alpha_{AB} \pm n \times 180° + \sum \beta \qquad (7.14)$$

用式（7.14）计算终边方位角应减去若干个 360°，使 $\alpha_{CD测}$ 在 360°以内，由于角度观测值存在误差，使得 $\alpha_{CD测}$ 与已知的 α_{CD} 不相等，而产生了角度闭合差 f_β，即

$$f_\beta = \alpha_{AB} \pm n \times 180° + \sum \beta - \alpha_{CD} \qquad (7.15)$$

附合导线角度闭合差容许值与调整方法与闭合导线相同。

2. 坐标增量闭合差的计算

附合导线起点 B 终点 C 都是高一级控制点，两点坐标增量的理论值为

$$\left.\begin{array}{l} \sum \Delta x_{理} = x_C - x_B \\ \sum \Delta y_{理} = y_C - y_B \end{array}\right\} \qquad (7.16)$$

由于测量的角度和边长均存在误差，根据改正后的方位角和边长所计算的坐标增量和往往不等于式（7.16）的理论值，其差值称为附合导线坐标增量闭合差，即

表 7.8　　闭合导线坐标计算表

点号	观测角 /(° ′ ″)	改正数 /(″)	改正角 /(° ′ ″)	坐标方位角 /(° ′ ″)	距离 /m	坐标增量 Δx /m	v_x /mm	坐标增量 Δy /m	v_y /mm	改正后的坐标增量 Δx′ /m	改正后的坐标增量 Δy′ /m	坐标值 x /m	坐标值 y /m
	2	3	4	5	6	7		8		9	10	11	12
B				148 18 44								5602.926	1491.543
A	163 34 32		163 34 32	131 53 16	337.738	−225.499	3	251.430	−6	−225.495	251.424	5398.903	1617.490
1	111 31 25	−3	111 31 22	63 24 38	253.546	113.486	3	226.730	−5	113.488	226.725	5173.408	1868.914
2	120 18 08	−3	120 18 05	3 42 43	262.332	261.782	3	16.983	−5	261.784	16.979	5286.896	2095.640
3	104 18 35	−2	104 18 33	288 01 16	214.085	66.231	2	−203.583	−4	66.233	−203.586	5548.680	2112.618
4	154 41 08	−3	154 41 05	262 42 21	260.138	−33.028	3	−258.033	−5	−33.025	−258.038	5614.913	1909.032
5	107 40 11	−3	107 40 08	190 22 29	186.028	−182.987	2	−33.501	−3	−182.985	−33.504	5581.888	1650.994
A	121 30 49	−2	121 30 47	131 53 16								5398.903	1617.490
1													
总和	720 00 16	−16	720 00 00		1513.867	−0.015	15	0.028	−28	0	0		

辅助计算

$$f_\beta = \sum \beta_测 - \sum \beta_理 = 720°00'16'' - 720°00'00'' = 16''$$
$$f_{\beta容} = \pm 60''$$
$$f_x = \sum \Delta x = -0.015$$
$$f_y = \sum \Delta y = -0.028$$
$$f = \sqrt{f_x^2 + f_y^2} = 0.032\,\mathrm{m}$$
$$K = \frac{f}{\sum D} = \frac{0.032}{1513.867} = \frac{1}{47300}$$
$$K_容 = \frac{1}{2000}$$

105

表7.9　　附合导线坐标计算表

点号	观测角 /(° ′ ″)	改正数 /(″)	改正角 /(° ′ ″)	坐标方位角 /(° ′ ″)	距离 /m	坐标增量 Δx /m	v_x /mm	坐标增量 Δy /m	v_y /mm	改正后 Δx′ /m	改正后 Δy′ /m	坐标值 x /m	坐标值 y /m
1	111 34 30	3	111 34 33										
B				148 18 44								4751.828	2208.844
A	201 15 31	2	201 15 33	79 53 17	203.772	35.777	−4	200.607	7	35.773	200.614	4547.805	2334.791
1	141 36 52	3	141 36 55	101 0 85	157.836	−30.515	−3	154.858	6	−30.517	154.864	4583.578	2535.405
2	235 08 03	3	235 08 06	62 45 45	242.612	111.039	−4	215.710	9	111.034	215.719	4553.061	2690.269
3	85 56 58	3	85 56 61	117 53 51	275.731	−129.012	−5	243.687	10	−129.017	243.697	4664.095	2905.989
4	205 13 13	3	205 13 16	23 50 52	238.309	217.963	−4	96.350	9	217.959	96.359	4535.078	3149.686
C				49 04 08	0.000	0.000	0	0.000	0	0.000	0.000	4753.037	3246.045
D												4890.223	3403.734
总和	980 45 07	17	720 00 00		1118.260	205.251	−19	911.213	41	0	0		

辅助计算

$$f_\beta = \alpha_{AB} + \sum\beta_测 - \alpha_{CD} - 1080 = 148°18'16'' + 980°45'07'' - 49°04'08'' = -17''$$

$$f_容 = \pm16\sqrt{6} = \pm39''$$

$$f_x = x_A + \sum\Delta x - x_C = 0.019\text{m}$$

$$f_y = y_A + \sum\Delta y - y_C = -0.041\text{m}$$

$$f = \sqrt{f_x^2 + f_y^2} = 0.045\text{m}$$

$$K = \frac{f}{\sum D} = \frac{0.045}{1118.33} = \frac{1}{24700}$$

$$K_容 = \frac{1}{10000}$$

导线略图：
α_{CD}，D，205°13'18"，238.389，C，85°57'11"，276.876，4，243.237，235°08'03"，141°36'50"，3，160.136，2，201°15'33"，203.272，1，111°34'40"，34°40'，203.272，A，α_{BA}，B

$$f_x = \sum \Delta x_{测} - (x_C - x_B) \\ f_y = \sum \Delta y_{测} - (y_C - y_B)$$

(7.17)

有关附合导线的全长闭合差的计算，全长相对闭合差的计算以及 f_x，f_y 的调整方法与闭合导线完全相同。

附合导线的算例见表 7.9。

7.3 高程控制测量

小地区高程控制测量包括三等、四等水准测量和三角高程测量。三等、四等水准测量已在 2.6 节中进行了详细介绍，这里主要介绍三角高程测量。

三角高程测量是加密图根高程常用的一种方法，它是利用经纬仪或全站仪测量出两点间的水平距离或斜距、竖直角，再通过三角公式计算两点间的高差，推求待定点的高程。在地面起伏较大的地区，水准测量比较困难。若采用三角高程测量，即可以保证一定的精度，又发挥了三角高程测量速度快、效率高的特点。但是，三角高程测量的精度较水准测量的精度低，一般用于较低等级的高程控制中。近些年来，由于全站仪的广泛应用，使得用三角高程测量的精度不断提高。实验表明，采取适当的措施，全站仪三角高程测量的精度可以达到三等、四等水准测量的精度要求。

7.3.1 三角高程测量的基本原理

如图 7.8 所示，在 A 点架设经纬仪，B 点竖立标杆，照准目标高为 v 时，测出的竖直角为 α，量出仪器高为 i。设 A、B 两点间的水平距离为 D_{AB}。由图 7.8 可知：

$$h_{AB} = D_{AB}\tan\alpha + i - v \quad (7.18)$$

如果 A 点的高程 H_A 已知，则 B 点的高程为

$$H_B = H_A + h_{AB} = H_A + D_{AB}\tan\alpha + i - v$$

(7.19)

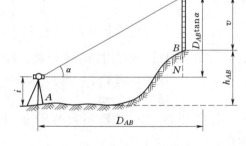

图 7.8 三角高程测量原理

三角高程测量可以是独立交会高程点，也可以组合成附合路线或闭合路线，起止于已知高程点上。

7.3.2 地球曲率和大气折光的影响

式（7.19）适用于 A、B 两点距离较近（<300m）时，此时水准面可近似看成平面，视线视为直线。当地面两点间的距离 D>300m 时，就要考虑地球曲率及观测视线受大气垂直折光的影响。地球曲率对高差的影响称为地球曲率差，简称球差。大气折光引起视线成弧线的差异，称为气差。地球曲率和大气折光产生的综合影响称为球气差。

如图 7.9 所示，MM' 为大气折光的影响，称为气差，EF 为地球曲率的影响，称为球

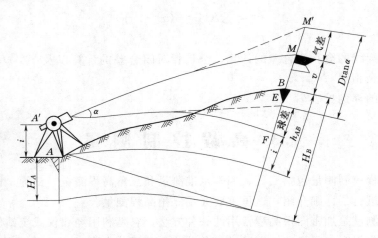

图 7.9　三角高程测量球气差影响

差，由图 7.9 可得

$$h_{AB} + v + MM' = D\tan\alpha + i + EF$$

令 $f = EF - MM'$，称为球气差，整理上式得

$$h_{AB} = D\tan\alpha + i - v + f \tag{7.20}$$

式（7.20）即为受球气差影响的三角高程计算高差的公式。f 为球气差的联合影响。球差的影响为 $EF = \dfrac{D^2}{2R}$，但气差的影响较为复杂，它与气温、气压、地面坡度和植被等因素均有关。在我国境内一般认为气差是球差的 1/7，即 $MM' = \dfrac{D^2}{14R}$，所以球气差的计算公式为

$$f = EF - MM' = \frac{D^2}{2R} - \frac{D^2}{14R} \approx 0.43\frac{D^2}{R} \approx 0.07D^2 (\text{cm}) \tag{7.21}$$

式中　D——地面两点间的水平距离，100m；

　　　R——地球平均半径，取 6371km；

　　　f——球气差，cm。

若将式（7.21）中取不同的 D 值时，球气差 f 的数值列于表 7.10 中，用时可直接查。

表 7.10　　　　　　　　　　　　球 气 差 查 取 表

$D/100\text{m}$	1	2	3	4	5	6	7	8	9	10
f/cm	0.1	0.3	0.6	1.1	1.7	2.4	3.3	4.3	5.5	6.7

由表 7.10 可知，当两点水平距离 $D < 300\text{m}$ 时，其影响不足 1cm，故一般规定当 $D < 300\text{m}$ 时，不考虑球气差的影响；当 $D > 300\text{m}$ 时，才考虑其影响。

7.3.3　三角高程测量的实施

1. 三角高程测量的外业观测

三角高程测量一般采用直觇和反觇的施测方法。在已知点安置仪器，观测待定点，用

三角高程计算公式求待定点的高程，称为直觇；在待定点安置仪器，观测已知高程点，计算待定点的高程，称为反觇。在一条边上只进行直觇或反觇观测，称为单向观测；在同一条边上，既进行直觇又进行反觇观测，称为双向观测或对向观测。用直、反觇观测，待定点 B 的高程计算公式分别如下：

直觇观测 $\qquad H_B = H_A + h_{AB} = H_A + D_{AB}\tan\alpha_{AB} + i_A - v_B + f_{AB}$ （7.22）

反觇观测 $\qquad H_B = H_A - h_{BA} = H_A - (D_{BA}\tan\alpha_{BA} + i_B - v_A + f_{BA})$ （7.23）

如果观测是在相同的大气条件下进行，特别是在同一时间进行对向观测，可以认为 $f_{AB} \approx f_{BA}$，将式（7.22）与式（7.23）相加除以 2，得 B 点平均高程为

$$h_{AB中} = \frac{1}{2}(h_{AB} - h_{BA})$$ （7.24）

则 B 点的高程为

$$H_B = H_A + h_{AB中} = H_A + \frac{1}{2}(D_{AB}\tan\alpha_{AB} - D_{BA}\tan\alpha_{BA}) + \frac{1}{2}(i_A - i_B) + \frac{1}{2}(v_A - v_B)$$

（7.25）

式（7.25）即是对向观测计算高程的基本公式。由此看来，对向观测可消除地球曲率和大气折光的影响，因此在三角高程控制测量时均采用对向观测。

2. 三角高程测量的内容与步骤

（1）首先将仪器安置于测站点上，量取仪器高及目标高两次（读数精确 0.5cm），两次读数差不大于 1cm 时，取平均值。

（2）瞄准目标点标志的顶端，按中丝法观测竖直角 1～2 测回。

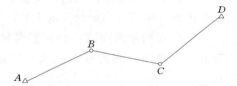

图 7.10 附合三角高程路线

（3）计算高差和待定点高程。

如图 7.10 所示附合三角高程路线，计算结果见表 7.11。

表 7.11　　　　　　　　　　三角高程路线高差计算表

测站点	A	B	B	C	C	D
觇点	B	A	C	B	D	C
觇法	直	反	直	反	直	反
α	$-2°28'54''$	$+2°32'18''$	$+4°07'12''$	$-3°52'24''$	$-1°17'42''$	$+1°21'52''$
D/m	585.084	585.084	466.122	466.122	713.501	713.501
i/m	$+1.341$	$+1.342$	$+1.305$	$+1.321$	$+1.323$	$+1.285$
v/m	-2.000	-1.310	-1.300	-3.395	-1.502	-2.025
f/m	$+0.020$	$+0.020$	$+0.020$	$+0.020$	$+0.030$	$+0.030$
h/m	-25.998	$+25.990$	$+33.601$	-33.613	-16.278	$+16.286$
Δh	-0.008		-0.010		$+0.008$	
$h_{中}/\mathrm{m}$	-25.994		$+33.607$		-16.282	
起算点高程/m	356.236		330.242		363.849	
所求点高程/m	330.242		363.849		347.567	

【知识小结】

控制测量是地形测绘和工程施工测量工作的基础，精度要求高，理论性强。因此它是本课程的重点内容。本章的知识点如下：

(1) 导线测量。导线测量是在测区内根据测量要求和地形条件选定一系列的地面点，相邻点间用直线连接成连续的折线，测量各线段的长度，测量相邻线段所夹的水平角度，根据起算数据确定各点平面位置。导线测量分为外业和内业两部分工作。其外业工作主要有选点、测角和边长测量。内业工作主要是根据起算数据计算各导线点坐标，这是导线测量学习的重点内容。导线测量内业计算过程包括：角度闭合差计算与调整；方位角的推算；坐标增量计算；坐标增量闭合差的计算与调整；各点坐标推算。在此计算过程中，有两个关键步骤，即角度闭合差的计算与调整和坐标增量闭和差的计算与调整。角度闭合差的调整原则是闭合差反号平均分配到各角上，而坐标增量闭合差调整原则是将闭合差反号按各边长度成比例分配到各坐标增量上。在此要理解角度闭合差和坐标增量闭合差产生的规律。导线计算的各个步骤之间相互关联，后一步以上一步计算结果为条件。因此各步计算要严格校核，以保证最后成果的正确无误。

(2) 高程控制测量。高程控制测量是指测定点的高程位置的测量工作。高程控制测量可以采用三等、四等水准测量的方法和三角高程测量，在此，主要介绍了三角高程测量的外业工作和三角高程内业计算的方法。

三角高程测量的原理，利用测量仪器，测量出两点间的水平距离、竖直角，再通过三角公式计算两点间的高差，推求待定点的高程。三角高程测量又分直觇观测和反觇观测。

球气差的影响，地球曲率和大气折光对三角高程测量产生的综合影响称为球气差。球气差的影响与距离的平方成正比的，距离愈长其对高程的影响愈大。当观测距离超高300m 时要考虑球气差对高差的影响，直、反觇观测取平均值可以减小或消除球气差的影响。

三角高程测量的实施，三角高程测量可以组成一定的三角高程路线进行外业观测，根据相关的测量规范要求，当外业测量成果符合限差要求时，进行高差和未知点高程的计算。

【知识与技能训练】

(1) 什么是小区域平面控制网和图根控制网？

(2) 导线布设通常有哪几种形式？其外业工作有哪些？

(3) 在什么情况需建立测区独立控制网？

(4) 简述闭合导线内业计算的步骤。

(5) 闭合导线与附合导线有哪些异同点？

(6) 闭合导线 12341 的已知数据和观测数据如表 7.12 所示，试填导线坐标计算表求2、3、4 点的坐标。

(7) 附合导线 $AB12CD$ 的观测数据如图 7.11 所示。已知数据：$x_B=200.00$m，$y_B=200.00$m，$x_C=155.37$m，$y_C=756.06$m，填写导线计算表求导线点坐标。

(8) 试述三角高程测量原理。三角高程控制测量为何要进行对向观测？

表 7.12   闭 合 导 线 数 据 表

点　号	观测角（左角）/(° ′ ″)	坐标方位角 α /(° ′ ″)	距离 D /m	坐标值/m	
				x	y
1		107 50 00	100.29	500.00	500.00
2	82 46 27		78.99		
3	91 08 24		137.18		
4	60 14 01		78.67		
1	125 52 05				
2					

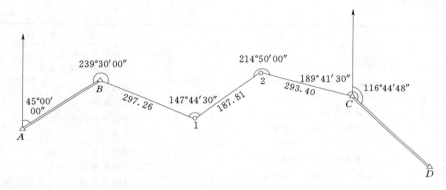

图 7.11　附合导线示意图

（9）何为单向观测？何为双向观测？

（10）在三角高程测量中，已知 $H_A = 85.969$m、$D_{AB} = 624.42$m、$\alpha_{AB} = +2°38′07″$、$i_A = 1.43$m、$V_B = 3.51$m，从 B 点向 A 点观测时 $\alpha_{BA} = -2°23′15″$、$i_B = 1.52$m、$V_A = 2.25$m，试计算 B 点高程。

第 8 章 大比例尺地形图的测绘

【学习目标】

本章介绍了地形图的比例尺、地形图的分幅和编号；地形图符号及在地形图上的表示；测绘大比例尺地形图的方法、步骤以及全站仪测图等内容。通过本章学习，应基本掌握地形图的基本知识，重点掌握等高线的定义和特性，能够用经纬仪测绘大比例尺地形图。

【学习要求】

知 识 要 点	能 力 要 求	相 关 知 识
地形图的基本知识	掌握地形图的基本知识	(1) 地形图的比例尺； (2) 地形图的分幅与编号
地形图符号及在地形图上的表示方法	(1) 能够认识地形图符号； (2) 掌握等高线的特性； (3) 能够进行等高线的勾绘	(1) 地物符号； (2) 地貌符号； (3) 典型地貌的表示方法； (4) 等高线
经纬仪测图	(1) 掌握经纬仪测图的作业步骤； (2) 掌握地形图的拼接、检查与整饰	(1) 测图前的准备工作； (2) 经纬仪测图； (3) 地形图的拼接、检查与整饰
全站仪测图	(1) 认识全站仪数字化测图的优点； (2) 了解全站仪数字化测图的作业过程	(1) 全站仪测图的优点； (2) 全站仪测图中点的表示方法； (3) 全站仪测图的作业过程

8.1 地形图的比例尺

8.1.1 比例尺

地形图上任意一段直线的长度与其相应的地面实际长度之比，称为地形图的比例尺。

8.1.2 比例尺的分类

地形图比例尺主要有数字比例尺和直线比例尺两种。

1. 数字比例尺

数字比例尺一般用分子为 1 的分数形式表示。设图上某直线的长度为 d，地面上相应的水平长度为 D，则该图的比例尺为

$$\frac{d}{D} = \frac{1}{M} \tag{8.1}$$

式中　　M——比例尺分母。

比例尺的大小是以比例尺的比值来衡量的，比例尺分母越大，比例尺越小；反之，比例尺分母越小，则比例尺越大。国民经济建设和国防建设都需要测绘各种不同比例尺的地形图。通常把 1：1000000、1：500000、1：200000 称为小比例尺地形图；1：100000、1：50000、1：2.50000 称为中比例尺地形图，1：10000、1：5000、1：2000、1：1000、1：500 称为大比例尺地形图，工程建设中大都采用大比例尺地形图。地形图图式规定，比例尺应书写在图幅下方正中处，如图 8.1 所示，本图的比例尺为 1：1000。

根据数字比例尺，可以将图上线段长度与其相应的实地水平距离进行相互换算。

2. 直线比例尺

为了应用方便，同时减少由于图纸伸缩而引起的误差，通常在地形图上绘制直线比例尺，用于直接在图上量取直线段的水平距离。

直线比例尺的绘制方法是：先在图纸上绘一条 10cm 长的直线，分成 2cm 长的 5 小段，一个小段就是一个基本单位；然后将左边的基本单位再分成 10 等分（或 20 等分），每等分长 2mm（或 1mm）；最后，以第一个基本单位右端为 0，在其他基本单位上注明与 0 点的实地水平距离值。图 8.1 （a） 为 1：5000 的直线比例尺，直线比例尺上基本单位 2cm 代表实地水平距离 100m，基本单位的 1/10 即 2mm 代表实地水平距离 10m；图 8.1 （b） 为 1：2000 的直线比例尺，直线比例尺上基本单位 2cm 代表实地水平距离 40m，基本单位的 1/10 即 2mm 代表实地水平距离 4m，其基本单位和基本单位的 1/10 是可以在直线比例尺上直接读出来的，同时还可估读到基本单位的 1/100。

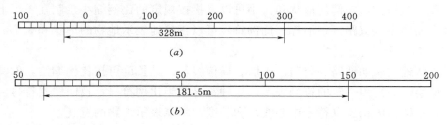

图 8.1　直线比例尺

应用时，用分规的两脚尖对准待量距离的两点，然后将分规移至直线比例尺上，使一个脚尖对准"0"分划右侧的某个整分划线上，另一个脚尖落在"0"分划线左端的小分划段中，则两个脚尖读数之和就等于待量两点的距离，不足一个小分划的部分可以目估。图 8.1 （a） 所示读数为 328m，图 8.1 （b） 所示读数为 181.5m。

8.1.3　比例尺的精度

由于正常人眼能分辨图纸上的最短距离是 0.1mm，因此，在描绘地形图或在图上量取距离时就只能精确到 0.1mm，所以，把地形图上 0.1mm 所表示的实地水平长度称为比例尺的精度。表 8.1 是不同比例尺的比例尺精度，可以看出，比例尺越大，表示地表的情况越详细，精度就越高；反之，比例尺越小，表示地表情况越简略，精度就越低。

表 8.1 　　　　　　　　　　　　　　比 例 尺 精 度

比例尺	1：500	1：1000	1：2000	1：5000	1：10000
比例尺精度/m	0.05	0.10	0.20	0.50	1.00

比例尺的精度可以解决以下两个问题：一是确定量距精度问题，对于测绘某种比例尺地形图时，其实地量距的精度只需达到该图比例尺的精度即可；二是合理选择测图比例尺问题，比例尺越大，要求实地量距的精度越高，测绘工作量很大，比例尺越小，虽然测绘工作量较小，但实地量距的精度也较低。因此，当要求在图上应表示出的实地水平距离精度时，可按表 8.1 合理选择测图的比例尺。

8.2 地 形 图 的 图 式

8.2.1 地物在图上的表示方法

国家测绘局制订的《地形图图式》对地形图的规格要求、地物符号、地貌符号和地物注记作了统一的规定。根据地物的类别、形状和大小的不同，表示地物的符号可分为比例符号、半比例符号、非比例符号和注记符号。表 8.2 是《1：500、1：1000、1：2000 地形图图式》常用的几种图式。

1. 比例符号

轮廓较大的地物，它们的形状和大小可以直接按规定的比例缩小绘制在图纸上，称为比例符号，如房屋、道路、湖泊等。比例符号可以正确地表示地物的形状和大小。

2. 半比例符号

对于线状地物，如铁路、公路、围墙、通信线等。其长度可按比例缩绘，但其宽度不能按比例缩绘，而需用一定的符号表示，这种符号叫半比例符号，也叫线状符号。半比例符号只能表示地物的位置（符号中心线）和长度，不能表示地物的宽度。

3. 非比例符号

有些地物的轮廓较小却具有一定的特殊意义，如水准点、独立树、电杆等，它们的形状和大小无法按规定的比例缩小绘制在图纸上，此时，可不考虑其实际大小，在图纸上用规定的符号表示，这种符号称为非比例符号。非比例符号只能表示地物的中心位置，不能表示地物的形状和大小。

用非比例符号表示地物的中心位置时，通常应注意以下几点：

（1）具有规则几何图形的地物符号。如三角点、导线点、水准点、钻孔等，其符号中心位置代表该地物的中心位置。

（2）具有宽底形状的地物符号。如烟囱、水塔、碑等，其符号底线中心位置就是该地物的中心位置。

（3）底部为直角形的地物符号。如独立树、汽车站等，以符号的直角顶点为该地物的中心位置。

（4）几何图形组合的地物符号。如路灯、消火栓等，以该符号下方的几何图形中心为

表 8.2　　《1∶500、1∶1000、1∶2000 地形图图式》常用的几种地形图图式

编号	符号名称	图　例	编号	符号名称	图　例
1	坚固房屋 4-房屋层数		12	菜　地	
2	普通房屋 2-房屋层数		13	高压线	
3	窑　洞 1. 住人的 2. 不住人的 3. 地面下的		14	低压线	
			15	电　杆	
4	台　阶		16	电线架	
5	花　圃		17	砖、石及混凝土围墙	
6	草　地		18	土围墙	
7	经济作物地		19	栅栏、栏杆	
8	水生经济作物地		20	篱　笆	
9	水稻田		21	活树篱笆	
10	旱　地		22	沟　渠 1. 有堤岸的 2. 一般的 3. 有沟堑的	
11	灌木林		23	公　路	
			24	简易公路	

编号	符号名称	图　例	编号	符号名称	图　例
25	大车路	0.15 碎石 0.3	37	钻孔	3.0 ◎ ::1.0
26	小路	4.0　1.0 0.3	38	路灯	1.5 1.0
27	三角点 凤凰山-点名 394.468—高程	凤凰山 394.468 3.0	39	独立树 1. 阔叶 2. 针叶	1.5 1 3.0 0.7 / 2 3.0 0.7
28	图根点 1. 埋石的 2. 不埋石的	1 2.0 □ N16/84.46 2 1.5 ○ 25/62.74 2.5	40	岗亭、岗楼	90° 3.0 1.5
29	水准点	2.0 ⊗ Ⅱ京石5/32.804	41	等高线 1. 首曲线 2. 计曲线 3. 间曲线	0.15 87 1 0.3 85 2 0.15 6.0 3 1.0
30	旗杆	1.5 4.0 □ 1.0 1.0	42	示坡线	0.8
31	水塔	2.0 3.0 □ 1.0 1.2			
32	烟囱	3.5 1.0	43	高程点及其注记	0.5 163.2　▲ 75.4
33	气象站（台）	3.0 4.0 1.2	44	滑坡	
34	消火栓	1.5 1.5 2.0	45	陡崖 1. 土质的 2. 石质的	1　2
35	阀门	1.5 1.5 2.0			
36	水龙头	3.5 2.0 1.2	46	冲沟	

116

该地物的中心位置。

（5）下方无底线的几何图形符号。如山洞、窑、亭等，以该符号下方两端点间的中心点为该地物的中心位置。

除图式有规定外，非比例符号一般应按直立方向（上北下南）描绘。

4. 注记符号

有些地物除用前述符号进行表达外，还必须用文字、数字或特定的符号对其性质、名称等进行注记和补充说明。文字注记一般是对行政单位、村镇、公路、铁路、河流、控制点等的名称进行注记说明；数字注记通常是对房屋的层数、河流的流速与深度、控制点的高程等进行注记说明；特殊符号用于对水的流向、地面植被的种类（如草地、耕地、林地）等的识别。

必须指出的是：同一地物在不同比例尺图上表示的符号不尽相同。一般说来，测图比例尺越大，用比例符号描绘的地物越多；比例尺越小，用非比例符号和半比例符号表示的地物越多。如公路、铁路等地物在 1∶500～1∶2000 比例尺地形图上用比例符号表示，而在 1∶5000 比例尺及以上地形图上是按半比例符号表示的。

8.2.2 地貌在图上的表示方法

地貌的形态多种多样，根据其起伏变化的程度可分成高山、丘陵、平原、洼地等。对大、中比例尺地形图，一般都采用等高线表示地貌。对一些不能用等高线表示的特殊地貌，如冲沟、陡崖等则用规定的符号来表示。

8.2.2.1 等高线

等高线是地面上高程相等的点连成的闭合曲线。如图 8.2 所示，设想有一座高出水平面的小山，当水面高程为 100m 时，水面与小山相交形成的水涯线是一个闭合曲线，该曲线就是高程为 100m 的等高线，等高线的形状随小山的形状以及小山与水面相交的位置而定。当水面下降到 95m 时，又形成一个高程为 95m 的等高线，以后，水位每下降 5m，就形成一条等高线，将这些等高线垂直投影到水平面上，并按一定的比例尺缩绘到图纸

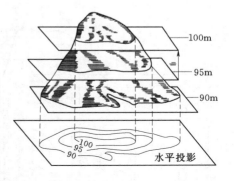

图 8.2 等高线表示地貌

上，形成的一簇等高线就将小山的空间形状表示出来了。

8.2.2.2 等高距与等高平距

相邻两条等高线之间的高差称为等高距或等高线间隔，常用符号 h 表示，相邻等高线间的水平距离称为等高线平距，常用符号 d 表示。则地面坡度 i 为

$$i = \frac{h}{dM} \tag{8.2}$$

式中　M——比例尺分母。

同一幅地形图上等高距是相同的。因此，等高线平距 d 的大小与地面坡度有关。等

高线平距越小，地面坡度越大；平距越大，坡度越小。因此，可根据地形图上等高线的疏与密来判定地面坡度的缓与陡。

用等高线表示地貌时，等高距的选择应根据规范，综合比例尺大小、测区的地形类型、用图要求等因素确定，一般可按表 8.3 中数值选用。

表 8.3 　　　　　　　　　　大比例尺地形图基本等高距　　　　　　　　　　单位：m

比例尺	地 貌 类 型			
	平地 0°～2°	丘陵 2°～6°	山 地	高 山
1：500	0.5	0.5	1	1
1：1000	0.5	1	1	2
1：2000	1	2	2	2
1：5000	2	5	5	5

按表 8.3 选定的等高距称为基本等高距。等高距选定后，等高线的高程必须是基本等高距的整数倍，不能用任意高程。如某图选用 1m 作为基本等高距，则所有等高线的高程应为 1m 的倍数。

8.2.2.3　等高线的种类

等高线一般分为首曲线、计曲线、间曲线和助曲线四种。

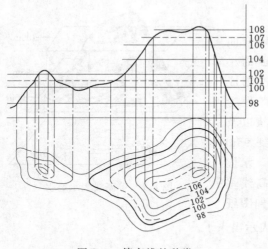

图 8.3　等高线的种类

1. 首曲线

首曲线也称为基本等高线，是指按基本等高距绘成的等高线，一般用细实线描绘，如图 8.3 中的 98m、102m、104m、106m 和 108m 等高线。

2. 计曲线

为便于读图，自高程起算面开始，每隔四条首曲线加粗描绘的等高线称为计曲线，计曲线也称加粗等高线，一般用粗实线描绘，并在适当位置断开注记高程，字头指向高处，如图 8.3 中的 100m 等高线。

3. 间曲线

当首曲线不能显示某些局部地貌时，按 1/2 基本等高距绘成的等高线称为间曲线，间曲线也称半距等高线，一般用长虚线表示，仅在局部地区使用，可不闭合，但应对称，如图 8.3 中的 101m 和 107m 等高线。

4. 助曲线

当用间曲线仍不能表示局部地貌时，用 1/4 基本等高距描绘的等高线称为助曲线，助曲线也称为辅助等高线，一般用短虚线表示（在 1：500～1：2000 地形图上不表示）。

8.2.2.4 典型地貌的等高线表示

地貌的形态虽然复杂，但都是由几种典型地貌如山头、洼地、山脊、山谷和鞍部等组成。了解和熟悉典型地貌的等高线特征，对提高识读、应用和测绘地形图有很大的帮助。

1. 山头与洼地

山头与洼地的等高线都是一组闭合曲线，如图 8.4（a）、（b）所示。其区别在于内圈等高线高程高于外圈者为山头；内圈等高线高程小于外圈者为洼地。没有高程注记时，可在等高线上加绘示坡线来表示。示坡线是垂直于等高线的短线，它指示的方向就是坡度下降的方向。

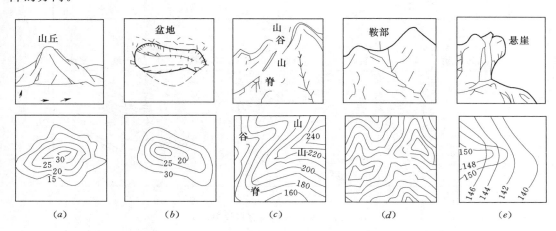

图 8.4　几种典型地貌的等高线表示
（a）山丘；（b）盆地；（c）山脊山谷；（d）鞍部；（e）悬崖

2. 山脊与山谷

山的最高部为山顶，从山顶向某个方向延伸的高地称为山脊，相邻山脊之间的凹地称为山谷，山脊最高点的连线称为山脊线或分水线，山谷最低点的连线称为山谷线或集水线，山脊线和山谷线合称为地性线。如图 8.4（c）所示，山脊线和山谷线均为一组凸形曲线，其区别在于山脊等高线凸向低处，而山谷等高线凸向高处，可根据等高线注记或示坡线加以区别。

3. 鞍部

鞍部是指两相邻山头之间形似马鞍状的低凹处，是山区道路通过的地方，如图 8.4（d）所示，鞍部等高线是由两组相对的山脊和山谷等高线组成。

4. 悬崖

悬崖是上部突出，下部凹进的陡崖（坡度大于 70°），如图 8.4（e）所示，当其上部等高线投影到水平面时，与下部的等高线必然相交，此时，下部凹进的等高线应用虚线表示。

地面上不同的土质和岩石经过长期风化、雨水侵蚀、地震破坏以及人为作用失去了原来的形态，表现出各种不同的特殊地貌，如陡崖、冲沟等。它们不能用等高线来表示其特征，在地形图上只能用特定的符号来表示。

掌握了等高线表示的典型地貌后，就可以根据地形图上的等高线识别复杂的地貌。图

8.5 为某一地区的综合地貌及其等高线图。

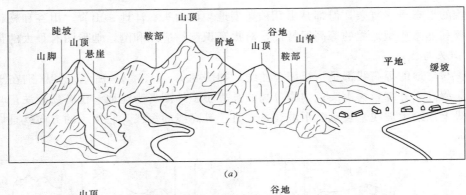

(a)

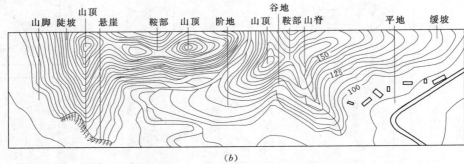

(b)

图 8.5 各种地貌的等高线表示

8.2.2.5 等高线的特性

（1）同一条等高线上各点的高程相等。

（2）等高线是一条闭合曲线，不能中断，如不能在同一幅图内闭合，则必在相邻或其他图幅内闭合。

（3）除陡崖或悬崖外，等高线不能相交或重合。

（4）等高线经过山脊或山谷线时改变方向，因此，山脊线或山谷线应垂直于等高线转折点处的切线，即等高线与山脊线或山谷线正交。

（5）等高平距的大小与地面坡度成反比。同一幅图内，等高平距越小，地面坡度越大；平距越大，坡度越小。

8.3 地形图的图廓外注记

8.3.1 地形图的图名和图号

1. 图名

图名即本幅图纸的名称，通常用本幅图纸内最主要的地名或山名来命名。图 8.6 的图名为"中山大学"。

2. 图号

为便于管理和使用，每幅地形图都有一定的编号，图号是根据地形图分幅和编号方法确定的,并将它标注在图幅的上方中间处。

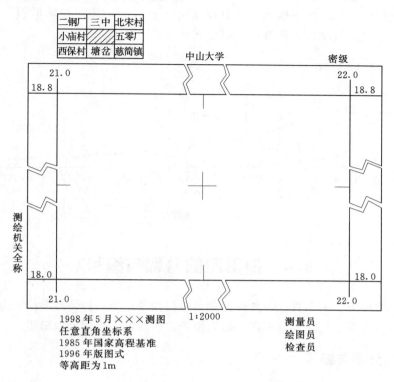

图 8.6　图廓外注记

8.3.2　图幅接合表

接图表表明本幅图与相邻图纸的位置关系,以方便查索相邻图纸。接图表应绘制在图幅的左上方,如图 8.6 所示。

8.3.3　图廓

图廓是本幅图四周的界线。正方形图幅只有内图廓和外图廓之分,如图 8.6 所示。外图廓是用粗实线绘制的,对地形图起保护和装饰作用。内图廓是图幅的边界,每隔 10cm 绘有坐标格网线,并注明坐标值。规划设计中的中小比例尺图幅一般由经纬线构成。在经线和纬线的各交点(即四个图廓点)上,注写其相应的经纬度,如图 8.7 所示。另外在图廓内绘上表示经差 1′的纬线弧长和纬差 1′的子午线弧长的黑白相间线,

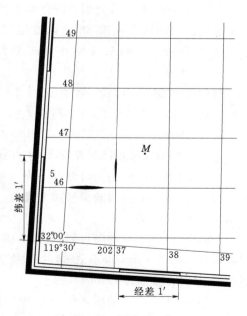

图 8.7　图廓及坐标

叫做分度线或分度带。利用分度线能够确定图中点的地理坐标,图 8.7 中 M 点的地理坐

121

标约为：东经 119°31′，北纬 32°01′。

中、大比例尺地形图的图幅上还绘有坡度尺（图 8.8），用于在地形图上根据等高线直接量取地面坡度。坡度尺通常绘在图幅左下方。

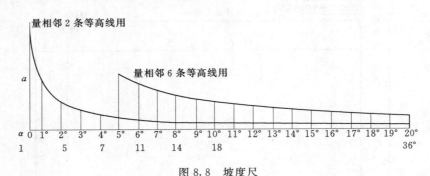

图 8.8 坡度尺

8.4 地形图的分幅与编号

地形图的分幅方法有两种：一种是国际分幅与编号；另一种是矩形或正方形分幅与编号。前者用于国家基本比例尺地形图，后者用于工程建设大比例尺地形图。

8.4.1 国际分幅与编号

1. 1：1000000 比例尺地形图的分幅和编号

1：1000000 地形图分幅和编号是采用国际标准分幅的经差 6°、纬差 4°为一幅图。从赤道起向北或向南至纬度 88°止，按纬差每 4°划作 22 个横列，依次用 A、B、…、V 表示；从经度 180°起向东按经差每 6°划作一纵行，全球共划分为 60 纵行，依次用 1、2、…、60 表示。

每幅图的编号由该图幅所在的"列号—行号"组成。例如，北京某地的经度为 116°26′08″、纬度为 39°55′20″，所在 1：1000000 地形图的编号为 J—50。

2. 1：500000、1：250000、1：100000 比例尺地形图的分幅和编号

这三种比例尺地形图都是在 1：1000000 地形图的基础上进行分幅编号的。

一幅 1：1000000 的图可划分出为 4 幅 1：500000 的图，分别以代码 A、B、C、D 表示。将 1：1000000 图幅的编号加上代码，即为该代码图幅的编号，例如 1：500000 图幅的编号为 J—50—A。

一幅 1：1000000 的图可划分出 16 幅 1：250000 的图，分别用 [1]、[2]、…、[16] 代码表示。将 1：1000000 图幅的编号加上代码，即为该代码图幅的编号，例如 1：250000 图幅的编号为 J—50— [1]。

一幅 1：1000000 的图，可划分出 144 幅 1：100000 的图，分别用 1、2、…、144 代码表示。将 1：1000000 图幅的编号加上代码，即为该代码图幅的编号，例如 1：100000 图幅的编号为 J—50—1。

3. 新标准

1992 年 12 月，我国颁布了 GB/T 13989—92《国家基本比例尺地形图分幅和编号》新标准，1993 年 3 月开始实施。新的分幅与编号方法如下：

（1）分幅。1∶1000000 地形图的分幅标准仍按国际分幅法进行。其余比例尺的分幅均以 1∶1000000 地形图为基础，按照横行数纵列数的多少划分图幅。

（2）编号。1∶1000000 图幅的编号，由图幅所在的"行号列号"组成。与国际编号基本相同，但行与列的称谓相反。如北京所在 1∶1000000 图幅编号为 J50。

1∶500000 与 1∶5000 图幅的编号，由图幅所在的"1∶1000000 图行号（字符码）1 位，列号（数字码）1 位，比例尺代码 1 位，该图幅行号（数字码）3 位，列号（数字码）3 位"共 10 位代码组成，如 J50B001001。

8.4.2　矩形分幅与编号

大比例尺地形图一般采用矩形分幅法或正方形分幅法，它是按直角坐标的纵、横坐标格网进行划分的。各种大比例尺地形图的图幅大小及尺寸见表 8.4。

表 8.4　　　　　　　　　　矩形、正方形分幅图的图廓与图幅大小

比例尺	图幅尺寸 /cm×cm	实地面积 /km²	一幅 1∶5000 所含图幅数	1km² 测区 的图幅数	图 廓 坐 标 值
1∶5000	40×40	4	1	0.25	1000 的整数倍
1∶2000	50×50	1	4	1	1000 的整数倍
	40×50	0.8	5	1.25	纵坐标 800 的整数倍；横坐标 1000 的整数倍
1∶1000	50×50	0.25	16	4	500 的整数倍
	40×50	0.20	20	5	纵坐标 400 的整数倍；横坐标 500 的整数倍
1∶500	50×50	0.0625	64	16	50 的整数倍
	40×50	0.05	80	20	纵坐标 20 的整数倍；横坐标 50 的整数倍

大比例尺地形图的编号方法比较灵活，主要有以下几种。

1. 图幅西南角坐标编号法

用图幅西南角坐标的公里数作为本幅图纸的编号，记成"$x-y$"形式。1∶5000 地形图的图号取至整公里数；1∶2000 和 1∶1000 地形图的图号取至 0.1km；1∶500 地形图的图号取至 0.01km。例如，一幅图的图号是 64.0—54.0，表示该图幅西南角点的坐标为 $x=64.0km$，$y=54.0km$。

2. 流水编号法

对于带状测区或测区范围较小时，可根据具体情况，按从上到下、从左到右的顺序进行数字流水编号。也可采用其他方法如行列编号法编号，目的是要便于管理和使用，如图 8.9 所示。

	1	2	3	4		
5	6	7	8	9	10	
11	12	13	14	15	16	

A—1	A—2	A—3	A—4	A—5	A—6
B—1	B—2	B—3	B—4		
	C—2	C—3	C—4	C—5	C—6

图 8.9 流水编号法与行列编号法

　　某些面积较大的测区，往往绘有几种不同的大比例尺地形图，各种比例尺地形图的分幅与编号一般是以 1∶5000 地形图为基础，按正方形分幅法进行的，如图 8.10 所示。某 1∶5000 地形图的编号为"20—10"，将这个图号作为该地区更大比例尺地形图所有图幅的基本图号。1∶2000 地形图的编号是在 1∶5000 图幅编号的末尾分别加上罗马字Ⅰ、Ⅱ、Ⅲ、Ⅳ而成，如图 8.10 中的图幅甲，其编号为"20—10—Ⅰ"。同样，在 1∶2000 图幅编号的末尾分别加上罗马数字Ⅰ、Ⅱ、Ⅲ、Ⅳ就是 1∶1000 地形图的编号，如图 8.10 中的图幅乙，其编号为"20—10—Ⅳ—Ⅲ"。而图 8.10 中的 1∶500 地形图图幅丙，其编号为"20—10—Ⅳ—Ⅱ—Ⅱ"，同样是在 1∶1000 图幅编号的末尾分别加上罗马字Ⅰ、Ⅱ、Ⅲ、Ⅳ而成的。

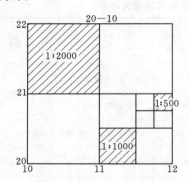
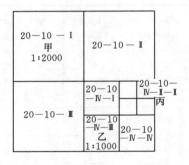

图 8.10 1∶5000～1∶500 地形图的分幅与编号

8.5 测图前的准备工作

8.5.1 收集资料

　　测图前收集有关的规范、图式等相关资料，抄录测区内所有控制点的平面坐标和高程。

8.5.2 仪器工具的准备

　　根据测图要求，准备所需的仪器、工具，并对所用的仪器工具进行检验与校正，保证外业工作的顺利进行。

8.5.3 图纸的准备

　　为了保证测图的质量，应选用质地较好的图纸。对于临时性测图，可将图纸直接固定在图板上进行测绘，对于需要长期保存的地形图，为了减少图纸变形，应将图纸裱糊在锌板、铝板或胶合板上。

目前，各测绘部门大多采用聚酯薄膜，其厚度为 $0.07\sim0.1$mm，表面经打毛后，便可代替图纸用来测图。聚酯薄膜具有透明度好、伸缩性小（伸缩率小于 0.3‰）、不怕潮湿、牢固耐用等优点，如果表面不清洁，还可用水洗涤，并可直接在底图上着墨复晒蓝图。但聚酯薄膜有易燃、易折和老化等缺点，故在使用过程中应注意防火防折。

8.5.4　绘制坐标格网

为了准确地将图根控制点展绘在图纸上，首先要在图纸上精确地绘制 $10\text{cm}\times10\text{cm}$ 的直角坐标格网。绘制坐标格网可用坐标仪或坐标格网尺等专用仪器工具，如无上述仪器工具，则可按下述对角线法绘制。

如图 8.11 所示，先在图纸上画出两条对角线，以交点 M 为圆心，取适当长度为半径画弧，于对角线相交得 A 点、B 点、C 点、D 点，用直线连接各点，得矩形 ABCD。再从 A、D 两点起分别沿 AB、DC 方向每隔 10cm 定一点，连接各对应边的相应点，即得坐标格网。坐标格网画好后，要用直尺检查各格网的交点是否在同一直线上（如图 8.11 中 ab 直线），其偏离值不应超过 0.2mm。检查 10cm 小方格网对角线长度（14.14cm）误差不应超过 0.3mm。如超限，应重新绘制。

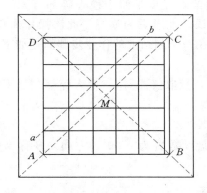

图 8.11　对角线法绘制坐标格网示意图

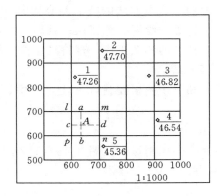

图 8.12　展绘控制点示意图

8.5.5　展绘控制点

展点前，要按本图的分幅，将格网线的坐标值注在左、下格网边线外侧的相应格网线处（图 8.12）。展点时，先要根据控制点的坐标，确定所在的方格。如控制点 A 的坐标 $x_A=647.43$m、$y_A=634.52$m，可确定其位置应在 plmn 方格内。然后按 y 坐标值分别从 l 点、p 点按测图比例尺向右各量 34.52m，得 a 点、b 点。同法，从 p 点、n 点向上各量 47.43m；得 c 点、d 两点。连接 ab 和 cd，其交点即为 A 点的位置。同法将图幅内所有控制点展绘在图纸上，并在点的右侧以分数形式注明点号及高程（分子为点号、分母为高程），如图中 1 点、2 点、3 点、4 点、5 点。最后用比例尺量出各相邻控制点之间的距离，与相应的实地距离比较，其差值不应超过图上 0.3mm，若超过限差应查找原因，修正错误的点位。

8.6　经纬仪测图法

碎部测量的外业工作包括依照一定的测绘方法采集数据和实地勾绘地形图等内容。碎部测量的常用方法有：经纬仪测绘法、大平板测图法、小平板仪与经纬仪联合测图法等。目前，应用较为普遍的是经纬仪、全站仪测绘法。本节介绍经纬仪测绘法。

8.6.1　经纬仪测图法的原理

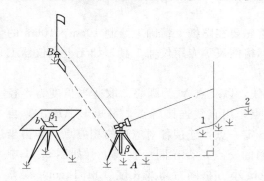

图 8.13　经纬仪测绘法示意图

如图 8.13 所示，将经纬仪安置于测站点（例如导线点 A）上，将测图板（不需置平，仅供作绘图台用）安置于测站旁，用经纬仪测定碎部点方向与已知（后视）方向之间的夹角，用视距测量方法测定测站到碎部点的水平距离和高差，然后根据测定数据按极坐标法，用量角器和比例尺把碎部点的平面位置展绘于图纸上，并在点位的右侧注明高程，再对照实地勾绘地形图。这个方法的特点是在野外边测边绘，优点是便于检查碎部有无遗漏及观测、记录、计算、绘图有无错误；就地勾绘等高线，地形更为逼真。此法操作简单灵活，适用于各类地区的测图工作。现将经纬仪测绘法在一个测站上的作业步骤简述如下：

1. 安置仪器

安置经纬仪于图根控制点 A 上，对中、整平，量取仪器高 i，记入碎部测量手簿（表8.5）。

2. 定向

后视另一个控制点 B（图 8.13），将水平度盘读数置为 $0°00'$。方向 AB 称为零方向（或称后视方向）。

表 8.5　　　　　　　　　　　**碎 部 测 量 手 簿**

测站：A　后视点：B　仪器高：$i=1.45$m　指标差：$x=0$　测站高程：$H=243.76$m

点号	视距 /m	中丝高 v /m	竖盘读数 L /(° ′)	竖直角 ±α /(° ′)	水平角 β /(° ′)	水平距离 D /m	高程 H /m	点位
1	38.0	1.45	93 28	−3 28	150 25	37.9	241.47	山脚
2	51.4	1.45	87 26	+2 34	135 50	51.3	246.06	山顶
100	37.5	2.45	93 00	−3 00	204 30	37.4	240.80	电杆

3. 测定碎部点

（1）立尺。立尺员依次将视距尺立在选好的地物和地貌特征点（碎部点）上。

（2）观测。按顺序读出上、中、下三丝读数及竖直角、水平角，记入手簿（表8.5）。

4. 计算水平距离、高差和高程

(1) 按视距测量公式计算相应的水平距离及高差值，并记入手簿（表8.5）。

(2) 高差之正、负取决于竖直角之正、负。当中丝瞄准高与仪器不等时，须加（$i-v$）改正数。

(3) 计算高程：测点高程＝测站高程＋改正高差。

5. **展绘碎部点（俗称上点）**

绘图员根据水平角和水平距离按极坐标法把碎部点展绘到图纸上（现结合图8.13简略说明展绘方法）。用细针将量角器的圆心插在图纸上的测站点 a 上，转动量角器，使在量角器上对应所测碎部点1的水平角度（150°25′）之分划线对准零方向线 ab，再用量角器直径上的刻划尺或借助三棱比例尺，按测得的水平距离 $D_{A1}=37.9m$ 沿着量角器的直径边在图纸上展绘出点1的位置。

图8.14为测图中常用半圆形量角器，在分划线上注记两圈度数，外圈为0°～180°，黑色字；内圈为180°～360°，红色字。展点时，凡水平角在0°～180°范围内，用外圈黑色度数，并在该量角器直径上一端以黑色字注记的长度刻划上量取水平距离 D；凡水平角在180°～360°范围内，则用内圈红色度数，并在该量角器直径上另一端以红色字注记的长度刻划上量取水平距离 D。

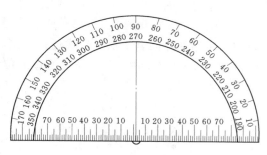

图8.14 半圆形量角器

在绘图纸上展绘碎部点时，可用一种专用细针刺出点位，在聚酯绘图薄膜上展绘碎部点时，可用5H或6H铅笔直接点点位，并在点位右侧注记高程。同法展绘其他各点。高程注记的数字，一般字头朝北，书写清楚整齐。

8.6.2 等高线的勾绘

所有的地物、地貌都应按地形图图式规定的符号绘制。城市建筑区和不便于绘等高线的地方，可不绘等高线。其他地区的地貌，则应根据碎部点的高程来勾绘等高线。由于地貌点是选在坡度变化和方向变化处，相邻两点的坡度可视为均匀坡度，所以通过该坡度的等高线之间的平距与高差成反比，这就是内插等高线依据的原理。内插等高线的方法一般有计算法、图解法和目估法三种。

现以表8.5中的1、2两地貌点为例，说明计算法。

如图8.15所示，1′、2′为地面上的点位，1、2为其图上位置，其高程录自表8.5，只取至分米。设1、2两点的图上距离为 d、基本等高距为1m，则1、2两点之间必有高程为

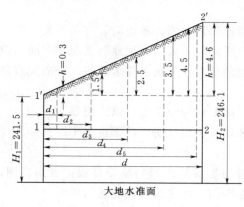

图8.15 内插等高线原理示意图

242m、243m、244m、245m 和 246m 等五条等高线通过，其在 1—2 连线上的具体通过位置 d_1、d_2、d_3、d_4 和 d_5 可按下列公式计算：

$$因为 \frac{0.5}{4.6} = \frac{d_1}{d}，所以 d_1 = \frac{0.5}{4.6}d = \frac{5}{46}d$$

$$因为 \frac{1.5}{4.6} = \frac{d_2}{d}，所以 d_2 = \frac{1.5}{4.6}d = \frac{15}{46}d$$

上述方法仅说明内插等高线的基本原理，而实用时都是用目估法内插等高线的。目估法内插等高线的步骤如下：

(1) 定有无（即确定两碎部点之间有无等高线通过）。

(2) 定根数（即确定两碎部点之间有几根等高线通过）。

(3) 定两端 [如图 8.16 (a) 中的 a 点、g 点]。

(4) 平分中间 [图 8.16 (a) 中的 b 点、c 点、d 点、e 点、f 点]。

如图 8.16 (a) 及图 8.16 (b) 所示，设两点的高程分别为 201.6m 和 208.60m，根据目估法定出两点间有 7 根等高线通过，则 a 点、b 点、c 点、d 点、e 点、f 点、g 点各点分别为 202~208m 共 7 条等高线通过的位置。用光滑的曲线将高程相等的相邻点连接起来即成等高线。

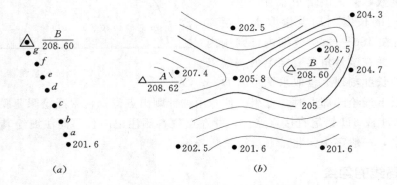

图 8.16　目估法勾绘等高线示意图

8.6.3　测绘碎部点过程中应注意的事项

(1) 全组人员要互相配合，协调一致。绘图时做到站站清、板板清、有条不紊。

(2) 观测员读数时要注意记录者、绘图者是否听清楚，要随时把地面情况和图面点位联系起来。观测碎部点的精度要适当，重要地物点的精度较地貌点要求高些。一般竖直角读到 1′，水平角读到 5′ 即可。

(3) 立尺员选点要有计划，分布要均匀恰当，必要时勾绘草图，供绘图参考。

(4) 记录、计算应正确、工整、清楚，重要地物应加以注明，碎部点水平距离和高程均计算到厘米。不要搞错高差的正负号。

(5) 绘图员应随时保持图面整洁。抓紧在野外对照实际地形勾绘等高线，做到边测，边绘；注意随时将图上点位与实地对照检查，根据距离、水平角和高程进行核对。

(6) 检查定向。在一个测站上每测 20~30 个碎部点后或在结束本站工作之前均应检查后视方向（零方向）有无变动，若有变动应及时纠正，并应检查已测碎部点是否移位。

为了检查测图质量，仪器搬到下一测站时，应先观测所测的某些明显碎部点，以检查由两个测站测得该点平面位置和高程是否相符。如相差较大，则应查明原因，纠正错误，再继续进行测绘。

若测区面积较大，可分成若干图幅，分别测绘，最后拼接成全区地形图。为了相邻图幅的拼接，每幅图应测出图廓外 5～10mm。

8.7 地形图的拼接、检查和整饰

外业测图完成后还要进行图边拼接、图的检查、图面整饰等项内业工作，这些工作与最后的成图质量有密切关系，必须认真做好。

8.7.1 图边拼接

在较大面积的测图中，整个测区划分为若干幅图，由于测量误差等原因，使相邻图幅衔接处的地物轮廓、等高线往往不能完全吻合。因此，为了图幅拼接的需要，每幅图的四个图边都要测出图廓 5～10mm。接图时，若所用图纸是聚酯绘图薄膜，则可直接按图廓线将两幅图重叠拼接。若为白纸测图，则可用 3～4cm 宽的透明纸条先把左幅图（图 8.17）的东图廓线及靠近图廓线的地物和等高线透描下来，然后将透明纸条坐标格网线蒙到右图幅的西图廓线上，以检验相应地物及等高线的差异。每幅图的绘图员一般只透描东和南两个图边，而西和北两个图边由邻图负责透描。若接图边上两侧同名等高线或地物之差不超过表 8.6～表 8.8 中规定的平面、高程中误差的 $2\sqrt{2}$ 倍时，可在透明纸上用红墨水画线取其平均位置，然后以此平均位置为根据对相邻两图幅进行改正。

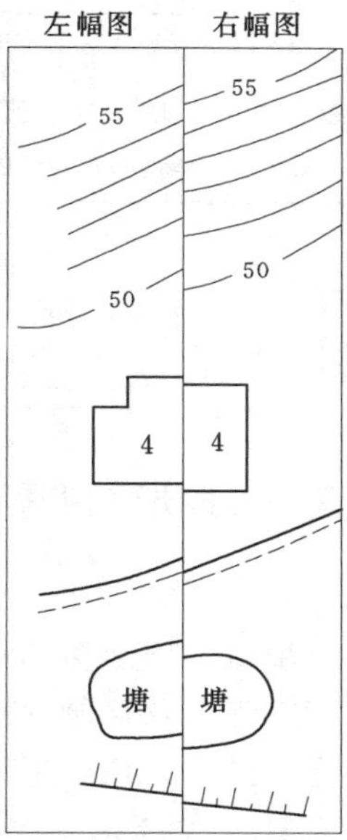

图 8.17 图边拼接

8.7.2 地形图的检查

在测图中，测绘人员应对测图认真进行检查，以保证成图质量。一般在测图过程中首先要加强自检，发现问题立即查清纠正；其次在全幅测完后，应组织互检以及由上级业务管理部门组织的专人检查。地形图的检查一般从以下几方面进行。

1. 室内检查

内容是检查坐标格网及图廓线，各级控制点的展绘，外业手簿的记录计算，控制点和碎部点的数量和位置是否符合规定，地形图内容综合取舍是否恰当，图式符号使用是否正确，等高线表示是否合理，图面是否清晰易读，接边是否符合规定等。若发现疑问和错误，应到实地检查、修改。

2. 巡视检查

按拟定的路线作实地巡视，将原图与实地对照。巡视中着重检查地物、地貌有无遗漏、等高线走势与实地地貌是否一致、综合取舍是否恰当等。

3. 仪器检查

仪器检查是在上述两项检查的基础上进行的。在图幅范围内设站，一般采用散点法进行检查。除对已发现的问题进行修改和补测外，还重点抽查原图的成图质量，将抽查的地物点、地貌点与原图上已有的相应点的平面位置和高程进行比较，算出较差，均记入专门的手簿，最后按 $\leqslant\sqrt{2}m$（m 为中误差，其数值见表 8.6～表 8.8），（$\sqrt{2}m$，$2m$），（$2m$，$2\sqrt{2m}$）三个区间分别统计其个数，算出各占总数的百分比，作为评定图幅数学精度的主要依据。大于 $2\sqrt{2m}$ 的较差算作粗差，其个数不得超过总数的 2%，否则认为不合格。

表 8.6   图上地物点点位中误差与间距中误差

地 区 分 类	点位中误差（图上）/mm	邻近地物点间距中误差（图上）/mm
城市建筑区和平地、丘陵地	±0.5	±0.4
山地、高山地和设站施测困难的旧街坊内部	±0.75	±0.6

注 森林隐蔽等特殊困难地区，可按规定放宽 50%。

表 8.7   城市建筑区和平坦地区高程注记点的高程中误差

分 类	高程中误差/m
铺装地面的高程注记点	±0.07
一般高程注记点	±0.15

表 8.8   等高线插求点的高程中误差

地形类别	平地	丘陵地	山地	高山地
高程中误差（等高距）	1/3	1/2	2/3	1

注 森林隐蔽等特殊困难地区，可按规定放宽 50%。

8.7.3   地形图的整饰

1. 线条、符号

地形图内一切地物、地貌的线条都应整饰清楚。若有线条模糊不清、连接不整齐或错连、漏连以及符号画错等，都要按地形图图式规定加以整饰，但应注意不能把大片的线条擦光重绘，以免产生地物、地貌严重移位，甚至造成错误。

2. 文字注记

名称、地物属性及各种数字注记的字体要端正清楚，字头一般朝北，位置及排列要适当，既要能表示其所代表的对象或范围，又不应压盖地物地貌的线条。一般可适当空出注记的位置。

3. 图号及其他记载

图幅编号常易在外业测图中被摩擦而模糊不清，要先与图廓坐标核对后再注写清楚，防止写错。其他如图、接图表（相邻图幅的图号）、比例尺、坐标及高程系统、测图方法、图式版本、测图单位、人员和日期等也应记载清楚。

4. 地形图的清绘和整饰

铅笔原图经检查合格后，应进一步根据地形图图式规定进行着墨清绘和整饰，使图面更加清晰、合理、美观。其顺序是先图内后图外，先注记后符号，先地物后地貌。

8.8 数字化测图

8.8.1 概述

　　传统的地形测量是用经纬仪或平板仪测量角度、距离和高差，通过计算处理，再模拟测量数据将地物地貌图解到图纸上，其测量的主要产品是图纸和表格。随着全球定位系统（GPS）和电子测量仪器的广泛应用以及微机硬件和软件技术的迅速发展，地形测量正由传统的方法向全解析数字化地形测量方向变革。数字化地形测量的计算器是以计算机磁盘为载体，以数字形式表达地形特征点的集合形态的数字地图。数字地形测量的全过程，都是以仪器野外采集的数据作为电子信息，自动传输、记录、存储、处理、成图和绘图的。所以，原始测量数据的精度没有丝毫损失，从而可以获得与测量仪器精度相一致的高精度测量成果。尤其是数字地形的成果是可供计算机处理、远距离传输、各方共享的数字化地形图，使其成果用途更广，还可通过互联网实现地形信息的快速传送。这些都是传统测图方法不可比拟的。由此数字化测图是符合现代社会信息化的要求，是现代测绘的重要发展方向，它将成为迈向信息化时代不可缺少的地理信息系统（GIS）的重要组成部分。

8.8.1.1 数字化测图的基本原理

　　数字化测图是通过采集地形点数据并传输给计算机，通过计算机对采集的地形信息进行识别、检索、连接和调用图式符号，并编辑生成数字地形图，再发出指令由绘图仪自动绘出地形图。数字化地形测量野外采集的每一个地形点信息，必须包括点位信息和绘图信息。点位信息是指地形点点号及其三维坐标值，可通过全站仪或 GPS 接收机（RTK）实测获取。点的绘图信息是指地形点的属性以及测点间的连接关系。地形点属性是指地形点属于地物点还是地貌点，地物又属于哪一类，用什么图式符号表示等。测点的连接信息则是指点的点号以及连接线型。在数字化地形测量中，为了使计算机能自动识别，对地形点的属性通常采用编码方法来表示。只要知道地形点的属性编码以及连接信息，计算机就能利用绘图系统软件，从图式符号库中调出与该编码相对应的图式符号，连接并生成数字地形图。

8.8.1.2 数字化测图一般方法

　　（1）野外数字化测绘。野外数字化测图是利用全站仪或 GPS 接收机（RTK）在野外直接采集有关地形信息，并将野外采集的数据传输到电子手簿、磁卡或便携机内记录，在现场绘制地形图或在室内传输到计算机中，经过测图软件进行数据处理形成绘图数据文件，最后由数控绘图仪输出地形图，其基本系统构成如图 8.18 所示。

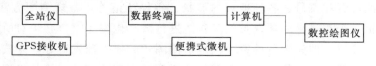

图 8.18　野外数字测图系统

由于野外数字化测图的记录、传送数据以及数据处理都是自动进行的，其成品能保持原始数据的精度，所以它在几种数字化成图中精度是最高的一种方法，是当今测绘地形图、地籍图和房产分幅图的主要方法。

（2）影像数字化成图。它是以航空像片或卫星像片作为数据来源，即利用摄影测量与遥感的方法获得测区的影像并构成立体像对，在解析测图仪上采集地形点并自动传输到计算机中，或直接用数字摄影测量方法进行数据采集，经过软件进行数据处理，自动生成地形图，并由数控绘图仪输出地形图，其基本系统构成如图 8.19 所示。

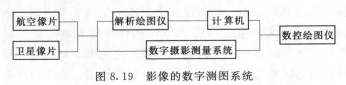

图 8.19　影像的数字测图系统

8.8.2　外业数据采集

8.8.2.1　作业模式

全站仪或 GPS 接收机（RTK）数字化测图根据设备的配置和作业人员的水平，一般有数字测记和电子平板测绘两种作业模式。

1. 数字测记模式

用全站仪或 GPS 接收机测量，电子手簿记录，对复杂地形配画人工草图，到室内将测量数据由记录器传输到计算机，由计算机自动检索编辑图形文件，配合人工草图进一步编辑、修改、自动成图。该模式在测绘复杂的地形图、地籍图时，需要现场绘制包括每一碎部点的草图，但其具有测量灵活，系统硬件对地形、天气等条件的依赖性较小，可由多台全站仪配合一台计算机、一套软件生产，易形成规模化等优点。

2. 电子平板测绘模式

用全站仪测量，用加装了相应测图软件的便携机（电子平板）与全站仪通信，由便携机实现测量数据的记录，解算、建模，以及图形编辑、图形修正，实现了内外业一体化。该测图模式现场直接生成地形图，即测即显，所见即所得。但便携机在野外作业时，对阴雨天、暴晒或灰尘等条件难以适应，另外把室内编辑图的工作放在外业完成会增加测图成本。目前，具有图数采集、处理等功能的掌上电脑取代便携机的袖珍电子平板测图系统，解决了系统硬件对外业环境要求较高的问题。

8.8.2.2　数字测图的基本作业过程

1. 信息编码

地形图的图形信息包括所有与成图有关的各种资料，如测量控制点资料、解析点坐标、各种地物的位置和符号、各种地貌的形状、各种注记等。常规测图方法是随测随绘，手工逐个绘制每一个符号是一项繁重的工作。进行数字化测图时，必须对所测碎部点和其他地形信息进行编码，即先把各种符号按地形图图式的要求预先造好，并按地形编码系统建立符号库存于计算机中。使用时，只需按位置调用相应的符号，使其出现在图上指定的位置，如此进行符号注记，快速简便。信息编码按照 GB 14804—93《1∶500、1∶1000、1∶2000 地形图要素分类与代码》进行。地形信息的编码由四部分组成：大类码、小类码、一级代码、二级代码、分别用 1 位十进制数字顺序排列。第一大类码是测量控制点，又分为平面控制点、高程控制点、GPS 点和其他控制点四个小类码，编码分别为 11、12、13 和 14。小类码又分为若干一级代码，一级代码又分若干二级代码。如小三角点是第三个一级代码，5″小三角点是第一个二级代码，则小三角点的编码是 113，5″小三角点的编码是 1131（表 8.9）。

表 8.9　　　　　1∶500、1∶1000、1∶2000 地形图要素分类与代码（部分）

代　码	名　　称	代　码	名　　称	代　码	名　　称
1	测量控制点	2	居民地和垣栅	9	植被
11	平面控制点	21	普通房屋	91	耕地
111	三角点	211	一般房屋	911	稻田
1111	一等	⋮	⋮	⋮	⋮
⋮	⋮	214	破坏房屋	914	菜地
1114	四等	⋮	⋮	⋮	⋮
115	导线点	23	房屋附属设施	93	林地
1151	一级	231	廊	931	有林地
⋮	⋮	2311	柱廊	9311	用材林
1153	三级	⋮	⋮	⋮	⋮

2. 连接信息

数字化地形测量野外作业时，除采集点位信息、地形点属性信息外，还要记录编码、点号、连接点和连接线型四种信息。当测点是独立地物时，只要用地形编码来表明它的属性即可，而一个线状或面状地物，就需要明确本测点与何点相连，以何种线型相连。接线型是测点与连接点之间的连

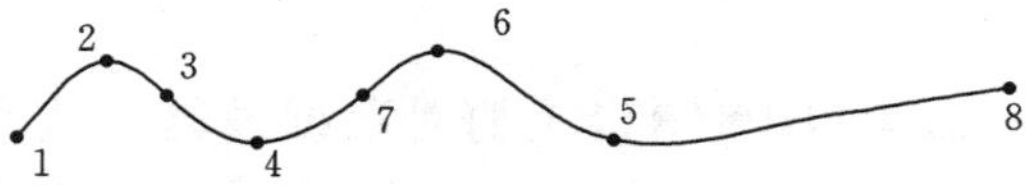

图 8.20　数字化测图的记录

线形式，有直线、曲线、圆弧和独立点四种形式，分别用 1、2、3、0 或空白为代码。如图 8.20，测量一条小路，假设小路的编码为 632，其记录格式见表 8.10，表中略去了观测值，点号同时也代表测量碎部点的顺序。

8.8.2.3　全站仪野外数据采集

数字采集工作是数字测图的基础，全站仪野外数据采集是通过全站仪测定地形特征点的平面位置和高程，将这些点位信息自动记录和存储在电子手簿中再传输到计算机中或直接将其记录到与全站仪相连的便携式微机中。每个地形特征点都有一个记录，包括点号、平面坐标、高程、属性编码和与其他点之间的连接关系等。

表 8.10　　　　　　　　　　　　**数 字 化 测 图 记 录 表**

单 元	点 号	编 码	连 接 点	连 接 线 型
第一单元	1	632	1	2
	2	632		
	3	632		
	4	632		
第二单元	5	632	5	2
	6	632		
	7	632	4	
第三单元	8	632	5	1

全站仪采集数据的步骤大致如下：

（1）在测点上安置全站仪并输入测站点坐标（X、Y、H）及仪器高。

（2）照准定向点并使定向角为测站点至定向点的方位角。

（3）待测点立棱镜并将棱镜高由人工输入全站仪，输入一次以后，其余测点的棱镜高则由程序默认（即自动填入原值），只有当棱镜高改变时，才需重新输入。

（4）逐点观测，只需输入第一个测点的测量顺序号，其后测一个点，点号自动累加1，一个测区内点号是唯一的，不能重复。

（5）输入地形点编码，并将有关数据和信息记录在全站仪的存储设备或电子手簿上（在数字测记模式下）。在电子平板测绘模式下，则由便携机实现测量数据和信息的记录。

在利用全站仪进行野外数据采集的过程中，既可以像常规测图那样，先进行图根控制，再进行碎部测量，也可以采取图根控制测量和碎部测量同时进行的方法；在通视良好、定向边较长的情况下，一个测站的测图范围可以比常规测图时增大；碎部测量方法仍以极坐标法为主，在有关软件支持下也可以灵活采用其他方法；碎部点位置的选择仍和常规测图一样，选择地物、地貌的特征点，在这些地形特征点上竖立反光镜，全站仪照准反光镜观测。

8.8.2.4　GPS(RTK) 野外数据采集

RTK（Real Time Kine matic）定位是将一台 GPS 接收机安装在已知点上对 GPS 卫星进行观测，将采集的载波相位观测量调制到基准站电台的载波上，再通过基准站电台发射出去；流动站在对 GPS 卫星进行观测并采集载波相位观测量的同时，也通过流动站电台接收由基准站电台发射的信号，经调解得到基准站的载波相位观测量；流动站的 GPS 接收机再利用 TOF（运动中求解整周模糊度）等技术由基准站及流动站的载波相位观测量来求解整周模糊度，最后求出流动站的平面坐标（X，Y）和高程（H）。所测量的点平面精度 1～3cm，高程精度 1～5cm。RTK 已广泛应用于测绘、交通、农业等领域。

GPS（RTK）采集数据的步骤如下：

（1）准备工作：包括准备测区控制点数据、工程坐标系统参数以及检查仪器设备和充电。

（2）基准站操作：包括在基准站架设仪器（连接好电缆并开机）、建立新任务、设置坐标系统参数等。

（3）流动站操作：包括连接仪器、校正等。

（4）用流动站采集地形点数据（仅以 TRIMBLE RTK GPS 接收机为例）。

在"测量"菜单下选择"开始测量"回车，选"测量点"显示如图 8.21 所示，为了改变当前测量的一些设置（如点间自动增加的步长，测量的时间等），可以按"选项"对应的 F5 键。确信设置正确后，就可以按下 F1 键，进行地形数字采集，经过 3～5s 或 3min（控制点），再按下 F1 键存储此点。同样的方法可以测量其他的地形点，数据采集完毕按 F1 键结束任务（如果想立即查看所测点的坐标等信息，就可以按 ESC 或 MENU 返回主菜单，进入"文件"中的"查看当前任务"即可看到）。

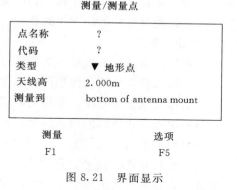

图 8.21　界面显示

8.8.3　内业作图

数字化测图的内业工作包括数据处理和绘图输出等工作。

1. 数据处理

数据处理是数字测图的中心环节，是通过相应的计算机软件来完成的，主要包括地图符号库、地物要素绘制、等高线绘制、文字注记、图形编辑、图形裁剪、图形接边和地形图整饰等功能。首先，将野外实测数据输入计算机，成图系统首先将三维坐标和编码进行初处理，形成控制点数据、地物数据、地貌数据，然后分别对这些数据分类处理，形成图形数据文件，包括带有点号和编码的所有点的坐标文件和含有所有点的连接信息文件。

因为全站仪或 GPS（RTK）能实时测出点的三维坐标，在测图时某些图根点测量与碎部点测量是同步进行的，控制点数据处理软件完成对图根点的计算、绘制和注记。

地物的绘制主要是绘制符号，软件将地物数据按地形编码分类。比例符号的绘制主要依靠野外采集的信息；非比例符号的绘制是利用软件中的符号库，按定位线和定位点插入符号；半比例符号的绘制则要根据定位线或朝向调用软件的专用功能完成。

2. 地形图的编辑与输出

绘图程序根据输入的比例尺、图廓坐标、已生成的坐标文件和连接信息文件，按编码分类，分层进入地物（如房屋、道路、水系、植被等）和地貌等各层，进行绘图处理，生成绘图命令，并在屏幕上显示所绘图形，根据实际地形地貌情况对屏幕图形进行必要的编辑、修改，生成修改后的图形文件。

数字化地形图输出形式可采用绘图机绘制地形图、显示器显示地形图、磁盘存储图形数据、打印机输出图形等，具体用何种形式应视实际需要而定。

将实地采集的地物地貌特征点的坐标和高程，经过计算机处理，自动生成不规则的三角网（TIN），建立起数字地面模型（DEM）。该模型的核心目的是用内插法求得任意已知坐标点的高程。据此可以内插绘制等高线和断面图，为水利、道路、管线等工程设计服务，还能根据需要随时取出数据，绘制任何比例尺的地形原图。

数字化测图方法的实质是用全站仪或 GPS（RTK）野外采集数据，计算机进行数据处理，并建立数字立体模型和计算机辅助绘制地形图，这是一种高效率、减轻劳动强度的有效方法，是对传统测绘方法的革新。

【知识小结】

地形图是制订工程规划、进行设计的重要依据，同时也是施工和管理中不可缺少的基础资料。本章首先介绍了地形图的基本知识，然后讲述了大比例尺地形图的测绘方法，并介绍了全站仪数字化测图。本章的知识点如下：

（1）地形图比例尺的概念以及比例尺的分类及比例尺精度。

（2）地形图的分幅与编号。

（3）地物和地貌符号，表示地物的符号可分为比例符号、非比例符号、半比例符号和注记符号；在地形图上地貌是用等高线表示的，等高线是地面上高程相等的点连成的闭合曲线。等高线的特性及种类是本章的重点内容，是进行等高线勾绘的基础和理论依据。

（4）测图前的准备工作。进行大比例尺测图前，应做好测图前的准备工作，搜集好资料，准备好测量绘图计算等工具、坐标格网的绘制、控制点的展绘等。

（5）经纬仪测图法。经纬仪测图法是碎部测量的一种基本方法，其作业步骤安置仪器、定向、观测、计算等。作业时应注意认真操作，经常检查零方向。

（6）地形的拼接、检查和整饰。图纸测完后要进行拼接、整饰和检查。相邻图幅需要进行严格的拼接。然后进行地形图原图的铅笔整饰。并对成图质量作室内和室外的全面检查，并及时修改，经检查符合要求后，应按其质量评定等级，予以验收，最终上交控制测量和地形图成果。

（7）在传统测图方法的基础上了解全站仪数字化测图的基本方法。

【知识与技能训练】

（1）什么叫比例尺？它有几种类型？

（2）什么是比例尺精度？它对测图和用图有什么作用？

（3）地物符号有哪几种？

（4）什么是等高线？它有哪些特性？试用等高线绘出山头、山脊、山谷和鞍部等典型地貌。

（5）等高距、等高平距与地面坡度之间有什么关系？

（6）用规定符号，将图 8.22 中的山头（△）、鞍部（□）、山脊线（—•—•—）、山谷线（—••—••—••—）标定出来。

（7）国际分幅与编号和矩形分幅与编号各在什么情况下应用？

（8）测图前要做哪些准备工作？如何进行？

（9）试述对角线法绘制坐标格网的方法与步骤，并举例说明展绘控制点的方法。

（10）测定碎部点平面位置有哪些方法？各在什么情况下使用？

（11）测图时，立尺员怎样选择地物特征点和地貌特征点？

（12）试述经纬仪测绘法在一个测站测绘地形图的作业步骤。

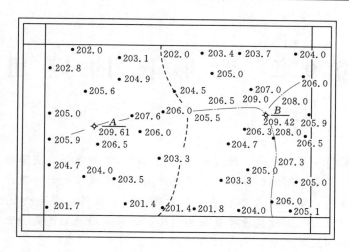

图 8.22 第（6）题图

（13）在进行碎部测量工作中应注意哪些事项？

（14）地形图如何拼接？如何检查？

（15）简述全站仪数字化测图的过程。

（16）简述 GPS(RTK) 数字化测图的过程。

（17）完成表 8.11 的计算：

表 8.11   碎 部 测 量 记 录 表

测站：A 后视点：B 仪器高：$i=1.42$m   测站高程：$H=46.54$m

点号	视距 /m	瞄准高 /m	竖盘读数 /(° ′)	竖直角 α	h' /m	$i-v$ /m	h /m	水平角 β/(° ′)	水平距离 /m	高程 /m	点位
1	52.7	1.42	86 10					5°32′			房角
2	87.1	1.42	90 45					159°18′			电杆
3	32.5	2.42	91 18					69°40′			路边

第9章 地形图的应用

【学习目标】

　　测绘地形图的根本目的是为了使用地形图。通过本章的学习，要掌握在地形图上确定点的坐标、两点间的水平距离和方位角以及点的高程和直线坡度的方法；掌握在地形图上量算图形面积的方法；掌握水库库容的确定方法；能够应用地形图绘制已知方向的断面图；能够在地形图上按限制坡度选择最短的线路；能够应用地形图进行土地平整并计算土方量；了解电子地图及其应用。

【学习要求】

知识要点	能　力　要　求	相　关　知　识
地形图的基本应用	（1）能够根据地形图确定图上点的坐标和高程； （2）能够根据地形图确定图上两点间的平距、直线的方位角和坡度； （3）能够在地形图上量算图形的面积	（1）求图上某点的坐标和高程； （2）图解法、解析法计算上水平距离和方位角； （3）求图上直线的坡度； （4）几何图形法、坐标计算法、平行线法、透明方格纸法和求积仪法量算面积
地形图在工程建设中的应用	（1）能够根据地形图绘制已知方向的纵断面图； （2）能够按限制坡度选择最短线路； （3）能够在地形图上确定水库库容和汇水面积； （4）能够根据地形图按工程实际需要将地面平整成水平场地和倾斜场地并计算填挖方量	（1）绘制纵断面图的方法步骤； （2）坡度、平距和高差的关系； （3）分水线； （4）水库库容的计算； （5）设计高程的计算； （6）填挖方量的计算

9.1　地形图的基本应用

9.1.1　确定点的平面直角坐标

　　如图 9.1 所示，欲确定图上 A 点的坐标，首先根据图廓坐标注记和 A 点的图上位置，绘出坐标方格网 $abcd$，过 A 点作坐标方格网的平行线 pq、fg 与坐标方格相交于 p、q、f、g 四点，再按地形图比例尺（1∶1000）量取 ap 和 af 的长度，则 A 点的坐标为

$$\left. \begin{array}{l} x_A = x_a + ap \\ y_A = y_a + af \end{array} \right\} \tag{9.1}$$

在图上量得 ap 和 af 的长度为

$ap = 80.2\text{m}$

$af = 50.3\text{m}$

$$x_A = x_a + ap = 20100 + 80.2 = 20180.2 (\text{m})$$
$$y_A = y_a + af = 10200 + 50.3 = 10250.3 (\text{m})$$

为了校核量测的结果，并考虑图纸伸缩的影响，还需量出 pb 和 fd 的长度，以便进行换算。设图上坐标方格边长的理论长度为 l（本例 $l = 100\text{m}$），可采用下式进行换算。

$$\left.\begin{array}{l} x_A = x_a + \dfrac{ap}{ab} l \\[2mm] y_A = y_a + \dfrac{af}{ad} l \end{array}\right\} \tag{9.2}$$

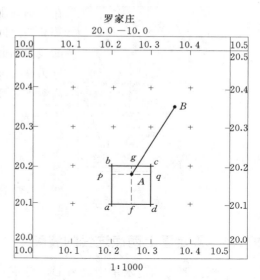

图 9.1 图上确定点的坐标

9.1.2 确定两点间的水平距离

1. 图解法

如图 9.1 所示，若要求 AB 间的水平距离 D_{AB}，可用测图比例尺直接量取 D_{AB}，也可直接量出 AB 的图上距离 d，再乘以比例尺分母 M，得

$$D_{AB} = Md \tag{9.3}$$

2. 解析法

先在图上确定出 A、B 两点的坐标，两点间水平距离的计算公式为

$$D_{AB} = \sqrt{(x_B - x_A)^2 + (y_B - y_A)^2} \tag{9.4}$$

9.1.3 确定直线的坐标方位角

如图 9.1 所示，欲求图上直线 AB 的坐标方位角，有下列两种方法。

1. 图解法

当精度要求不高时，可用图解法用量角器在图上直接量取坐标方位角。如图 9.1 所示，可先通过 A、B 两点分别作坐标方格网纵线的平行线，然后用量角器的中心分别对中 A、B 两点量测直线 AB 的坐标方位角 α'_{AB} 和 BA 的坐标方位角 α'_{BA}，取正、反方位角的平均值作为该直线的坐标方位角，其计算公式为

$$\alpha_{AB} = \frac{1}{2}(\alpha'_{AB} + \alpha'_{BA} \pm 180°) \tag{9.5}$$

2. 解析法

先求出 A、B 两点的坐标，直线 AB 的坐标方位角为

$$\alpha_{AB} = \arctan \frac{y_B - y_A}{x_B - x_A} = \arctan \frac{\Delta y_{AB}}{\Delta x_{AB}} \tag{9.6}$$

9.1.4 确定某点的高程

地形图上任一点的高程，可以根据等高线及高程标记来确定。如图 9.2 所示，若某点 A 正好在等高线上，则其高程与所在的等高线高程相同，即 $H_A = 102.0\text{m}$。如果所求点不

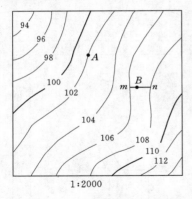

图 9.2 图上确定点的高程

1:2000

在等高线上，如图中的 B 点，而位于 106m 和 108m 两条等高线之间，则可过 B 点作一条大致垂直于相邻等高线的线段 mn，量取 mn 的长度，再量取 mB 的长度，若分别为 9.0mm 和 2.8mm，已知等高距 $h=2$m，则 B 点的高程 H_B 可按比例内插求得，即

$$H_B = H_m + \frac{mB}{mn}h = 106 + \frac{2.8}{9.0} \times 2 = 106.6(\text{m})$$

(9.7)

在图上求某点的高程时，通常可以根据相邻两等高线的高程目估确定。例如，图 9.2 中 mB 约为 mn 的 3/10，故 B 点高程可估计为 106.6m。

9.1.5　确定图上两点连线的坡度

设地面两点间的水平距离为 D，高差为 h，而高差与水平距离之比称为地面坡度，通常以 i 表示，则 i 的计算公式为

$$i = \frac{h}{D} = \frac{h}{dM}$$

(9.8)

式中　d——两点在图上的长度，m；

　　　M——地形图比例尺分母。

如图 9.1 中的 A、B 两点，设其高差 h 为 1m，若量得 AB 图上的长度为 2cm，并设地形图比例尺为 1∶1000，则 AB 线的地面坡度为

$$i = \frac{h}{dM} = \frac{1}{0.02 \times 1000} = \frac{1}{20} = 5\%$$

坡度 i 常以百分率或千分率表示。

应注意的是：如果两点间的距离较长，中间通过疏密不等的等高线，则上式所求地面坡度为两点间的平均坡度。

9.2　面　积　量　算

在规划设计中，常需要在地形图上量算一定轮廓范围内的面积。例如，平整土地的填挖面积，规划设计某一区域的面积，厂矿用地面积，渠道与道路工程中的填挖断面面积，汇水面积等，下面介绍几种常用的方法。

9.2.1　几何图形法

若图形的外形是规整的多边形，则可将图形划分为若干种简单的几何图形，如图 9.3 中的三角形、矩形、梯形等。然后用比例尺量取计算时所需的元素（长、宽、高），应用面积计算公式求出各个简单几何图形的面积，再汇总出多边形的面积。

图形面积如为曲线时，可以近似地用直线连接成多边形。再将多边形划分为若干种简

单几何图形进行面积计算。

当用几何图形法量算线状地物面积时，可将线状地物看作长方形，用分规量出其总长度，乘以实量宽度，即可得线状地物面积。

将多边形划分为简单几何图形时，需要注意以下几点：

（1）将多边形划分为三角形，面积量算的精度最高，其次为梯形、长方形。

（2）划分为三角形以外的几何图形时，尽量使它的图形个数最少，线段最长，以减小误差。

（3）划分几何图形时，尽量使底与高之比接近 1：1（使梯形的中位线接近于高）。

图 9.3　几何图形法

（4）如图形的某些线段有实量数据，则应首先利用实量数据。

（5）为了进行校核和提高面积量算的精度，要求对同一几何图形，量取另一组面积计算要素，量算两次面积，两次量算面积之差在容许范围内，方可取其平均值作为最终结果。

9.2.2　坐标计算法

坐标计算法是根据多边形顶点的坐标值来计算面积。如图 9.4 所示，1、2、3、4 为多边形的顶点，这四个顶点的纵横坐标值组成了多个梯形。

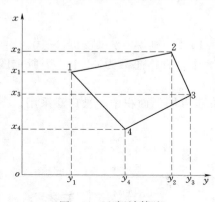

图 9.4　坐标计算法

多边形 1234 的面积 S 即为这些梯形面积的代数和。图 9.4 中，四边形面积为梯形 $1y_1y_22$ 的面积 S_1 加上梯形 $2y_2y_33$ 的面积 S_2，再减去梯形 $1y_1y_44$ 的面积 S_3 和梯形 $4y_4y_33$ 的面积 S_4。

$$\left.\begin{array}{l} S_1 = \dfrac{1}{2}(x_1 + x_2)(y_2 - y_1) \\[2mm] S_2 = \dfrac{1}{2}(x_2 + x_3)(y_3 - y_2) \\[2mm] S_3 = \dfrac{1}{2}(x_1 + x_4)(y_4 - y_1) \\[2mm] S_4 = \dfrac{1}{2}(x_3 + x_4)(y_3 - y_4) \end{array}\right\} \quad (9.9)$$

$$S = S_1 + S_2 - S_3 - S_4$$
$$= \frac{1}{2}\left[x_1(y_2 - y_4) + x_2(y_3 - y_1) + x_3(y_4 - y_2) + x_4(y_1 - y_3)\right] \quad (9.10)$$

9.2.3　平行线法

如图 9.5 所示，在量算面积时，将绘有等间距平行线（1mm 或 2mm）的透明纸覆盖在图形上，并使两条平行线与图形的上下边缘相切，则相邻两平行线间截割的图形面积可

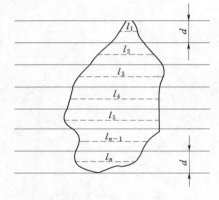

图 9.5 平行线法

近似视为梯形，梯形的高为平行线间距 d。图内平行虚线是梯形的中线。量出各中线的长度，就可以按下式求出图形的总面积为

$$S = l_1 d + l_2 d + \cdots + l_n d = d \sum l \quad (9.11)$$

最后，再根据图的比例尺换算为实地面积。如果图的比例尺为 $1:M$，则该区域的实地面积为

$$S = d \sum l \times M^2 \quad (9.12)$$

如果图的纵方向比例尺为 $1:M_1$，横方向的比例尺为 $1:M_2$。

则该区域的实地面积为

$$S = d \sum l \times M_1 M_2 \quad (9.13)$$

9.2.4 透明方格纸法

如图 9.6 所示，要计算曲线内的面积，先将毫米透明方格纸覆盖在图形上（方格边长一般为 1mm、2mm、5mm 或 1cm），先数出图形内完整的方格数，然后将不完整的方格用目估法折合成整方格数，两者相加乘以每格所代表的面积值，即为所量图形面积。则面积 S 的计算公式为

$$S = nA \quad (9.14)$$

式中 S——所量图形的面积；

      n——方格总数；

      A——1 个方格所代表的实地面积。

图 9.6 中，方格边长为 1cm，图的比例尺为 $1:1000$，则 $A=(1cm)^2 \times 1000^2 = 100m^2$。完整的方格数为 36 个，不完整的方格凑整为 8 个，方格总数为 44 个，则所求图形的实地面积为：$S = nA = 44 \times 100 = 4400m^2$。

此法操作简单，易于掌握，且能保证一定精度，在量算图形面积中，被广泛采用。

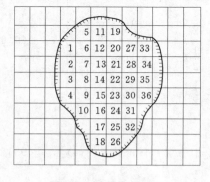

图 9.6 透明方格纸法

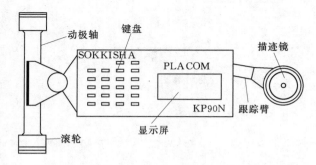

图 9.7 脉冲式数字求积仪

9.2.5 求积仪法

求积仪是一种专门供图上量算面积的仪器，其优点是操作简便、速度快、适用于任意

曲线图形的面积量算，且能保证一定的精度。

图 9.7 所示仪器是日本索佳生产的 KP—90N 脉冲式数字求积仪。它由动极轴、电子计算器和跟踪臂三部分组成。动极轴两边为滚轮，可在垂直于动极轴的方向上滚动。计算器与动极轴之间由活动枢纽连接，使计算器能绕枢纽旋转。跟踪臂与计算器固连在一起，右端是描迹镜，用以走描图形的边界。借助动极轴的滚动和跟踪臂的旋转，可使描迹镜沿图形边缘运动。仪器底面有一积分轮，它随描迹镜的移动而转动，并获得一种模拟量。微型编码器也在底面，它将积分轮所得模拟量转换成电量，测得的数据经专用电子计算器运算后，直接按 8 位数在显示器上显示出面积值。

使用数字求积仪进行面积测量时，先将欲测面积的地形图水平放置，并试放仪器在图形轮廓的中间偏左处，使跟踪臂的描迹镜上下移动时，能达到图形轮廓线的上下顶点，并使动极轴与跟踪臂大致垂直，然后在图形轮廓线上标记起点，如图 9.8 所示。测量时，先打开电源开关，用手握住跟踪臂描迹镜，使描迹镜中心点对准起点，按下 STAR 键后沿图形轮廓线顺时针方向移动，准确地跟踪一周后回到起点，再

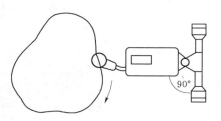

图 9.8 数字求积仪的使用

按 AVER 键，则显示器显示出所测量图形的面积值。若想得到实际面积值，测量前可选择平方米（m²）或平方千米（km²），并将比例尺分母输入计算器，当测量一周回到起点时，可得所测图形的实地面积。

有关数字求积仪的具体操作方法和其他功能，可参阅使用说明书。

9.3 地形图在工程建设中的应用

9.3.1 绘制已知方向的纵断面图

纵断面图是显示沿指定方向地表面起伏变化的剖面图。在各种线路工程设计中，为了进行填挖土（石）方量的概算以及合理地确定线路的纵坡等，都需要了解沿线路方向的地面起伏情况，而利用地形图绘制沿指定方向的纵断面图最为简便，因而得到广泛应用。

如图 9.9（a）所示，欲沿地形图上 MN 方向绘制断面图，方法如下：

（1）首先在图纸上绘制直角坐标系。以横轴表示水平距离，以纵轴表示高程。水平距离比例尺一般与地形图比例尺相同，称为水平比例尺。为了明显地表示地面的起伏状况，高程比例尺一般是水平比例尺的 10 倍或 20 倍。

（2）在纵轴上注明高程，并按基本等高距作与横轴平行的高程线。高程起始值要选择恰当，使绘出的断面图位置适中。

（3）在地形图上沿 MN 方向线量取断面与等高线的交点 a、b、c、…点至 M 点的距离，按各点的距离数值，自 M′ 点起依次截取于直线 M′N′ 上，则得 a、b、c、…各点在直线 M′N′ 上的位置，即点 a′、b′、c′、…

（4）在地形图上读取各点的高程，将各点的高程按高程比例尺画垂线，就得到各点在

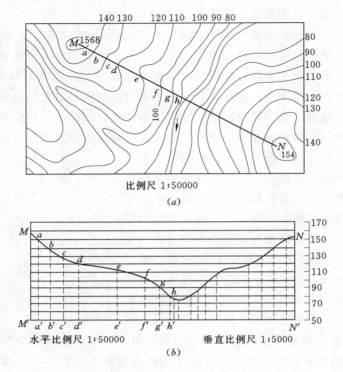

图 9.9 绘制已知方向纵断面图

断面图上的位置。

（5）将各相邻点用平滑曲线连接起来，即为 MN 方向的断面图，如图 9.9（b）所示。

9.3.2 按限制坡度选择最短线路

在山地或丘陵地区进行道路、管线等工程设计中，常常需要根据设计要求先在地形图上按一定坡度进行路线的选择，选定一条最短路线或等坡度路线。

在图 9.10 中地形图的比例尺为 1：2000，等高距为 1m，要求从 M 点到 N 点选择坡度不超过 5％的最短路线。为此，先根据 5％坡度求出路线通过相邻两等高线间的最小平距为

$$d = \frac{h}{iM} = \frac{1}{5\% \times 2000} = 0.01(\text{m}) = 10(\text{mm}) \tag{9.15}$$

式中　h——等高距，m；

i——路线坡度；

M——比例尺分母。

将分规卡成 d（10mm）长，以 M 为圆心，以 d 为半径作弧与相邻等高线交于 a 点，再以 a 点为圆心，以 d 为半径作弧与相邻等高线交于 b 点，依次定出其他各点，直到 N 点附近，即得坡度不大于 5％的线路。在该地形图上，用同样的方法还可定出另一条线路 M、a'、b'、…、N，作为比较方案。

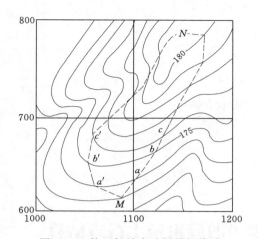

图 9.10　按已知坡度选择最短线路

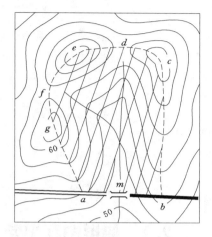

图 9.11　汇水范围及水库库容的确定

9.3.3　确定汇水面积

在兴修水库筑坝拦水、道路跨越河流或山谷时修建桥梁或涵洞排水等工程设计中，都需要确定汇水面积。地面上某区域内雨水注入同一山谷或河流，并通过某一断面，这个区域的面积称为汇水面积。确定汇水面积首先要确定出汇水面积的边界线，即汇水范围。汇水面积的边界线是由一系列山脊线（分水线）连接而成的。

如图 9.11 所示，一条公路经过山谷，拟在 m 处架桥或修涵洞，其孔径大小应根据流经该处水的流量决定，而水的流量与山谷的汇水面积有关。由图 9.11 可以看出，由山脊线 bc、cd、de、ef、fg、ga 与公路上的 ab 线段所包围的面积，就是这个山谷的汇水面积。量测该面积的大小，再结合气象水文资料，进一步确定流经公路 m 处的水量，从而为桥梁或涵洞的孔径设计提供依据。

确定汇水面积的边界线时，应注意以下几点：

（1）边界线（除公路 ab 段外）应与山脊线一致，且与等高线垂直。

（2）边界线是经过一系列的山脊线、山头和鞍部的曲线，并与河谷的指定断面（公路或水坝的中心线）闭合。

9.3.4　确定水库库容

水库设计时，如果溢洪道的高程已定，则水库的淹没面积也随之而定。如图 9.11 中的阴影面积部分，淹没面积内的蓄水量即是库容，单位 m³。

库容的计算一般用等高线法。先求出图 9.11 阴影部分每条等高线与坝轴线所围成的面积，然后计算每两条相邻等高线的体积，其总和即是库容。

设 S_1，S_2，…，S_{n+1} 依次为各条等高线所围成的面积，h 为等高距；设第一条等高线（淹没线）与第二条等高线的高差为 h'，第 $n+1$ 条等高线（最低一条等高线）与库底最低点间的高差为 h''，则各层体积为

$$V_1 = \frac{1}{2}(A_1 + A_2)h'$$
$$V_2 = \frac{1}{2}(A_2 + A_3)h$$
$$\vdots$$
$$V_n = \frac{1}{2}(A_n + A_{n+1})h$$
$$V'_n = \frac{1}{3}A_{n+1}h''(库底体积)$$

(9.16)

则水库的库容为

$$V = V_1 + V_2 + \cdots + V_n + V'_n$$
$$= \frac{1}{2}(A_1 + A_2)h' + \left(\frac{A_2}{2} + A_3 + \cdots + A_n + \frac{A_{n+1}}{2}\right)h + \frac{1}{3}A_{n+1}h''$$

(9.17)

9.4 地形图在平整土地中的应用及土石方估算

按照工程需要，将施工场地自然地整理成符合一定高程的水平面或一定坡度的均匀地面，称为平整场地。在平整土地工作中，常需要估算土石方量，即利用地形图进行填挖土石方量的估算，使填挖土石方基本平衡。平整土地中常用的方法有方格网法、等高线法、断面法等。其中方格网法应用最为广泛。

9.4.1 将地面平整成水平场地

如图 9.12 所示为一幅 1∶1000 比例尺的地形图，假设要求将原地貌按挖填土方量平衡的原则改造成平面，其步骤如下：

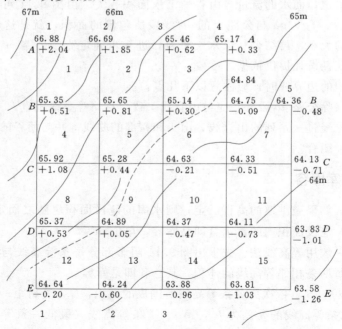

图 9.12 水平场地平整示意图

1. 在地形图上绘制方格网

在地形图上平整场地的区域内绘制方格网，格网边长依地形情况和挖、填土石方计算的精度要求而定，一般为 10m 或 20m。

2. 计算设计高程

用内插法或目估法求出各方格顶点的地面高程，并注在相应顶点的右上方。将每一方格的顶点高程取平均值（即每个方格顶点高程之和除以 4），最后将所有方格的平均高程相加，再除以方格总数，可得地面设计高程，即

$$H_设 = \frac{1}{n}(H_1 + H_2 + \cdots + H_n) \tag{9.18}$$

式中　n——方格数；

　　　H_i——第 i 方格的平均高程。

3. 绘出填、挖分界线

根据设计高程，在图 9.12 上用内插法绘出设计高程的等高线，该等高线即为填、挖分界线。

4. 计算各方格顶点的填、挖深度

各方格顶点的地面高程与设计高程之差，即为填挖高度，并注在相应顶点的左上方，即

$$h = H_地 - H_设 \tag{9.19}$$

式中　h——"＋"号表示挖方，"－"号表示填方。

5. 计算填、挖土石方量

从图 9.12 可以看出，有的方格全为挖土，有的方格全为填土，有的方格有填有挖。计算时，填、挖要分开计算，图 9.12 中计算得到设计高程为 64.84m。以方格 2、10、6 格为例计算填、挖方量。

方格 2 为全挖方，方量为

$$V_{2挖} = \frac{1}{4} \times (1.85 + 0.62 + 0.81 + 0.30)S_2 = 0.90S_2(\text{m}^3)$$

方格 10 为全填方，方量为

$$V_{10填} = \frac{1}{4} \times (-0.21 - 0.51 - 0.47 - 0.73)S_{10} = -0.48S_{10}(\text{m}^3)$$

方格 6 即有挖方，又有填方

$$V_{6挖} = \frac{1}{3} \times (0.3 + 0 + 0)S_{6挖} = 0.1S_{6挖}(\text{m}^3)$$

$$V_{6填} = \frac{1}{5} \times (0 - 0.09 - 0.51 - 0.21 - 0)S_{6填} = -0.16S_{6填}(\text{m}^3)$$

式中　S_2——方格 2 的面积；

　　　S_{10}——方格 10 的面积；

　　　$S_{6挖}$——方格 6 中挖方部分的面积；

　　　$S_{6填}$——方格 6 中填方部分的面积。

最后将各方格填、挖土方量各自累加，即得填、挖的总土方量。

9.4.2　将地面平整成倾斜场地

为了将自然地面平整成一定坡度 i 的倾斜场地，并保证挖填方量基本平衡，可采用方格网法按下述步骤确定挖填分界线和求得挖填方量：

（1）根据场地自然地面情况绘制方格网，如图 9.13 所示，使纵横方格网线分别与主坡倾斜方向平行和垂直。这样，横格线即为倾斜坡面水平线，纵格线即为设计坡度线。

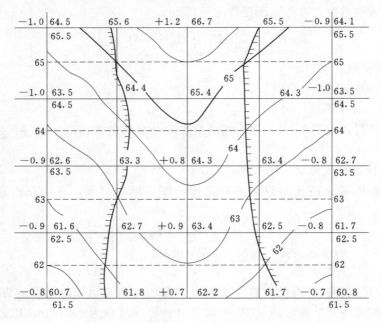

图 9.13　倾斜场地平整示意图

（2）根据等高线按等比内插法求出各方格角顶的地面高程，标注在相应角顶的右上方。

（3）计算地面平均高程（重心点设计高程），方法同前。图 9.13 中算得地面平均高程为 63.5m，标注在中心水平线下两端。

（4）计算斜平面最高点（坡顶线）和最低点（坡底线）的设计高程。

$$\left.\begin{array}{l} H_{顶} = H_{设} + iD/2 \\ H_{底} = H_{设} - iD/2 \end{array}\right\} \tag{9.20}$$

式中　D——顶线至底线之间的距离。

在图 9.13 中，$i = 10\%$，$D = 40m$，算得 $H_{顶} = 65.5m$，$H_{底} = 61.5m$，分别注在相应格线下的两端。

（5）确定挖填分界线。由设计坡度和顶、底线的设计高程按内插法确定与地面等高线高程相同的斜平面水平线的位置，用虚线绘出这些坡面水平线，它们与地面相应等高线的交点即为挖填分界点，将其依次连接，即为挖填分界线。

（6）根据顶、底线的设计高程按内插法计算出各方格角顶的设计高程，标注在相应角顶的右下方，将原来求出的角顶地面高程减去它的设计高程，即得挖、填高度，标注在相应角顶的左上方。

（7）计算挖填方量。计算方法与平整成水平场地相同。

9.5 电子地图应用简介

电子地图是 20 世纪 80 年代初出现的地图新品种，电子地图可以定义为一种可通过计算机屏幕交互阅读的、可复制、可修改、存放于数字存储介质，能提供查询、统计、分析、打印、输出等功能的地图。电子地图具有交互性、通用性及超媒体集成性等特点。电子地图的问世将地图的应用范围扩展到了更广阔的领域：从政府决策到市政建设，从知识传播到企业管理，从移动互联到电子商务等，无一能脱离基于电子地图的应用和服务。而近年来在我国逐渐兴起的导航定位、数字地方建设，则开始将电子地图的应用渗透到社会生活的方方面面。

9.5.1 电子地图应用体系的结构

电子地图应用体系是一项涉及计算机图形学、地理信息系统、数字制图技术、多媒体技术、计算机网络技术以及其他多项现代高新技术的复合系统，内容主要表现在硬件、软件和数字地图信息三个方面。换句话说，就是在最先进的硬件环境中、以最先进的软件实现数字地图空间信息的表达、传播与应用，以及同其他信息的集成。电子地图应用体系的最终目标是要建立一个适合多种硬件平台，摆脱时空限制、实时快捷地满足多方面需求的电子地图服务系统。

在硬件方面，一切与图形信息获取、传输和显示有关的固定或移动装置均是电子地图系统的潜在表现载体，这其中既包括传统的计算机硬件，如主机、存储器、显示器等，也包括随着信息技术的发展而出现的新设备。信息获取设备包括全球定位系统（GPS）接收机、CCD、数字相机、数字摄像机、传感器等，信息传输设备包括有线及无线网络、光盘存储器等，信息显示设备则包括个人数字助理（PDA）、导航用显示屏、手机显示屏、大型投影屏、高清晰电视（HDTV）等。它们以各自独立的技术轨迹在飞速发展，其产业化水平是三者中最好，发展速度也是最快的。

在软件方面，应用数字制图技术、地理信息系统技术和计算机技术，以软件工程思想，实现数字地图信息在多硬件平台上的传输与显示，需要开发一整套软件解决方案。其核心内容包括数字地图信息的输入、编码、存储、压缩、传输、处理与显示，几乎涵盖了当代数字制图技术、3S 集成技术的全部内容，只是侧重点更加趋向于大众化、实用化和产业化，因而要求更丰富的信息表达形式、更便捷的信息获取途径以及更加易于携带和使用的特性。

通过选择适当的硬件平台及具备系列软件的支持，即可形成不同形式的电子地图产品。

（1）单机或 Intranet 电子地图系统。存储于计算机或局域网系统中的电子地图，一般作为政府、城市、公安、交通、电力、旅游等部门实施决策、调度、通信、监控、应急反应等的工作平台。

（2）CD – ROM 或 DVD – ROM 电子地图。可用于城市电子地图光盘、导航电子地图光盘、资料光盘的制作。

（3）互联网电子地图。潜力最大的电子地图产品，实现在国际互联网上发布电子地图，供全球网络使用者查询使用，广泛用于旅游、交通、导航等领域，可作为出版物发行的优势使其可望快速形成产业。

（4）触摸屏电子地图产品。可用于公共场所（如机场、火车站、码头、广场、宾馆大堂、商场等）公众进行旅游、交通等信息服务的平台，也可作为政府办公指南。

（5）手机、个人数字助理（PDA）等便携设备上的电子地图。以其携带方便、具备GPS 实时定位。导航功能、无线通信网络功能而显现广阔的前景。随着相关硬件价格的迅速下调及性能的提高，市场需求正在形成。

9.5.2 电子地图应用体系的技术基础

电子地图应用体系的建立所涉及的技术众多。其中硬件技术发展非常迅速，远远超过软件技术和数据保障的发展水平，因此关注和充分利用新的硬件技术、加速发展软件技术和数据保障，成为目前我们应该采取的策略。

即使是在软件领域，电子地图所涉及的新技术也是十分广泛的，它们分别属于计算机图形学、地理信息系统、数字制图技术、多媒体技术、计算机网络技术及由此而产生的集成技术。其中比较重要的包括多维信息可视化、导航电子地图、多媒体电子地图、网络电子地图、嵌入式电子地图等技术。

1. 多维信息可视化技术

数字处理技术的出现，使得传统上不可能实现或难以实现的地图表现手段变得可能，技术也在逐渐成熟。这集中体现在地图的三维化和动态化方面。三维地图是传统的二维地图表现在数字技术环境下的发展。首先表现为地形的立体化表达，其次是注记、符号等的立体化。透视三维及视差三维是地图立体化的两种形式，前者是通过透视和光影效果来达到三维效果，后者则是通过眼睛的生理视差来达到真实的立体效果，往往要借助专门的观看设备，如红绿镜、偏振光镜甚至是专门的虚拟现实设备等。

动态地图则是传统静态地图表现在数字技术环境下的发展。它有时间动态和空间动态两种形式，前者是区域上观察视点移动产生的动态效果，后者是同一区域在时间上的动态发展表现效果，更复杂的动态是两者的结合。

2. 导航电子地图技术

导航电子地图是在普通的电子地图上增加了 GPS 信号处理、坐标变换和移动目标显示功能。导航电子地图的特点是加入了车船等交通工具这样一种移动目标，使得电子地图表示要始终围绕交通工具的相关位置显示展开，关注区域、参考框架、比例尺乃至符号化方式都会随着交通工具位置的移动而改变，是一种动态化程度较高的电子地图。

3. 多媒体电子地图技术

多媒体革命使得计算机不仅能够处理数字、文字等信息，而且开始能够存储和展现图片、声音、动画和活动图像（视频信息）等多媒体信息。计算机存储介质和多媒体技术的发展给地图以一种新的形式进入大众生活提供了一次绝好的机会。在多媒体电子地图中，在以不同详细程度的可视化数字地图为用户提供空间参照的基础上，可表示各类空间实体的空间分布，并通过信息链接的方式同文字、声音、照片和活动图像（视频）等多媒体信息相连，从而为用户提供更为生动和直接的信息展现。

4. 网络电子地图技术

由于国际互联网的普及，数字形式的地图找到了一种快捷的传播和分发方式，信息高速公路上除了跑动的文字、数字、图片、声音、活动图像外，又出现了新的一员——网络电子地图。网络电子地图与其说是一种新的产品模式，不如说是地图的一种新的分发和传播模式。网络电子地图的出现使地图能够摆脱地域和空间的限制，实现远距离的地图产品实时全球共享。由于网络电子地图本质上还是数字产品，因而在软件的支持下用户自己选择制图范围、制图内容以及表示方法都成为可能。

5. 嵌入式电子地图技术

嵌入式软件开发技术是基于 Window CE 等掌上型电脑操作系统的软件开发技术。基于该项技术可开发基于掌上计算机（个人数字助理 PDA）的电子地图系统。嵌入式电子地图的最大优势在于其携带的方便性，以及与现代通讯及网络的紧密联系。本身具有数据量小，占用资源少的特点，可将电子地图及其软件存储在闪卡上，亦可通过网络下载。与 GPS 结合的可能性使其具有实时定位和导航的特性，是未来大众接触电子地图非常重要的一条途径。

以上所介绍的技术只是电子地图涉及的技术组合的一部分，尚存在其他多种集成的可能性。开发集成上述关键技术于一身、内容统一的电子地图综合应用软件系统是最为关键的环节。

【知识小结】

本章主要介绍了地形图的基本应用、面积量算、地形图在工程建设中的应用以及电子地图简介。学习本章重点掌握以下几方面知识内容。

（1）地形图的基本应用。地形图的基本应用，是培养综合应用能力的基础，内容包括在地形图上确定点的坐标、高程、确定直线的方位角、水平距离和坡度等知识。

（2）在图上量算面积。在地形图上量算面积是工程中常遇到的情况，本节要求学会几何图形法、坐标计算法、平行线法、透明方格纸法和求积仪法量算面积。将传统的方法和先进的方法相结合，掌握电子求积仪的使用，能够利用电子求积仪正确量算面积，并根据不同的面积形状选择适当的方法。

（3）地形图在工程建设中的作用。地形图在工程建设中的应用是本章的重点和难点。掌握地形图上绘制已知方向的断面图的方法以及按限制坡度选择最短路线、确定汇水面积等。绘制断面图时要注意水平方向比例尺与垂直方向比例尺的选择。

（4）地形图在平整土地中的应用以及土石方量的估算。掌握方格网法进行土地平整，能够进行土石方量的估算。

（5）了解电子地图的基本应用。

【知识与技能训练】

（1）地形图应用的基本内容有哪些？

（2）常用的量测图形面积的方法有哪些？

（3）方格网法将场地平整成设计平面的步骤是什么？

（4）在图 9.14 所示的 1∶2000 地形图上完成以下工作。

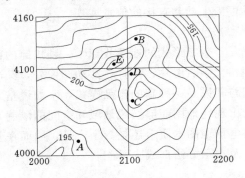

图 9.14 地形图

1）确定 A、C 两点的坐标和高程。

2）计算 AC 的水平距离和方位角。

3）绘制 AB 方向的断面图。

（5）欲在图 9.15（比例尺为 1∶2000）中汪家凹村北进行土地平整，其设计要求如下：

1）平整后要求成为高程为 44m 的水平面。

2）平整场地的位置：以 533 导线点为起点向东 60m，向北 50m。

根据设计要求绘出边长为 10m 的方格网，求出填、挖土方量。

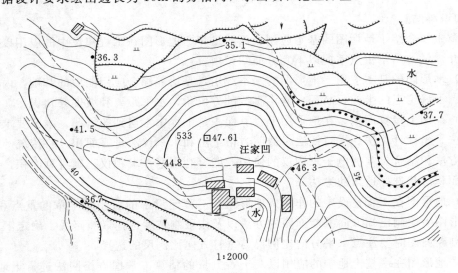

1∶2000

图 9.15 地形图

第10章 施工测量的基本工作

【学习目标】

施工放样是建筑工程测量的三项任务之一。学习本章，要了解施工测量的目的、内容和原则；掌握已知水平距离、已知水平角和已知高程的测设方法；掌握点的平面位置的测设方法；掌握已知坡度的测设方法。

【学习要求】

知识要点	能 力 要 求	相 关 知 识
测设的基本工作	（1）能够根据工程实际情况选择已知水平距离的测设方法并进行测设； （2）能够根据精度要求选择合适的水平角的测设方法并进行测设； （3）能够根据工程现状选择测设高程的方法并进行测设	（1）用钢尺测设已知水平距离的一般方法和精密方法； （2）用测距仪测设水平距离的方法； （3）一般法和精密法测设水平角； （4）高程测设的一般方法和高程传递法
点的平面位置的测设	（1）能够根据工程现状合理地选择点位的测设方法； （2）能够进行点的平面位置的测设	极坐标法、直角坐标法、角度交会法以及距离交会法
已知坡度的测设	能够根据工程需要测设坡度	（1）坡度起点和终点高程的测设； （2）坡度平行线的确定； （3）坡度钉的测设

10.1　施　工　测　量　概　述

10.1.1　施工测量的目的与内容

施工测量（测设或放样）的目的是将图纸上设计的建筑物的平面位置、形状和高程标定在施工现场的地面上，并在施工过程中指导施工，使工程严格按照设计的要求进行建设。

测图工作是利用控制点测定地面上地形特征点，按一定比例尺缩绘到图纸上，而施工测量则与此相反，是根据建筑物的设计尺寸，找出建筑物各部分特征点与控制点之间的几何关系，计算出距离、角度、高程（或高差）等放样数据，然后利用控制点，在实地上定出建筑物的特征点、线，作为施工的依据。施工测量与地形图测绘都是研究和确定地面上点位的相互关系。测图是地面上先有一些点，然后测出它们之间的关系，而放样是先从设计图纸上算得点位之间距离、方向和高差，再通过测量工作把点位测设到地面上。因此距离测量、角度测量、高程测量同样是施工测量的基本内容。

10.1.2　施工测量的原则

由于施工测量的要求精度较高，施工现场各种建筑物的分布面广，且往往同时开工兴建。所以，为了保证各建筑物测设的平面位置和高程都有相同的精度并且符合设计要求。施工测量和测绘地形图一样，也必须遵循"由整体到局部、先高级后低级、先控制后细部"的原则组织实施。对于大中型工程的施工测量，要先在施工区域内布设施工控制网，而且要求布设成两级即首级控制网和加密控制网。首级控制点相对固定，布设在施工场地周围不受施工干扰，地质条件良好的地方。加密控制点直接用于测设建筑物的轴线和细部点。不论是平面控制还是高程控制，在测设细部点时要求一站到位，减少误差的累计。

10.1.3　施工测量的特点

施工测量与地形图测绘比较，除测量过程相反、工作程序不同以外，还有如下两大特点：

1. 施工测量的精度要求较测图高

测图的精度取决于测图比例尺大小，而施工测量的精度则与建筑物的大小、结构形式、建筑材料以及放样点的位置有关。例如，高层建筑测设的精度要求高于低层建筑；钢筋混凝土结构的工程测设精度高于砖混结构工程；钢架结构的测设精度要求更高。再如，建筑物本身的细部点测设精度比建筑物主轴线点的测设精度要求高。这是因为，建筑物主轴线测设误差只影响到建筑物的微小偏移，而建筑物各部分之间的位置和尺寸，设计上有严格要求，破坏了相对位置和尺寸就会造成工程事故。

2. 施工测量与施工密不可分

施工测量是设计与施工之间的桥梁，贯穿于整个施工过程中，是施工的重要组成部分。放样的结果是实地上的标桩，它们是施工的依据，标桩定在哪里，庞大的施工队伍就在哪里进行挖土、浇捣混凝土、吊装构件等一系列工作，如果放样出错并没有及时发现纠正，将会造成极大的损失。当工地上有好几个工作面同时开工时，正确的放样是保证它们衔接成整体的重要条件。施工测量的进度与精度直接影响着施工的进度和施工质量。这就要求施工测量人员在放样前应熟悉建筑物总体布置和各个建筑物的结构设计图，并要检查和校核设计图上轴线间的距离和各部位高程注记。在施工过程中对主要部位的测设一定要进行校核，检查无误后方可施工。多数工程建成后，为便于管理、维修以及续扩建，还必须编绘竣工总平面图。有些高大和特殊建筑物，比如：高层楼房、水库大坝等，在施工期间和建成以后还要进行变形观测，以便控制施工进度，积累资料，掌握规律，为工程严格按设计要求施工、维护和使用提供保障。

10.1.4　施工测量的精度要求

施工测量的精度随建筑材料、施工方法等因素而改变。按精度要求的高低排列为：钢结构、钢筋混凝土结构、毛石混凝土结构、土石方工程。按施工方法分，预制件装配式的方法较现场浇灌的精度要求高一些，钢结构用高强度螺栓连接的比用电焊连接的精度要求高。

现在多数建筑工程是以水泥为主要建筑材料。混凝土柱、梁、墙的施工总误差允许约为 $10\sim30$mm。高层建筑物轴线的倾斜度要求为 $1/2000\sim1/1000$。钢结构施工的总误差随施工方法不同，允许误差在 $1\sim8$mm 之间。土石方的施工误差允许达 10cm。

测量仪器与方法已发展的相当成熟，一般来说它能提供相当高的精度为建筑施工服务。但测量工作的时间和成本会随精度要求提高而增加。在多数工地上，测量工作的成本很低，所以恰当地规定精度要求的目的不是为了降低测量工作的成本，而是为了提高工作速度。

关于具体工程的具体精度要求，如施工规范中有规定，则参照执行，如果没有规定则由设计、测量、施工以及构件制作几方人员合作共同协商决定误差分配。

必须指出，各工种虽有分工，但都是为了保证工程最终质量而工作的，因此，必须注意相互支持、相互配合。在保证工程的几何尺寸及位置的精度方面，测量人员能够发挥较大的作用。测量人员应该尽量为施工人员创造顺利的施工条件，并及时提供验收测量的数据，使施工人员及时了解施工误差的大小及其位置，从而有助于他们改进施工方法提高施工质量。随着其他工种误差的减少，测量工作的允许误差可以适当放宽，或者使整个工程的质量提高些。原则上只要各方面误差的影响不超限就行了。

10.2 施工测量基本工作

施工测量的基本工作有三项：已知水平距离的放样、已知水平角的放样和已知高程的放样。下面分别介绍这三项基本工作的方法。

10.2.1 已知水平距离的测设

1. 一般方法

当放样要求精度不高时，放样可以从已知点开始，沿给定的方向量出设计给定的水平距离，在终点处打一木桩，并在桩顶标出测设的方向线，然后仔细量出给定的水平距离，对准读数在桩顶画一垂直测设方向的短线，两线相交即为要放的点位。

为了校核和提高放样精度，以测设的点位为起点向已知点返测水平距离，若返测的距离与给定的距离有误差，且相对误差超过允许值时，须重新放样。若相对误差在容许范围内，可取两者的平均值，用设计距离与平均值的差的一半作为改正数，改正测设点位的位置（当改正数为正，短线向外平移，反之向内平移），即得到正确的点位。

如图 10.1 所示，已知 A 点，欲放样 B 点。AB 设计距离为 28.50m，放样精度要求达到 $1/2000$。放样方法与步骤如下：

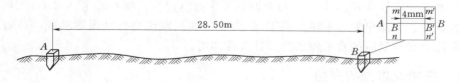

图 10.1 已知水平距离的测设

（1）以 A 为准在放样的方向（$A—B$）上量 28.50m，打一木桩，并在桩顶标出方向线 AB。

（2）甲把钢尺零点对准 A 点，乙拉直并放平尺子对准 28.50m 处，在桩上画出与方向线垂直的短线 $m'n'$，交 AB 方向线于 B' 点。

（3）返测 $B'A$ 得距离为 28.508m。则 $\Delta D = 28.500 - 28.508 = -0.008$（m）。

相对误差 $= \dfrac{0.008}{28.5} \approx \dfrac{1}{3560} < \dfrac{1}{2000}$，测设精度符合要求。

改正数 $= \dfrac{\Delta D}{2} = -0.004$m。

（4）$m'n'$ 垂直向内平移 4mm 得 mn 短线，其与方向线的交点即为欲测设的 B 点。

2. 精确方法

当放样距离要求精度较高时，就必须考虑尺长、温度、倾斜等对距离放样的影响。放样时，要进行尺长、温度和倾斜改正。

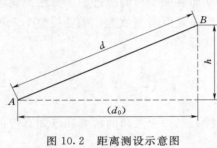

图 10.2　距离测设示意图

如图 10.2 所示，设 d_0 为欲测设的设计长度（水平距离），在测设之前必须根据所使用钢尺的尺长方程式计算尺长改正、温度改正，该尺测量水平长度为

$$l = d_0 - \Delta l_d - \Delta l_t$$

式中　Δl_d——尺长改正数；

　　　Δl_t——温度改正数。

顾及高差改正可得实地测量距离为

$$d = \sqrt{l^2 + h^2} \tag{10.1}$$

【例 10.1】　如图 10.2 所示，假如欲测的设计长度 $d_0 = 25.530$m，所使用钢尺的尺长方程式为 $l_t = 30 + 0.005 + 1.25 \times 10^{-5}\ (t - 20℃) \times 30$（m），量距时的温度为 15℃，$a$、$b$ 两点的高差 $h_{ab} = +0.530$m，试求：测设时应量的实地长度 d。

（1）计算尺长改正数 Δl_d：$\Delta l_d = 0.005 \times 25.530/30 = +4$（mm）

（2）计算温度改正数 Δl_t：$\Delta l_t = 1.25 \times 10^{-5} \times (15 - 20) \times 25.530 = -2$（mm）

（3）计算测量的水平长度 l：$l = 25.530\text{m} - 4\text{mm} + 2\text{mm} = 25.528$（m）

（4）计算测量的实地长度 d：$d = \sqrt{25.528^2 + 0.530^2} = 25.534$（m）

3. 用测距仪测设水平距离

用光电测距仪进行直线长度放样时，可先在欲测设方向上目测安置反射棱镜，用测距仪测出的水平距离设为 d'，设 d' 与欲测设的距离（设计长度）d_0 相差 Δd，则可前后移动反射棱镜，直至测出的水平距离等于 d_0 为止。如测距仪有自动跟踪功能，可对反向棱镜进行跟踪，直到显示的水平距离为设计长度即可。

10.2.2　已知水平角的测设

在地面上测量水平角时，角度的两个方向已经固定在地面上，而在测设一水平角时，只知道角度的一个方向，另一个方向线需要在地面上标定出来。

1. 一般方法

如图 10.3 所示，设在地面上已有一方向线 OA，欲在 O 点测设另一方向线 OB，使 $\angle AOB = \beta$。可将经纬仪安置在 O 点上，在盘左位置，用望远镜瞄准 A 点，使度盘读数为 $0°00'00''$，然后转动照准部，使度盘读数为 β，在视线方向上定出 B_1 点。再倒转望远镜变为盘右位置，重复上述步骤，在地面上定出 B_2，B_1 与 B_2 往往不相重合，取两点连线的中点 B，则 OB 即为所测设的方向，$\angle AOB$ 就是要测设的水平角 β。

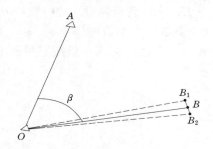

图 10.3　水平角测设的一般方法

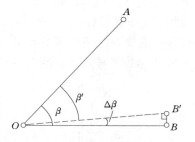

图 10.4　角度测设的精确方法

2. 精确方法

当测设精度要求较高时，可采用多测回和垂距改正法来提高放样精度。其方法与步骤如下：

（1）如图 10.4 所示，在 O 点根据已知方向线 OA，精确地测设 $\angle AOB$，使它等于设计角 β，可先用经纬仪按一般方向放出方向线 OB'。

（2）用测回法对 $\angle AOB'$ 做多测回观测（测回数由测设精度或有关测量规范确定），取其平均值 β'。

（3）计算观测的平均角值 β' 与设计角值 β 之差。

$$\Delta\beta = \beta' - \beta$$

（4）设 OB' 的水平距离为 D，则需改正的垂距为

$$\Delta D = \frac{\Delta\beta}{\rho''} \times D \tag{10.2}$$

（5）过 B' 点作 OB' 的垂线并截取 $B'B = \Delta D$（当 $\Delta\beta > 0$ 向内截，反之向外截），则 $\angle AOB$ 就是要放样的水平角 β。

【例 10.2】　如图 10.4 所示，已知直线 OA，需放样角值 $\beta = 79°30'24''$，初步放样得点 B'。对 $\angle AOB'$ 做 6 个测回观测，其平均值为 $79°30'12''$。$D = 100\text{m}$，如何确定 B 点？

解　角度改正值：

$$\Delta\beta = 79°30'12'' - 79°30'24'' = -12''$$

按式（10.2）得：

$$\Delta D = \frac{-12''}{206265} \times 100 = -0.006 \text{(m)}$$

由于 $\Delta\beta < 0$，过 B' 点向角外作 OB' 的垂线 $B'B = 6\text{mm}$，则 B 点即为所要测设的点。

10.2.3 已知高程的测设

在施工放样中，经常要把设计的室内地坪（±0）高程及房屋其他各部位的设计高程（在工地上，常将高程称为"标高"）在地面上标定出来，作为施工的依据。这项工作称为高程测设（或称标高放样）。

1. 一般方法

如图 10.5 所示，安置水准仪于水准点 R 与待测设高程点 A 之间，得后视读数 a，则视线高程 $H_视 = H_R + a$；前视应读数 $b_应 = H_视 - H_设$（$H_设$ 为待测设点的高程）。此时，在 A 点木桩侧面，上下移动标尺，直至水准仪在尺上截取的读数恰好等于 $b_应$ 时，紧靠尺底在木桩侧面画一横线，此横线即为设计高程位置。为求醒目，再在横线下用红油漆画一"▼"，若 A 点为室内地坪，则在横线上注明"±0"。

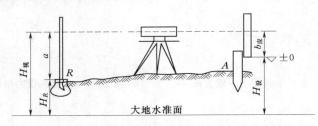

图 10.5 高程测设的一般方法

【例 10.3】 如图 10.5 所示，已知水准点 R 的高程为 $H_R = 362.768$m，需放样的 A 点高程为 $H_A = 363.450$m。先将水准仪架在 R 与 A 之间，后视 R 点尺，读数为 $a = 1.352$。要使 A 点高程等于 H_A，则前视尺读数应为

$$b_应 = (H_R + a) - H_A = (362.768 + 1.352) - 363.450 = 0.670(\text{m})$$

放样时，将水准尺贴靠在 A 点木桩一侧，水准仪照准 A 点处的水准尺。当水准管气泡居中时，将 A 点水准尺上下移动，当十字丝中丝读数为 0.670 时，此时水准尺的底部，就是所要放样的 A 点，其高程为 363.450m。

2. 高程上下传递法

若待测设高程点的设计高程与水准点的高程相差很大，如测设较深的基坑标高或测设高层建筑物的标高，只用标尺已无法放样，此时可借助钢尺将地面水准点的高程传递到在坑底或高楼上所设置的临时水准点上，然后再根据临时水准点测设其他各点的设计高程。

如图 10.6（a）所示，是将地面水准点 A 的高程传递到基坑临时水准点 B 上。在坑边上杆上悬挂经过检定的钢尺，零点在下端并挂 10kg 重锤，为减少摆动，重锤放入盛废机油或水的桶内，在地面上和坑内分别安置水准仪，瞄准水准尺和钢尺读数 ［图 10.6（a）中 a、b、c、d］，则

$$H_B = H_A + a - (c - d) - b \qquad (10.3)$$

H_B 求出后，即可以临时水准点 B 为后视点，测设坑底其他各待测设高程点的设计高程。

如图 10.6（b）所示，是将地面水准点 A 的高程传递到高层建筑物上，方法与上述相

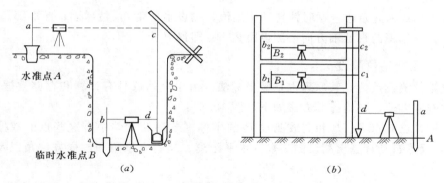

图 10.6 高程测设的传递方法

似，任一层上临时水准点 B_i 的高程为

$$H_{Bi} = H_A + a + (c_i - d) - b_i \qquad (10.4)$$

H_{Bi} 求出后，即可以临时水准点 B_i 为后视点，测设第 i 层楼上其他各待测设高程点的设计高程。

10.3 点的平面位置的测设

测设点的平面位置的基本方法有：极坐标法、直角坐标法、RTK 测设、角度交会法、距离交会法等几种。

10.3.1 极坐标法

当施工控制网为导线时，常采用极坐标法进行测设。特别是当控制点与测站点距离较远时，用全站仪进行极坐标法测设点位非常方便。

10.3.1.1 用经纬仪放样

如图 10.7 所示，A、B 为地面上已有的控制点，其坐标分别为 $A(x_A, y_A)$ 和 $B(x_B, y_B)$，P 为一待测设点，其设计坐标为 $P(x_P, y_P)$，用极坐标法测设的工作步骤如下。

1. 计算测设元素

先根据 A、B 和 P 点坐标，计算出 AB、AP 边的方位角和 AP 的距离为

$$\left. \begin{aligned} \alpha_{AB} &= \arctan \frac{\Delta y_{AB}}{\Delta x_{AB}} \\ \alpha_{AP} &= \arctan \frac{\Delta y_{AP}}{\Delta x_{AP}} \end{aligned} \right\} \qquad (10.5)$$

$$D_{AP} = \sqrt{\Delta x_{AP}^2 + \Delta y_{AP}^2} \qquad (10.6)$$

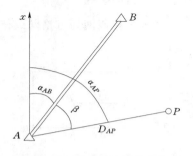

图 10.7 极坐标法测设点位

再计算出 $\angle BAP$ 的水平角 β 为

$$\beta = \alpha_{AP} - \alpha_{AB}$$

2. 外业测设

（1）安置经纬仪于 A 点上，对中、整平。

（2）以 AB 为起始边，顺时针转动望远镜，测设水平角 β，然后固定照准部。

（3）在望远镜的视准轴方向上测设距离 D_{AP} 即得 P 点。

10.3.1.2 用全站仪测设

用全站仪测设点位，其原理也是极坐标法。由于全站仪具有计算和存储数据的功能，所以放样非常方便、准确。其方法如下（图 10.8）：

（1）输入已知点 A、B 和需放测设 P 的坐标（若存储文件中有这些点的数据也可直接调出），仪器自动计算出测设的参数（水平距离、起始方位角和放样方位角以及放样水平角）。

（2）安置全站仪于测站点 A 上，进入放样状态。按仪器要求输入测站点 A，确定。输入后视点 B，精确瞄准后视点 B，确定。这时仪器自动计算出 AB 方向（坐标方位角），并自动设置 AB 方向的水平盘读数为 AB 的坐标方位角。

（3）按要求输入方向点 P，仪器显示 P 点坐标，检查无误后，确定。这时，仪器自动计算出 AP 的方向（坐标方位角）和水平距离。水平转动望远镜，使仪器视准轴方向为 AP 方向。

（4）在望远镜视线的方向上立反射棱镜，显示屏显示的距离差是测量距离与放样距离的差值，即棱镜的位置与待放样点位的水平距离之差。若为正值，表示已超过测设标定位置，若为负值则相反。

（5）反射棱镜沿望远镜的视线方向移动，当距离差值读数为 0.000m 时，棱镜所在的点即为待放样点 P 的位置。

10.3.1.3 自由设站法放样

若已知点与测设点不通视，可另外选择一测站点（该点也叫自由测站点）进行放样。只要所选的测站点既与放样点通视，也与至少 3 个已知点通视即可。

放样时，先根据 3 个已知点用后方交会法计算出测站的坐标，再利用极坐标法即可测设出所要求的放样点的位置。

10.3.2 直角坐标法

当施工控制网为方格网或彼此垂直的主轴线时采用此法较为方便。

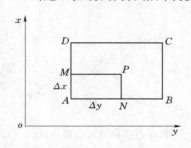

图 10.8 直角坐标法测设点

如图 10.8 所示，A、B、C、D 为方格网的 4 个控制点，P 为欲放样点。放样的方法与步骤如下：

1. 计算放样参数

计算出 P 点相对控制点 A 的坐标增量为

$$\Delta x_{AP} = AM = x_P - x_A$$
$$\Delta y_{AP} = AN = y_P - y_A$$

2. 外业测设

（1）A 点架设经纬仪，瞄准 B 点，在此方向上放水平距离 $AN = \Delta y$ 得 N 点。

（2）N 点上架设经纬仪，瞄准 B 点，仪器左转 90° 确定方向，在此方向上丈量 $NP =$

Δx，即得出 P 点。

3. 校核

沿 AD 方向先放样 Δx 得 M 点，在 M 点上架设经纬仪，瞄准 A 点，左转一直角再放样 Δy，也可以得到 P 点位置。

4. 注意事项

放 90°角的起始方向要尽量照准远距离的点，因为对于同样的对中和照准误差，照准远处点比照准近处点放样的点位精度高。

10.3.3 RTK 测设

GPS 测量比常规测量的精度高，可提供高精度的三维信息，且具有定位速度快、成本低，不受时间、天气影响，点间无须通视、不建觇标、仪器轻巧、操作方便等优越性，目前已广泛应用于测绘领域，用在施工测量方面非常方便。RTK 放样点的平面位置有以下几方面的工作（仅以 TRIMBLE RTK GPS 接收机为例）。

1. 准备工作

准备测区控制点数据、工程坐标系统参数以及检查仪器设备和充电。

2. 基准站操作

（1）在基准站架设仪器（对中、整平、天线电缆及电源电缆的连接、量取天线高等），连接好电缆并开机［按下键盘左下角绿色键（为开/关机键），其首先进行加电自检，自检成功后显示 trimble TSC1 控制器图标，并进入 TSC1 主菜单］。

（2）建立新任务（此步基准站与流动站都需做，但如果是用同一个控制器则流动站可省去此步骤），设置坐标系统参数（此过程可以在内业完成）。

1）对于坐标系统的选择，一般选"键入参数"或"从其他任务中拷贝"，选"键入参数"回车，配置任务的坐标系统投影参数。

2）定义投影转换，定义 WGS—84 基准与地方基准之间的关系。通常采用三参数（Monodensky）转换、七参数转换，或无转换（直接采用 WGS—84 坐标），以"三参"为例，如图 10.9 所示。

3）在水平平差与垂直平差类型菜单里，选中无平差。

4）按 F1 键退回到主菜单，此时屏幕最上方显示出当前任务（即刚新建的任务）。也可从文件/检查当前任务中检查当前任务的属性。

5）启动基准站接收机。选择测量/Trimble RTK/启动基准站接收机，此时要输入点名与点坐标、天线高，使用过的已知点将直接调出点名而不显示测站坐标，此时使用的是上次使用此站时输入的点位坐标。第一次使用的已知点会要求输入点位的三维坐标。点位坐

类型	▼三参数法
	七参数法
	无转换
长半轴	6378245.000
扁率	298.3000
X 平移量	14.233
Y 平移量	100.785
Z 平移量	−82.125

图 10.9　投影基准转换

标格式可以以三种形式输入：WGS—84 大地坐标（WGS—84）、地方坐标系大地坐标（LOCAL）、地方坐标系平面坐标（GRID）。基准站应输入已知点的精确坐标。但在 PPK

（后处理动态）时可在输入已知坐标时选择"此处"，接收机将以基准站 WGS 经纬度作为基准点坐标。

按下"开始"对应的 F1，控制器上就会出现"断开控制器与接收机连接"提示，而且在电台的右上角出现"TRANS"在闪动。

6）分离控制器。断开控制器与接收机的连接，分离控制器。这样就会完成基准站操作。

测量/测量点

网格点名称	1000
GPS 点名称	1000—GPS
代码	?
类型	▼校正点
控制点	是

测量	寻找	选项
F1	F24	F5

图 10.10　测量菜单界面

3. 流动站操作

（1）连接好仪器并开机，卫星数不小于 5，收到信号后，进行初始化，使 RTK＝固定。初始化时可使用运动中初始化测量。

（2）校正。此步主要是为求三参数或七参数（WGS—84 到北京 54 或西安 80）用的，当测区面积超过 100km 时，用三参即可。如果测区有三参或七参时就不用校正了。如果没有，且为了所测点达到厘米级精度才需校正。校正时键入 4 个控制点坐标，且 4 个控制点最好分布在测区周围，至少需要 3 个控制点，具体方法如下：

在"测量"菜单下，选"开始测量"回车，选"测量点"回车，显示如图 10.10 所示。

为了改变点的一些设置（如间隔、测量点的时间等），可按"选项"对应的 F5，如果此控制点不容易寻找，按下 F4 即可找到，所有的设置完成后，就按下 F1，测量到设置的时间后，就会在 F1 处出现"存储"，按下 F1 后显示：水平残差 0.000，垂直 0.000。

以上的校正是在野外完成，即在野外利用 RTK 求出校正点的 WGS—84 坐标，存储后校正自动完成。如果在一个测区内，已有 WGS—84 坐标，或先做了静态测量，校正就可以在室内完成。选"点校正"回车，按下应用键 F4，依次输入 3～4 个点，完成校正。

4. 放样（需事先将放样数据键入控制器）

（1）先将需要放样的点、直线、曲线、道路"键入"，或由"TGO"导入控制器。

（2）从主菜单中，选"测量"，从"选择测量形式"菜单中选择"RTK"，然后从选"放样"按回车，从显示的"放样"菜单中将光标移至点，回车，按 F1（控制器内数据库的点增加到"放样/点"菜单中），显示如图 10.11 所示。选"从列表中选"，为了选择所要放样的点，按下 F5 后就会在点左边出现一个"√"，那么这个点就增加到"放样"菜单中，按回车，返回"放样/点"菜单，选择要放样的点，回车，显示如图 10.12 所示（其中之一）。

选择点

输入单一点名称
从列表中选
所有网格点
所有键入点
带有半径的点
所有点
代码相同的点

测量	精确	选项
F1	F2	F5

图 10.11　选择点
菜单界面

两个图可以通过 F5 来转换，根据你的需要而选择。

当前位置很接近放样点时，就会显示图 10.13 所示界面。界面中"◎"表示镜杆所在位置，"＋"表示放样点位置，此时按下 F2 进入精确放样模式，直至出现"＋"与"◎"重合，放样完成，然后按两下 F1，测量 3～5s，按 F1 存储此点，再按 F1 就可以放样其他点。

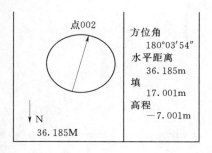

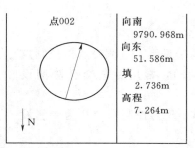

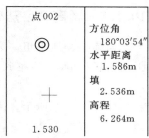

图 10.12　点的放样数据界面

图 10.13　一般方法
测设水平角

10.3.4　角度交会法

欲测设的点位远离控制点，地形起伏较大，距离丈量困难且没有全站仪时，可采用经纬仪角度交会法来放样点位。

如图 10.14 所示，A、B、C 为已知控制点，P 为某码头上某一点，需要测设它的位置。P 点的坐标由设计人员给出或从图上量得。用角度前方交会法放样的步骤如下：

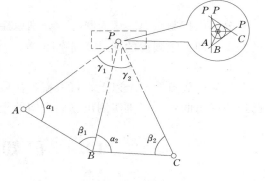

图 10.14　角度交会法示意图

1. 计算放样参数

（1）用坐标反算 AB、AP、BP、CP 和 CB 边的方位角 α_{AB}、α_{AP}、β_{BP}、α_{CP} 和 α_{CB}。

（2）根据各边的方位角计算 α_1、β_1 和 β_2 角值：

$$\alpha_1 = \alpha_{AB} - \alpha_{AP}$$

$$\beta_1 = \alpha_{BP} - \alpha_{BA}$$

$$\beta_2 = \alpha_{CP} - \alpha_{CB}$$

2. 外业测设

（1）分别在 A、B、C 三点上架设经纬仪，依次以 AB、BA、CB 为起始方向，分别放样水平角 α_1、β_1 和 β_2。

（2）通过交会概略定出 P 点位置，打一大木桩。

（3）在桩顶平面上精确放样，具体方法是：由观测者指挥，在木桩上定出三条方向线即 AP、BP 和 CP。

（4）理论上三条线应交于一点，由于放样存在误差，形成了一个误差三角形（图10.14）。当误差三角形内切圆的半径在允许误差范围内，取内切圆的圆心作为 P 点的位置。

3. 注意事项

为了保证 P 点的测设精度，交会角一般不得小于 30°和大于 150°，最理想的交会角是在 70°～110°之间。

10.3.5 距离交会法

当施工场地平坦，易于量距，且测设点与控制点距离不长（小于一整尺长），常用距离交会法测设点位。

如图 10.15 所示，A、B 为控制点，P 为要测设的点位，测设方法如下：

1. 计算放样参数

根据 A、B 的坐标和 P 点坐标，用坐标反算方法计算出 d_{AP}、d_{BP}。

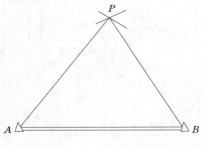

图 10.15　距离交会法示意图

2. 外业测设

分别以控制点 A、B 为圆心，分别以距离 d_{AP} 和 d_{BP} 为半径在地面上画圆弧，两圆弧的交点，即为欲测设的 P 点的平面位置。

3. 实地校核

如果待放点有两个以上，可根据各待放点的坐标，反算各待放点之间的水平距离。对已经放样出的各点，再实测出它们之间的距离，并与相应的反算距离比较进行校核。

10.4　已知坡度的测设

在场地平整、管道敷设和道路整修等工程中，常需要将已知坡度测设到地面上，称为已知坡度测设。测设方法有水平视线法和倾斜视线法两种。

10.4.1 水平视线法

如图 10.16 所示，在 A、B 两点间测设坡度 i。步骤如下：

（1）按照公式：$H_{设} = H_{起} + id$，计算各桩点的设计高程：

第 1 点的设计高程　$H_1 = H_A + id$

第 2 点的设计高程　$H_2 = H_1 + id$

B 点的设计高程　　$H_B = H_n + id$

或（用于计算检核）　$H_B = H_A + iD_{AB}$

（2）沿 AB 方向，按规定间距 d 标定出中间 1、2、3、…、n 各点。

（3）安置水准仪于水准点 5 附近，读后视读数 a，并计算视线高程 H_i。

（4）根据各桩的设计高程，计算各桩点上水准尺的应读前视数。

（5）在各桩处立水准尺，上下移动水准尺，当水准仪对准应读前视数时，水准尺零端对应位置即为测设出的高程标志线。

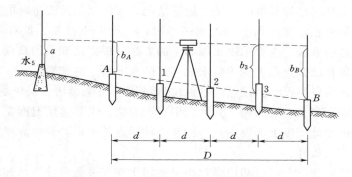

图 10.16　水平视线法测设坡度

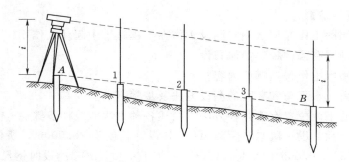

图 10.17　倾斜视线法测设坡度

10.4.2　倾斜视线法

倾斜视线法是根据视线与设计坡度相同时，其竖直距离相等的原理，确定设计坡度线上各点高程位置的一种方法。当地面坡度较大，且设计坡度与地面自然坡度较一致时，适宜采用这种方法。

（1）如图 10.17 所示，先用高程放样的方法，将坡度线两端点 A、B 的设计高程标志标定在地面木桩上。

（2）将经纬仪安置在 A 点上，并量取仪器高 i。安置时，使一对脚螺旋位于 AB 方向上，另一个脚螺旋连线大致与 AB 方向垂直。

（3）旋转 AB 方向上的一个脚螺旋，使视线在 B 尺上的读数为仪器高 i。此时，视线与设计坡度线平行。

（4）指挥测设中间 1、2、3、…各桩的高程标志线。当中间各桩读数均为 i 时，各桩顶连线就是设计坡度线。

【知识小结】

本章着重介绍了施工放样的基本工作，学习本章，重点掌握以下知识内容。

（1）施工放样的原则。施工测量和测图工作一样，必须遵循"从整体到局部"的测量原则。而施工放样与地形图的测绘恰恰相反，它是把图纸上设计好的建筑物平面位置和高程标定到地面上的工作。

（2）测设的基本工作。已知长度测设、已知角度测设和已知高程测设是测设的三项基本工作。在地面上标定已知长度时，结合地形情况、实际尺长及丈量时的温度等，要进行尺长、温度、倾斜改正；在地面上测设水平角时，一般采用盘左、盘右测设取其平均位置；设计高程放样的方法，主要采用水准测量的方法，根据已知点的高程和放样点的设计高程，利用水准仪在已知点尺上的读数求放样点的水准尺上的读数。

（3）点的平面位置测设。测设点的平面位置可用直角坐标法、极坐标法、RTK 测设法、角度交会法和距离交会法测设。究竟选用哪种方法，视具体情况而定。无论采用哪种方法都必须先根据设计图纸上的控制点坐标和待放样点的坐标，算出放样数据，画出放样示意草图，再到实地放样。

（4）已知坡度的测设。当已知坡度较小时适用水准仪来测设，当已知坡度较大时则应用经纬仪测设。

【知识与技能训练】

（1）测设与测图工作有何区别？测设工作在工程施工中起什么作用？

（2）施工控制网有哪两种？如何布设？

（3）测设的基本工作包括哪些内容？

（4）简述距离、水平角和高程的测设方法及步骤。

（5）测设点的平面位置有哪几种方法？简述各种方法的放样步骤。

（6）在地面上欲测设一段水平距离 AB，其设计长度为 28.000m，所使用的钢尺尺长方程式为：$l_t = [30 + 0.005 + 0.000012(t - 20℃) \times 30]$(m)。测设时钢尺的温度为 12℃，所施工钢尺的拉力与检定时的拉力相同，概量后测得 A、B 两点间桩顶的高差 $h = +0.400$m，试计算在地面上需要量出的实际长度。

（7）利用高程为 27.531m 的水准点 A，测设高程为 27.831m 的 B 点。设标尺立在水准点 A 上时，按水准仪的水平视线在标尺上画了一条线，再将标尺立于 B 点上，问在该尺上的什么地方再画一条线，才能使视线对准此线时，尺子底部就是 B 点的高程。

（8）已知 $\alpha_{MN} = 300°04'00''$，点 M 的坐标为 $x_M = 114.22$m，$y_M = 186.71$m；欲测设的 P 点坐标为 $x_P = 142.34$m，$y_P = 185.00$m，试计算仪器安置在 M 点用极坐标法测设 P 点所需要的数据，绘出放样草图并简述测设方法。

第11章 建筑工程施工测量

【学习目标】

　　本章介绍了建筑场地施工控制测量；民用建筑的施工控制测量基本工作；工业建筑施工测量的方法；建筑物沉降观测、倾斜观测、裂缝观测及竣工测量的内容和方法。通过本章学习，要求能掌握施工控制测量平面控制的形式和高程控制测量的方法；掌握建筑物的定位、放线、基础施工测量、主体施工测量和高层建筑施工测量；掌握工业建筑施工测量的方法和烟囱、水塔施工测量的过程；掌握建筑物沉降观测和建筑物倾斜观测方法；掌握竣工测量的意义及编绘竣工总平面图的方法。

【学习要求】

知识要点	能 力 要 求	相 关 知 识
建筑场地施工控制测量	(1) 掌握施工控制测量平面控制的形式； (2) 掌握建筑基线和建筑方格网的测设方法； (3) 掌握施工控制测量高程控制测量的方法	(1) 施工平面控制网的建立； (2) 建筑基线的放样； (3) 建筑方格网的放样； (4) 施工高程控制网的建立
民用建筑施工测量	(1) 掌握建筑物的定位、放线； (2) 掌握基础施工测量； (3) 掌握主体施工测量； (4) 掌握高层建筑施工测量	(1) 建筑物的定位、放线； (2) 基础施工测量； (3) 主体施工测量； (4) 高层建筑施工测量
工业建筑施工测量	(1) 掌握工业厂房控制测设的方法； (2) 掌握厂房基础施工测量的方法； (3) 了解厂房构件的安装测量方法	(1) 厂房矩形控制网的放样； (2) 厂房基础施工测量； (3) 厂房构件的安装测量
烟囱、水塔施工测量	了解烟囱、水塔施工测量的过程	(1) 中心定位测量； (2) 基础施工测量； (3) 筒身施工测量； (4) 标高传递
房屋建筑物的变形观测	(1) 掌握建筑物沉降观测方法； (2) 掌握建筑物倾斜观测方法	(1) 沉降观测； (2) 倾斜观测； (3) 裂缝观测
竣工测量	(1) 了解竣工测量的意义； (2) 了解编绘竣工总平面图的方法	(1) 竣工测量的内容； (2) 竣工总平面图的编绘

11.1　建筑场地施工控制测量

　　施工控制网的布设形式，应以经济、合理和适用为原则，根据建筑设计总平面图和施工现场的地形条件来确定。对于地形起伏较大的山区建筑场地，则可充分扩展原有的测图控制网，作为施工定位的依据。对于地形较平坦而通视较困难的建筑场地，可采用导线网。对于地形平坦而面积不大的建筑小区，常布置一条或几条建筑基线，组成简单的图形，作为施工测量的依据。对于地形平坦，建筑物多为矩形且布置比较规则的密集的大型建筑场地，通常采用建筑方格网。总之，施工控制网的布设形式应与建筑设计总平面的布局相一致。

当施工控制网采用导线网时，若建筑场地大于 $1km^2$ 或重要工业区，需按一级导线建立，建筑场地小于 $1km^2$ 或一般性建筑区，可按二级、三级导线建立。当施工控制网采用原有测图控制网时，应进行复测检查，无误后方可使用。

11.1.1　施工平面控制网的建立

1. 建筑基线的布设形式

建筑场地的施工控制基准线，称为建筑基线。建筑基线的布置，主要根据建筑物的分布、场地的地形和原有测图控制点的情况而定。建筑基线的布设形式，如图 11.1 所示。

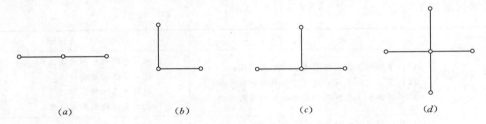

图 11.1　建筑基线的布设形式

(a) 三点直线形；(b) 三点直角形；(c) 四点丁字形；(d) 五点十字形

建筑基线布设的位置，应尽量靠近建筑场地中的主要建筑物，且与其轴线相平行，以便采用直角坐标法进行放样。为了便于检查建筑基线点位有无变动，基线点不得少于 3 个，边长一般为 $100 \sim 500m$。基线点位应选在通视良好而不受施工干扰的地方。为能使点位长期保存，要建立永久性标志。

2. 建筑方格网的布设和主轴线的选择

由正方形或矩形的格网组成的建筑场地的施工控制网，称为建筑方格网。其适用于大型的建筑场地。建筑方格网的布设，应根据建筑设计总平面图上各种建筑物、道路、管线的分布情况，并结合现场地形情况而拟定。设计建筑方格网时，先要选定两条互相垂直的主轴线，如图 11.2 中的 AOB 和 COD 所示，再全面布设格网。格网的形式，可布置成正方形或矩形。当建筑场地占地面积较大时，通常是分两级布设，首级为基本网，先测设十字形、口字形或田字形的主轴线，然后再加密次级的方格网。当场地面积不大时，尽量布置成全方格网。

方格网的主轴线，应设在整个建筑场地的中央，其方向应与主要建筑物的轴线平行或垂直，并且长轴线上的定位点不得少于 3 个。主轴线的各端点应延伸到场地的边缘，以便控制整个场地。主轴线上的点位，必须建立永久性标志，以便长期保存。

当方格网的主轴线选定后，就可根据建筑物的大小和分布情况而加密格网。在选定格

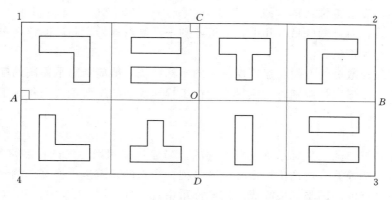

图 11.2 建筑方格网

网点时，应以简单、实用为原则，在满足测角、量距的前提下，格网点的点数应尽量减少。方格网的转折角应严格为 $90°$，相邻格网点要保持通视，点位要能长期保存。

11.1.2 测量坐标与建筑坐标的换算

1. 测图坐标系

在工程勘测设计阶段，为测绘地形图而建立平面和高程控制网，内容分为基本控制（又称等级控制）和图根控制。基本控制是整个测区控制测量的基础。图根控制是直接为地形测图服务的控制网。基本控制网的建立要根据测区面积的大小，以满足当前需要为主，兼顾远景发展。一般先建立控制全局的首级网，然后再根据需要加密，也可一次建立足够密度的全面网。平面控制网可采用测角网、测边网或边角网，建成区多采用导线网。在已建有国家或当地平面控制网点的测区内进行测量时，应与之进行连接。当已建网精度能满足需要时，直接利用加密或进行必要改算后加密；当精度不能满足需要时，可选用一点的坐标及一条边的方位角作为起算数据建立独立网。但是，测图控制点的设置只是为了满足测图的需要，控制点的位置和布局主要考虑到便于测图。测图的坐标系统主要是采用国家坐

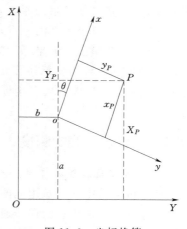

图 11.3 坐标换算

标系统或独立坐标系统，其纵轴为坐标纵轴方向，横轴为正东方向，如图 11.3 中坐标系 $X—O—Y$ 为测图坐标系。如采用独立坐标系，为了避免整个测区出现坐标负值，测图坐标系的原点往往设在测区的西南角之外。

2. 建筑坐标系

在进行工程总平面图设计时，为了便于计算和使用，建筑物的平面位置一般采用建筑坐标系的坐标来表示。所谓建筑坐标系，就是以建筑物的主轴线或平行于主轴线的直线为坐标轴而建立起来的坐标系统。为了避免整个测区出现坐标负值，建筑坐标系的原点应设在施工总平面图西南角之外，也就是假定某建筑物主轴线的一个端点的坐标是一个比较大

的正值。例如，设某主轴线的起点 A 的坐标为 $x_A = 10000.00\text{m}$，$y_A = 10000.00\text{m}$。若 A 点位于测区中心，而且测区只有几平方公里，则坐标原点就处于测区的西南角，测区内所有点的坐标值均为正值。

为了计算放样数据的方便，建筑控制网的坐标系统一般应与总平面图的施工坐标系统一致。因此，布设施工控制网时，应尽可能把工程建筑物的主要轴线当作施工控制网的一条边。

3. 坐标换算

建筑坐标系统与测图坐标系统是有区别的。当建筑控制网与测图控制网发生联系时，就可能要进行坐标换算。所谓坐标换算，就是把一个点的建筑坐标换算成测图坐标系中的坐标或是将一个点的测图坐标换算成建筑坐标系中的坐标。图 11.3 中，$X—O—Y$ 为测图坐标系，$x—o—y$ 为建筑坐标系。

设 P 点在测图坐标系中的坐标为 $(X_P，Y_P)$，在建筑坐标系中的坐标为 $(x_P，y_P)$。其坐标换算公式为

$$\left.\begin{array}{l} X_P = a + x_P\cos\theta - y_P\sin\theta \\ Y_P = b + x_P\sin\theta + y_P\cos\theta \end{array}\right\} \tag{11.1}$$

$$\left.\begin{array}{l} x_P = (Y_P - b)\sin\theta + (X_P - a)\cos\theta \\ y_P = (Y_P - b)\cos\theta - (X_P - a)\sin\theta \end{array}\right\} \tag{11.2}$$

式中　a——建筑坐标系的原点 o 在测图坐标系中的纵坐标；

　　　　b——建筑坐标系的原点 o 在测图坐标系中的横坐标；

　　　　θ——两坐标系纵坐标轴的夹角。

a、b 和 θ 总称为坐标换算元素，一般由设计文件明确给定。在换算时要特别注意 θ 角的正、负号：一般规定施工坐标纵轴 ox 在测图坐标纵轴 OX 的右侧时，θ 角为正；反之 θ 角为负。

11.1.3　建筑基线的测设

1. 根据建筑红线放样建筑基线

在城市建设中，建筑用地的界址，是由规划部门确定，并由拨地单位在现场直接标定出用地边界点，边界点的连线通常是正交的直线，称为建筑红线。建筑红线与拟建的主要建筑物或建筑群中的多数建筑物的主轴线平行。因此，可根据建筑红线用平行线推移法测设建筑基线。

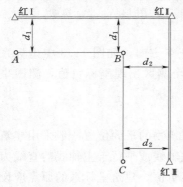

图 11.4　用建筑红线测设

如图 11.4 所示，Ⅰ—Ⅱ 和 Ⅱ—Ⅲ 是两条互相垂直的建筑红线，A、B、C 3 个点是欲测设的建筑基线点。根据城市规划，两直角边（基线）与对应的红线平距分别为 d_1 和 d_2。测设时，先用钢尺量距法推移平行线，从 Ⅰ—Ⅱ 两端各量出一段平距 d_1，定出 AB，从 Ⅱ—Ⅲ 两端各量出一段平距 d_2，即可定出 BC。

A、B、C 3 个点确定后，要用标桩固定下来。然后在 B 点上架设经纬仪精确测量 $\angle ABC$，当观测值与 $90°$ 之差

小于 $\pm 20''$ 时，满足精度要求，若差值超过 $\pm 20''$，则应按均值调整各点，重新放样，直到满足要求，切不可进行单点调整，造成错误。

如果建筑红线完全符合作为建筑基线的条件时，可将其作为建筑基线使用，即直接用建筑红线进行建筑物的测设，既简便又快捷。

2. 根据原有控制点测设建筑基线

在非建筑区，没有建筑红线作依据时，就需要在建筑设计总平面图上，根据建筑物的设计坐标和附近已有的测图控制点来选定建筑基线的位置，并在实地采用极坐标法或角度交会法把基线点在地面上标定出来。

如图 11.5 所示，Ⅰ、Ⅱ 两点为附近已有的测图控制点，A、O、B 3 个点为欲测设的建筑基线点。测设过程为：先将 A、O、B 3 个点的施工坐标，换算成测图坐标；再根据 A、O、B 3 个点的测图坐标与原有的测图控制点 Ⅰ、Ⅱ 的坐标关系，采用极坐标法或角度交会法测定 A、O、B 点位的有关放样数据；最后在地面上分别测设出 A、O、B 3 个点。

当 A、O、B 3 个点在地面上做好标志后，在 O 点安置经纬仪，测量 $\angle AOB$ 的角值，丈量 OA、OB 的距离。若检查角度的误差与丈量边长的相对误差均不在容许值以内时，就要调整 A、B 两点，使其满足规定的精度要求。

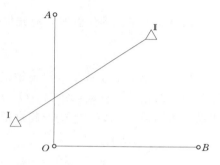

图 11.5　用附近的控制点测设

3. 建筑基线放样的精度要求

（1）相互垂直的建筑基线的交角应为 90°，其不符值不应超过 $\pm 20''$。

（2）量取的建筑基线长度与设计长度之差的相对误差不应超限，即 $\dfrac{D-L}{L} \leqslant \dfrac{1}{10000}$。

11.1.4　建筑方格网的测设

1. 主轴线的测设

由于建筑方格网是根据场地主轴线布置的，因此在测设时，应首先根据场地原有的测图控制点，测设出主轴线的 3 个主点。

如图 11.6 所示，Ⅰ、Ⅱ、Ⅲ 3 个点为附近已有的测图控制点，其坐标已知；A、O、B 3 个点为选定的主轴线上的主点，其坐标可算出，则根据 3 个测图控制点 Ⅰ、Ⅱ、Ⅲ，采用极坐标法就可测出 A、O、B 3 个主点。测设 3 个主点的过程：先将 A、O、B 3 个点的施工坐标换算成测图坐标；再根据它们的坐标与测图控制点 Ⅰ、Ⅱ、Ⅲ 的坐标关系，计算出放样数据 b_1、b_2、b_3 和 D_1、D_2、D_3，如图 11.6 所示；然后用极坐标法测设出 3 个主点 A、O、B 的概略位置为 A'、O'、B'。

当 3 个主点的概略位置在地面上标定出来后，要检查 3 个主点是否在一条直线上。由于测量误差的存在，使测设的 3 个主点 A'、O'、B' 不在一条直线上，如图 11.7 所示，故安置经纬仪于 O' 点上，精确检测 $\angle A'O'B'$ 的角值 β，如果检测角 β 的值与 180° 之差，超过了表 11.1 规定的容许值，则需要对点位进行调整。

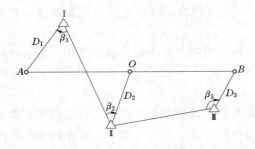

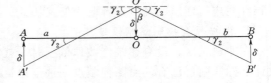

图 11.6　主轴线的测设　　　　　　　　图 11.7　调整 3 个主点的位置

调整 3 个主点的位置时，应先根据 3 个主点间的距离 a 和 b 按下列公式计算调整值 β。

$$\beta = \frac{ab}{a+b}\left(90° - \frac{\beta}{2}\right)\frac{1}{r} \tag{11.3}$$

将 A'、O'、B'，3 个点沿与轴线垂直方向移动一个改正值 δ，但 O' 点与 A'、B' 两点移动的方向相反，移动后得 A、O、B 3 个点。为了保证测设精度，应再重复检测 $\angle AOB$，如果检测结果与 $180°$ 之差仍旧超过限差时，需再进行调整，直到误差在容许值以内为止。

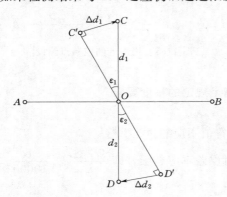

图 11.8　测设主轴线

除了调整角度之外，还要调整 3 个主点间的距离。先丈量检查 AO 及 OB 间的距离，若检查结果与设计长度之差的相对误差大于表 11.1 的规定，则以 O 点为准，按设计长度调整 A、B 两点。调整需反复进行，直到误差在容许值以内为止。

当主轴线的 3 个主点 A、O、B 定位好后，就可测设与 AOB 主轴线相垂直的另一条主轴线 COD。如图 11.8 所示，在 O 点上安置经纬仪，照准 A 点，分别向左、右各转 $90°$ 按设计角度初步标出 C'、D' 两点，再精确测量 $\angle AOC'$ 和 $\angle AOD'$ 的角度，分别求出它们与 $90°$ 的差数 ε_1、ε_2。若 ε_1、ε_2 不超过 $\pm 5''$，则按下式计算 C'、D' 的横向偏离改正数为

$$\left.\begin{array}{l} \Delta d_1 = \dfrac{\varepsilon_1}{\rho}d_1 \\[2mm] \Delta d_2 = \dfrac{\varepsilon_2}{\rho}d_2 \end{array}\right\} \tag{11.4}$$

根据改正数，将 C'、D' 分别沿 OC'、OD' 的垂直方向移动距离 Δd_1 和 Δd_2，即定出 C、D 点（注意移动方向）。精确测量 $\angle COD$，其角值与 $180°$ 之差不得超过 $\pm 5''$。最后还要精密丈量 CO 和 OD 距离来进行校核，要求与设计距离的相对误差不大于 $1/20000$。

【例 11.1】　如图 11.8 所示，C'、D' 点确定后，经多测回测量，$\angle AOC'$ 和 $\angle AOD'$ 分别为 $89°59'38''$ 和 $90°00'41''$。并且已知 OC 和 OD 的设计距离分别为 150m 和 100m。求 C'、D' 的横向偏离改正数。

解　$\varepsilon_1 = 90° - 89°59'38'' = 22''$；$\varepsilon_2 = 90° - 90°00'41'' = -41''$

由式（11.4）得

$$\Delta d_1 = \frac{22}{206265} \times 150 = 16(\text{mm})；\quad \Delta d_2 = \frac{-41}{206265} \times 100 = -20(\text{mm})$$

所以，C' 应向 $\angle AOC'$ 外横向偏离 16mm；D' 应向 $\angle AOC'$ 内横向偏离 20mm。

2. 方格网点的测设

建筑方格网亦称施工坐标网，是在十字形主轴线的基础上建立起来的，适用于平坦开阔的建筑场地。主轴线确定后，先进行主方格网的测设，然后在主方格网内进行方格网的加密。测设方法如下：

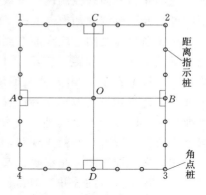

如图 11.9 所示，在主轴线的 4 个端点 A、B、C、D 上分别架设经纬仪，都以中心点 O 为起始方向，分别向左、右测设一个直角，交会出建筑方格网的 4 个角点 1、2、3、4。为了校核，再量出 $A-1$、$A-4$、$D-4$、$D-3$、$B-3$、$B-2$、$C-2$、$C-1$ 的距离，若符合设计要求，在各边每隔一定整数距离埋设距离指示桩。

图 11.9　建筑方格网的测设

3. 建筑方格网测设的精度要求

（1）建筑方格网的主要技术要求，可参见表 11.1 的规定。

表 11.1　　　　　　　　　　　建筑方格网的主要技术要求

等　级	边长/m	测角中误差/(″)	边长相对中误差
Ⅰ	100～300	5	≤1/30000
Ⅱ	100～300	8	≤1/20000

（2）方格网测设时，其角度观测可采用方向观测法，其主要技术要求应符合表 11.2 中的规定。

表 11.2　　　　　　　　　　　方格网测设的限差要求

方格网等级	经纬仪型号	测角中误差/(″)	测回数	测微器两次读数差/(″)	半测回归零差/(″)	一测回2C值互差/(″)	各测回方向互差/(″)
Ⅰ	DJ$_1$	5	2	≤1	≤6	≤9	≤6
	DJ$_2$	5	3	≤3	≤8	≤13	≤9
Ⅱ	DJ$_2$	8	2	—	≤12	≤18	≤12

（3）当采用电磁波测距仪测定边长时，应对仪器进行检测，采用仪器的等级及总测回数，应符合表 11.3 的规定。

表 11.3　　　电磁波测距仪测定边长要求

方格网等级	仪器分级	总测回数
Ⅰ	Ⅰ、Ⅱ级精度	4
Ⅱ	Ⅱ级精度	2

11.1.5　施工高程控制网的建立

由于测图高程控制网在点位分布和密度方面均不能满足施工测量的需要，因此在施工场地建立平面控制网的同时还必须重新建立施工高程控制网。

施工高程控制网的建立，与施工平面控制网一样。当建筑场地面积不大时，一般按四等水准测量或等外水准测量来布设。当建筑场地面积较大时，可分为两级布设，即首级高程控制网和加密高程控制网。首级高程控制网，采用三等水准测量测设，在此基础上，采用四等水准测量测设加密高程控制网。

首级高程控制网，应在原有测图高程网的基础上，单独增设水准点，并建立永久性标志。场地水准点的间距，宜小于 1km。距离建筑物、构筑物不宜小于 25m；距离振动影响范围以外不宜小于 5m；距离回填土边线不宜小于 15m。凡是重要的建筑物附近均应设水准点。整个建筑场地至少要设置 3 个永久性的水准点。并应布设成闭合水准路线或附合水准路线，以控制整个场地。高程测量精度，不宜低于三等水准测量。其点位要选择恰当，不受施工影响，并便于施测，又能永久保存。

加密高程控制网，是在首级高程控制网的基础上进一步加密而得，一般不能单独埋设，要与建筑方格网合并，即在各格网点的标志上加设一突出的半球状标志，各点间距宜在 200m 左右，以便施工时安置一次仪器即可测出所需高程。加密高程控制网，要按四等水准测量进行观测，并要附合在首级水准点上，作为推算高程的依据。

为了测设方便，减少计算，通常在较大的建筑物附近建立专用的水准点，即 ±0.000 标高水准点，其位置多选在较稳定的建筑物墙与柱的侧面，用红色油漆绘成上顶成为水平线的倒三角形，如 "▼"。但必须注意，在设计中各建筑物的 ±0.000 高程不是相等的，应严格加以区别，防止用错设计高程。

11.2 民用建筑施工测量

民用建筑是指住宅、商店、医院、办公楼、学校、俱乐部等建筑物。虽然各种民用建筑物结构型式千差万别，但都离不开墙、板、门窗、楼板、顶盖等基本结构。因而施工测量的基本内容和方法大同小异。

11.2.1 建筑物的定位和放线

1. 建筑物的定位

建筑物定位，就是将建筑物外廓各轴线交点（也称角点）测设到地面上，然后再根据这些点进行细部放样。若施工现场已有建筑方格网或建筑基线，可以根据建筑基线或建筑方格网直接采用直角坐标法进行定位；若有测量控制点，可采用极坐标法进行定位；如果设计的建筑物是在建筑物群内时，设计图上往往给出设计建筑物与已有建筑物或道路中心线的位置关系，这时建筑物的定位根据已有建筑物来进行。如图 11.10 所示，画有斜线的是已有的建筑物，$ABCD$ 为待测设的建筑物。待测设建筑物的定位方法和步骤如下：

（1）用钢尺沿已有建筑物的东、西墙分别延长距离 d 得 a、b 两点，用小木桩标定。

（2）在 a 点上架设经纬仪，瞄准 b 点，并以 b 点为准，沿 ab 方向丈量 15.00m 得 c 点。以 c 点为起点继续向前延长 25.80m 得 d 点，cd 线就是拟建建筑物平面位置的建筑基线。

（3）分别在 c 点和 d 点上架设经纬仪，后视 a 点，右转 90°，沿视线方向量出距离 d

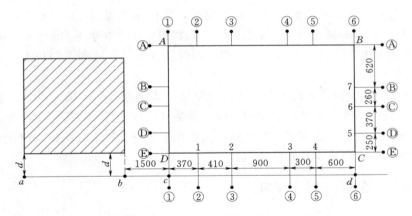

图 11.10 建筑物的定位和轴线控制桩的测设（单位：cm）

得 D、C 点，再继续量出 15.00m 得 A、B 两点。A、B、C、D 四点即为拟建建筑物外廓定位轴线的交点。

（4）检测 AB 距离，看是否等于 25.80m，$\angle A$、$\angle B$ 是否等于 90°。若 AB 距离的相对误差和 $\angle A$、$\angle B$ 的角度误差分别在 1/5000 和 ±40″ 之内即可。

2. 建筑物的放线

建筑物放线是根据已定出的外墙轴线交点桩，详细测设出建筑物各轴线的交点桩（又称中心桩）。其放样方法如下：

如图 11.10 所示，将经纬仪安置在 D 点上，瞄准 C 点，用钢尺沿 DC 方向测设两相邻轴线间的距离，定出 1、2、3、4 各点，同理可定出 5、6、7 和其他各点。量距精度要达到 1/2000～1/5000。

由于施工开挖基槽时，角点桩和中心桩将被毁坏，为便于在施工中恢复各轴线的位置，应把各轴线引测到槽外安全处，并做好标志。具体方法有设置轴线控制桩和设置龙门板两种形式。

（1）设置轴线控制桩。轴线控制桩设置在基槽外基础轴线的延长线上，距离基槽 2～4m。如图 11.10 中①、②、…，Ⓐ、Ⓑ、…皆为轴线控制桩。若系多层建筑物，为便于向上引测轴线，可在轴线的延长线上较远的地方再设一控制桩。若附近有固定建筑物，也可把轴线投测到建筑物上。

（2）设置龙门板。在一般民用建筑中，为便于施工，在基槽外 1.5～2m 处钉设龙门板（图 11.11）。钉设龙门板的步骤和要求如下：

1）在建筑物四角与隔墙两端基槽开挖线以外一定距离处钉设龙门桩。龙门桩要钉得竖直、牢固，木桩外测面要与基槽平行。

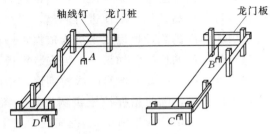

图 11.11 龙门板的测设

2）根据建筑场地附近的水准点，用水准仪在龙门桩上测设建筑物 ±0.00m 标高线。

3）沿龙门桩上±0.00m标高线钉设龙门板，使板顶高程为±0.00m。若现场条件不许可，也可比±0.00m高或低一个整数高程。高程测设误差要求不大于±0.5mm。

4）根据轴线角点桩 A、B、C、D，用经纬仪将各轴线投测到龙门板上，并钉小钉标明，称为轴线钉。

5）用钢尺沿龙门板顶面检测各轴线钉间距离，其误差不应超过1/2000。精度符合要求后，以轴线钉为准，将墙边线、基槽边线、基槽开挖线和各轴线等标定在龙门板上。

龙门板使用方便，但它需要木材较多，又不便于机械化施工。所以，现在大多数施工单位已不用龙门板，而只设置轴线控制桩。

11.2.2 建筑物的基础施工测量

11.2.2.1 条形基础施工测量

1. 基槽水平桩测设

为了控制基槽开挖深度，当基槽挖到接近槽底设计高程时，应在槽壁上测设一些水平桩，水平桩的上表面离槽底设计高程为某一整分米数（例如0.5m），用以控制挖槽深度，也可作为槽底清理和打基础垫层时掌握标高的依据。如图11.12所示，一般在基槽各拐角处均应打水平桩，在直槽上则每隔10m左右打一个水平桩，然后拉上白线，线下0.50m即为槽底设计高程。

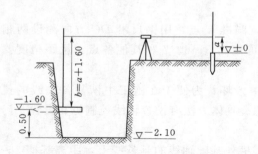

图 11.12　基槽水平桩测设图（单位：m）

水平桩可以是木桩也可以是竹桩，测设时，以画在龙门板或周围固定地物的±0.000标高线为已知高程点，用水准仪进行测设，水平桩上的高程误差应在±10mm以内。

例如，设龙门板顶面标高为±0.000，槽底设计标高为−2.10m，水平桩高于槽底0.50m，即水平桩高程为−1.60m，用水准仪后视龙门板顶面上的水准尺，读数 $a=$ 1.286m，则水平桩上标尺的读数应为 $0+$ 1.286 $-(-1.6)=2.886$m。

测设时沿槽壁上下移动水准尺，当读数为2.886m时沿尺底水平地将桩打进槽壁，然后检核该桩的标高，如超限便进行调整，直至误差在规定范围以内。

垫层面标高的测设可以水平桩为依据在槽壁上弹线，也可在槽底打入垂直桩，使桩顶标高等于垫层面的标高。如果垫层需安装模板，可以直接在模板上弹出垫层面的标高线。

如果是机械开挖，一般是一次挖到设计槽底或坑底的标高，因此要在施工现场安置水准仪，边挖边测，随时指挥挖土机调整挖土深度，使槽底或坑底的标高略高于设计标高（一般为10cm，留给人工清土）。挖完后，为了给人工清底和打垫层提供标高依据，还应在槽壁或坑壁上打水平桩，水平桩的标高一般为垫层面的标高。当基坑底面积较大时，为便于控制整个底面的标高，应在坑底均匀地打一些垂直桩，使桩顶标高等于垫层面的标高。

2. 基础中心线测设

垫层打好后，根据龙门板上的轴线钉或轴线控制桩，用经纬仪或用拉线挂吊锤的方法，把轴线投测到垫层面上，并用墨线弹出基础中心线和边线，以便砌筑基础或安装基础模板。

3. 基础标高控制

基础墙的标高一般是用基础"皮数杆"来控制的，皮数杆是用一根木杆做成，在杆上注明 ±0.00 的位置，按照设计尺寸将砖和灰缝的厚度，分别从上往下一一画出来，此外还应注明防潮层和预留洞口的标高位置，如图 11.13 所示。

立皮数杆时，可先在立杆处打一木桩，用水准仪在木桩侧面测设一条高于垫层设计标高某一数值（如 0.2m）的水平线，然后将皮数杆

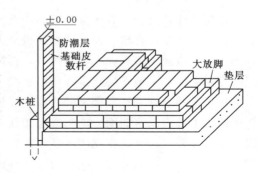

图 11.13　基础皮数杆

上标高相同的一条线与木桩上的水平线对齐，并用铁钉把皮数杆和木桩钉在一起，这样立好皮数杆后，即可作为砌筑基础墙的标高依据。对于采用钢筋混凝土的基础，可用水准仪将设计标高测设于模板上。

11.2.2.2　桩基础的施工测量

采用桩基础的建筑物多为高层建筑，其一般特点是：基坑较深；位于市区，施工场地不宽敞；建筑物大多是根据建筑红线或其他地物来定位；整幢建筑物可能有几条不平行的轴线。

1. 桩的定位

桩的定位精度要求较高，根据建筑物的主轴线测设桩基位置的允许偏差为 20mm，对于单排则为 10mm。沿轴线设桩时，纵向（沿轴线方向）偏差不宜大于 3cm，横向不宜大于 2cm。位于群桩外周边上的桩，测设偏差不得大于桩径或桩边长（方形桩）的 1/10，桩群之间的桩则不得大于桩径或边长的 1/5。桩位测设工作，必须对恢复后的各轴线检查无误后进行。

桩的排列随着建筑物形状和基础结构的不同而异。最简单的排列成格网状，此时只要根据轴线精确地测设格网 4 个角点，进行加密即可。有的基础是由若干个承台和基础梁连接而成。承台下面是群桩；基础梁下面有的是单排桩，有的是双排桩。承台下群桩的排列，有时也会有不同。测设时一般是按照"先整体、后局部，先外廊、后内部"的顺序进行。测设时通常是根据轴线，用直角坐标法测设不在轴线上的点。

测设出的桩位均用小木桩标出其位置，角点及轴线两端的桩，应在木桩上用中心钉标出中心位置，以供校核。

2. 施工后桩位的检测

桩基施工结束后，应对所有桩的实际位置进行依次测量。其方法是根据轴线，重新在桩顶测设出桩的位置，并用油漆标明。然后量出桩中心与设计位置的纵、横向两个偏差分

量，若其偏差值在允许范围内，即可进行下一工序的施工。

11.2.3 建筑物主体的施工测量

1. 楼层轴线投测

每层楼面建好后，为了保证继续往上砌筑墙体时，墙体轴线均与基础轴线在同一铅垂面上，应将基础或首层墙面上的轴线投测到楼面上，并在楼面上重新弹出墙体的轴线，检查无误后，以此为依据弹出墙体边线，再往上砌筑。在这个测量工作中，从下往上进行轴线投测是关键，一般多层建筑常用吊锤线。

将较重的垂球悬挂在楼面的边缘，慢慢移动，使垂球尖对准地面上的轴线标志，或者使吊锤线下部沿垂直墙面方向与底层墙面上的轴线标志对齐，吊锤线上部在楼面边缘的位置就是墙体轴线位置，在此画一条短线作为标志，便在楼面上得到轴线的一个端点，同法投测另一端点，两端点的连线即为墙体轴线。

一般应将建筑物的主轴线都投测到楼面上来，并弹出墨线，用钢尺检查轴线间的距离，其相对误差不得大于 1/3000，符合要求之后，再以这些主轴线为依据，用钢尺内分法测设其他细部轴线。在困难的情况下至少要测设两条垂直相交的主轴线，检查交角合格后，用经纬仪和钢尺测设其他主轴线，再根据主轴线测设细部轴线。

吊锤线法受风的影响较大，楼层较高时风的影响更大，因此应在风小的时候作业，投测时应等待吊锤稳定下来后再在楼面上定点。此外，每层楼面的轴线均应直接由底层投测上来，以保证建筑物的总垂直度，只要注意这些问题，用吊锤线法进行多层楼房的轴线投测的精度是有保证的。

2. 标高传递

多层建筑物施工中，要由下往上将标高传递到新的施工楼层，以便控制新楼层的墙体施工，使其标高符合设计要求。标高传递一般可有以下两种方法：

（1）利用皮数杆传递标高。一层楼房墙体砌完并建好楼面后，把皮数杆移到二层继续使用。为了使皮数杆立在同一水平面上，用水准仪测定楼面四角的标高，取平均值作为二楼的地面标高，并在立杆处绘出标高线，立杆时将皮数杆的 ±0.000 线与该线对齐，然后以皮数杆为标高的依据进行墙体砌筑。如此用同样方法逐层往上传递高程。

（2）利用钢尺传递标高。在标高精度要求较高时，可用钢尺从底层的 +50.000 标高线起往上直接丈量，把标高传递到第二层，然后根据传递上来的高程测设第二层的地面标高线，以此为依据立皮数杆。在墙体砌到一定高度后，用水准仪测设该层的 +50.000 标高线，再往上一层的标高可以此为准用钢尺传递，依此类推，逐层传递标高。

11.2.4 高层建筑物的施工测量

11.2.4.1 高层建筑工程施工测量的特点

在高层建筑工程施工测量中，由于其体形大、层数多、高度高、造型多样化、建筑结构复杂、设备和装修标准高，因此，在施工过程中对建筑物各部位的水平位置、轴线尺寸、垂直度和标高的要求都十分严格，对施工测量的精度要求也高。为确保施工测量符合精度要求，应事先认真研究和制定测量方案，拟定出各种误差控制和检核措施，所用的测量仪器应符合精度要求，并按规定认真检校。此外，由于高层建筑工程量大，机械化程度高，各工种立体交叉大，施工组织严密，因此施工测量应事先做好准备工作，密切配合工程进度，以便及时、快速和准确地进行测量放线，为下一步施工提供平面和标高依据。

11.2.4.2 高层建筑物的轴线投测

当高层建筑的地下部分完成后，根据施工方格网校测建筑物主轴线控制桩后，将各轴线测设到做好的地下结构顶面和侧面，又根据原有的±0.000水平线，将±0.000标高（或某整分米数标高）也测设到地下结构顶部的侧面上，这些轴线和标高线，是进行首层主体结构施工的定位依据。

随着结构的升高，要将首层轴线逐层往上投测，作为施工的依据。此时建筑物主轴线的投测最为重要，因为它们是各层放线和结构垂直度控制的依据。随着高层建筑物设计高度的增加，施工中对竖向偏差的控制要求就越高，轴线竖向投测的精度和方法就必须与其适应，以保证工程质量。下面介绍几种常见的投测方法。

1. 经纬仪法

当施工场地比较宽阔时，可使用此法进行竖向投测，如图11.14所示，安置经纬仪于轴线控制桩上，严格对中整平，盘左照准建筑物底部的轴线标志，往上转动望远镜，用其竖丝指挥在施工层楼面边缘上画一点，然后盘右再次照准建筑物底部的轴线标志，同法在该处楼面边缘上画出另一点，取两点的中间点作为轴线的端点。其他轴线端点的投测与此法相同。

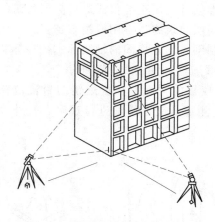

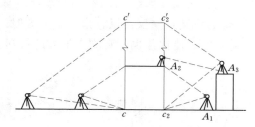

图 11.14　经纬仪轴线竖向投测　　　　图 11.15　减小经纬仪投测角

当楼层建的较高时，经纬仪投测时的仰角较大，操作不方便，误差也较大，此时应将轴线控制桩用经纬仪引测到远处（大于建筑物高度）稳固的地方，然后继续往上投测，如果周围场地有限，也可引测到附近建筑物的房顶上。如图11.15所示，先在轴线控制桩 A_1 上安置经纬仪，照准建筑物底部的轴线标志，将轴线投测到楼面上 A_2 点处，然后在 A_2 上安置经纬仪，照准 A_1 点，将轴线投测到附近建筑物屋面上 A_3 点处，以后就可在 A_3 点安置经纬仪，投测更高楼层的轴线。注意上述投测工作均应采用盘左盘右取中法进行，以减少投测误差。

所有主轴线投测上来后，应进行角度和距离的检核，合格后再以此为依据测设其他轴线。

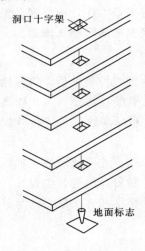

图 11.16　吊线坠
法投测

2. 吊线坠法

当周围建筑物密集，施工场地窄小，无法在建筑物以外的轴线上安置经纬仪时，可采用此法进行竖向投测。该法与一般的吊锤线法的原理是一样的，只是线坠的重量更大，吊线（细钢丝）的强度更高。此外，为了减少风力的影响，应将吊线坠的位置放在建筑物内部。

如图 11.16 所示，事先在首层地面上埋设轴线点的固定标志，轴线点之间应构成矩形或十字形等，作为整个高层建筑的轴线控制网。各标志的上方每层楼板都预留孔洞，供吊锤线通过。投测时，在施工层楼面上的预留孔上安置挂有吊线坠的十字架，慢慢移动十字架，当吊锤尖静止地对准地面固定标志时，十字架的中心就是应投测的点，在预留孔四周做上标志即可，标志连线交点，即为从首层投上来的轴线点。同理测设其他轴线点。

使用吊线坠法进行轴线投测，经济、简单又直观，精度也比较可靠，但投测费时费力，正逐渐被下面所述的垂准仪法所替代。

3. 垂准仪法

垂准仪法就是利用能提供铅直向上（或向下）视线的专用测量仪器，进行竖向投测。常用的仪器有垂准经纬仪、激光经纬仪和激光垂准仪等。用垂准仪法进行高层建筑的轴线投测，具有占地小、精度高、速度快的优点，在高层建筑施工中用得越来越多。

垂准仪法也需要事先在建筑底层设置轴线控制网，建立稳固的轴线标志，在标志上方每层楼板都预留孔洞（大于 15cm×15cm），供视线通过，如图 11.17 所示。

（1）垂准经纬仪。如图 11.18（a）所示，该仪器的特点是在望远镜的目镜位置上配有弯曲成 90°的目镜，使仪器铅直指向正上方时，测量员能方便地进行观测。此外该仪器的中轴是空心的，使仪器也能观测正下方的目标。

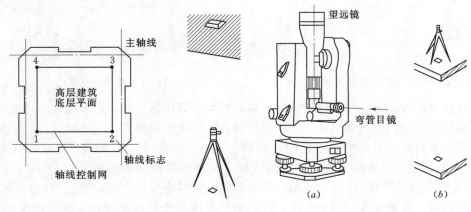

图 11.17　轴线控制桩与投测孔　　　　图 11.18　垂准经纬仪

使用时，将仪器安置在首层地面的轴线点标志上，严格对中整平，由弯管目镜观测，当仪器水平转动一周时，若视线一直指向一点上，说明视线方向处于铅直状态，可以向上投测。投测时，视线通过楼板上预留的孔洞，将轴线点投测到施工层楼板的透明板上定点，为了提高投测精度，应将仪器照准部水平旋转一周，在透明板上投测多个点，这些点应构成一个小圆，然后取小圆的中心作为轴线点的位置。同法用盘右再投测一次，取两次的中点作为最后结果。由于投测时仪器安置在施工层下面，因此在施测过程中要注意对仪器和人员的安全采取保护措施，防止落物击伤。

如果把垂准经纬仪安置在浇筑后的施工层上，将望远镜调成铅直向下的状态，视线通过楼板上预留的孔洞，照准首层地面的轴线点标志，也可将下面的轴线点投测到施工层上来，如图 11.18（b）所示。该法较安全，也能保证精度。

该仪器竖向投测方向观测误差不大于±6″，即 100m 高处投测点位误差为±3mm，相当于约 1/30000 的铅垂度，能满足高层建筑对竖向的精度要求。

（2）激光经纬仪。图 11.19 所示为装有激光器的苏州第一光学仪器厂生产的 J_2—JDE 激光经纬仪，它是在望远镜筒上安装一个氦氖激光器，用一组导光系统把望远镜的光学系统联系起来，组成激光发射系统，再配上电源，便成为激光经纬仪。为了测量时观测目标方便，激光束进入发射系统前设有遮光转换开关。遮去发射的激光束，就可在目镜（或通过弯管目镜）处观测目标，而不必关闭电源。

激光经纬仪用于高层建筑轴线竖向投测，其方法与配弯管目镜的经纬仪是一样的，只不过是用可见激光代替人眼观测。投测时，在施工层预留孔中央设置用透明聚酯膜片绘制的接收靶，在地面轴线点处对中整平仪器，启辉激光器，调节望远镜调焦螺旋，使投射在接收靶上的激光束光斑最小，再水平旋转仪器，检查接收靶上光斑中心是否始终在同一点，或划出一个很小的圆圈，以保证激光束铅直，然后移动接收靶使其中心与光斑中心或小圆圈中心重合，将接收靶固定，则靶心即为欲投测的轴线点。

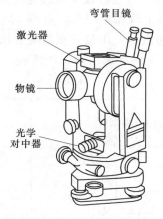

图 11.19　激光经纬仪图

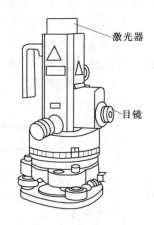

图 11.20　激光垂准仪

（3）激光垂准仪。图 11.20 所示为苏州第一光学仪器厂生产的 DZJ2 激光垂准仪，主要由氦氖激光器、竖轴、水准管、基座等部分组成。

激光垂准仪用于高层建筑轴线竖向投测时，其原理和方法与激光经纬仪基本相同，主要区别在于对中方法。激光经纬仪一般用光学对中器，而激光垂准仪用激光管尾部射出的光束进行对中。

11.2.4.3　高层建筑的高程传递

1. 用钢尺直接测量

一般用钢尺沿结构外墙、边柱或楼梯间，由底层±0.000 标高线向上竖直量取设计高差，即可得到施工层的设计标高线。用这种方法传递高程时，应至少由三处底层标高线向上传递，以便于相互校核。由底层传递到上面同一施工层的几个标高点，必须用水准仪进行校核，检查各标高点是否在同一水平面上，其误差应不超过±3mm。合格后以其平均标高为准，作为该层的地面标高。若建筑高度超过一尺段（30m 或 50m），可每隔一个尺段的高度，精确测设新的起始标高线，作为继续向上传递高程的依据。

2. 悬吊钢尺法

在外墙或楼梯间悬吊一根钢尺，分别在地面和楼面上安置水准仪，将标高传递到楼面上。用于高层建筑传递高程的钢尺，应经过检定，量取高差时尺身应铅直和用规定的拉力，并应进行温度改正。

11.3　工 业 建 筑 施 工 测 量

11.3.1　厂房矩形控制网的测设

厂房矩形控制网应布置在基坑开挖范围线以外 1.5～4m 处，其边线与厂房主轴线平行，除控制桩外，在控制网各边每隔若干柱间距埋设一个距离控制桩，其间距一般为厂房柱距的倍数，但不要超过所用钢尺的整尺长。

厂房矩形控制网的测设方法，如图 11.21 所示，将经纬仪安置在建筑方格网点 M 上，分别精确照准 L、N 点，自 M 点沿视线方向分别量取 $Mb=36.00\text{m}$ 和 $Mc=29.00\text{m}$，定出 b、c 两点。然后，将经纬仪分别安置于 b、c 两点上，用测设直角的方法分别测出 bS、cP 方向线，沿 bS 方向测设出 R、S 两点，沿 cP 方向测设出 Q、P 两点，分别在 P、Q、

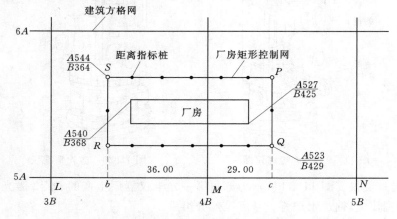

图 11.21　矩形控制网示意图（单位：m）

R、S 4 个点上钉立木桩，做好标志。最后检查控制桩 P、Q、R、S 各点和真角是否符合精度要求，一般情况下，其误差不应超过 $\pm 10''$，各边长度相对误差不应超过 1/10000～1/25000。然后，在控制网各边上按一定距离测设距离指示桩，以便对厂房进行细部放样。

11.3.2 厂房柱列轴线的测设

厂房柱列轴线的放样是在厂房矩形控制网的基础上进行的。厂房矩形控制网的四个角点称为厂房控制点，通常布设在离厂房基础边线外一定远处。如图 11.22 中 P、Q、R、S 4 个点构成一个矩形控制网。

厂房矩形控制网建立后，再根据各柱列轴线间的距离在矩形边上用钢尺丈量定出柱列轴线的位置，打入木桩，桩顶用小钉标示点位称为轴线控制点。如图 11.22 中，Ⓐ—Ⓐ、Ⓑ—Ⓑ、Ⓒ—Ⓒ、①—①、②—②、…、⑦—⑦轴线均为柱列轴线，Ⓐ、Ⓑ、Ⓒ、①、②、…、⑦为轴线控制桩，这些控制桩作为桩基和其他构件安装放样的依据。

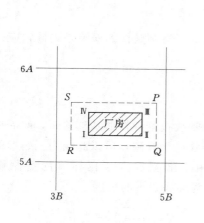
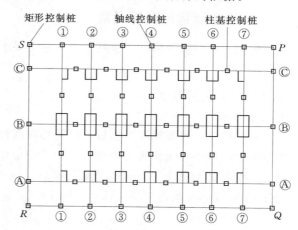

图 11.22 厂房与柱列轴线的测设

11.3.3 柱基的测设

柱列轴线桩定后，在两条相互垂直的轴线上各架设一台经纬仪，沿轴线方向交会出各柱基的位置。然后按照基础施工详图的有关尺寸用特制角尺放出基础开挖线，撒上白灰以便开挖。同时在基坑的四周轴线上钉 4 个定位小木桩，桩顶钉小钉（图 11.23）。作为修坑和立模的依据。

应该注意：柱基测设时，定位轴线不一定都是基础中心线。同一个厂房的柱基类型很多，尺寸不一，放样时要区别情况，分别对待。

当基坑挖到一定深度时，应用水准仪在坑壁四周离坑底设计高程 0.5m 左右处测设几个水平桩（图 11.24），作为基坑修坡、清底和打垫层的依据。

当垫层打好后，将桩列轴线投设到垫层上，弹墨线标明，以供立模之用。模板竖立后，再在模板内定出设计标高线。浇筑时要求杯底和杯口顶面的浇筑高度比设计标高线略低 2～3cm，以便拆模后根据柱身长度误差进行修填。

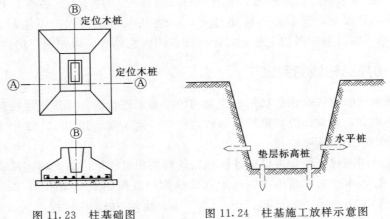

图 11.23　柱基础图　　　　　图 11.24　柱基施工放样示意图

11.3.4　厂房预制构件安装测量

在装配式工业厂房的构件安装测量中，精度要求较高，特别是柱的安装是关键，应引起足够重视。

11.3.4.1　柱子安装测量

1. 准备工作

（1）柱基弹线。根据轴线控制桩，用经纬仪将柱列轴线投测到杯形基础顶面，然后在杯口顶面弹出杯口中心线作为定位轴线。为了使定位轴线易于看到，可以此线为三角形的一条边长，中间用红漆画三角形"▲"标志，同时用水准测量方法在杯口内壁测设一0.600m 标高线，并画出"▼"标志（图 11.25），作为杯底找平的依据。

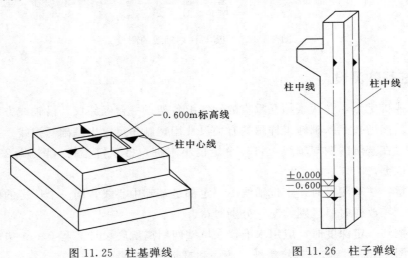

图 11.25　柱基弹线　　　　　图 11.26　柱子弹线

（2）柱子弹线。在每根柱子的 3 个侧面上弹出柱中心线，并在每条线的上端和下端近杯口处画"▶"标志，如图 11.26 所示。根据牛腿面设计标高，从牛腿面向下用钢尺量出一0.600m 的标高线，并画"▼"标志。

（3）杯底找平。先量出柱子－0.600m 标高线至柱底面的高度 H_1，再在相应柱基杯口内，量出－0.600m 标高线至杯底的高度 H_2，并进行比较（一般 $H_2 > H_1$），杯底找平层厚度即为 $H_2 - H_1$。然后用 1：2 水泥砂浆在杯底进行找平，使牛腿面高程符合设计高程。

2. 吊装测量

柱子吊装测量的目的是保证柱子平面和高程位置都符合设计要求，柱身竖直。

柱子吊起插入杯口后，先使柱脚中心线与杯口顶面中心线对齐，用硬木楔或钢楔暂时固定，如有偏差可用锤敲打楔子拨正。其允许偏差为±5mm。然后用两架经纬仪分别安置在互相垂直的两条柱列轴线上，离开柱子的距离约为柱高的 1.5 倍处同时观测，如图 11.27 所示。观测时，经纬仪先照准柱子底部的中心线，固定照准部，逐渐仰起望远镜，直至柱顶，使柱子中心线始终落在望远镜竖丝上。

实际安装时，一般是一次竖起许多根柱子，然后进行竖直校正。这时可把两架经纬仪分别安置在纵横轴线的一侧，与轴线成 15°角以内的方向上，一次校正几根柱子，如图 11.28 所示。

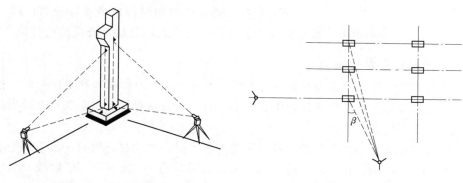

图 11.27　柱子安装测量　　　　　图 11.28　多根柱子的竖直校正

3. 注意事项

（1）吊装测量所使用的经纬仪要严格校正。操作时还应特别注意使照准部水准管气泡严格居中。

（2）柱子在两个方向的垂直度都校正好后，应再复查柱子上部的中心线是否仍对准基础的轴线。

（3）在安装变截面的柱子时，经纬仪必须安置在柱列轴线上，以免产生差错。

（4）当气温较高时，在日照下柱子垂直度因为日照而向阴面弯曲，柱顶即会产生位移。因此，若吊装柱子垂直度精度要求较高、而且气温较高、柱身较长时，吊装测量，特别是校正应利用早晚或阴天进行。

11.3.4.2　吊车梁的安装测量

吊车梁的安装测量主要是保证梁的上、下中心线与吊车轨的设计中心在同一竖直面内以及梁面标高与设计标高一致。

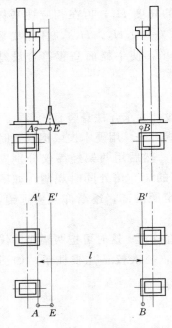

图 11.29　吊车梁及轨道测量

1. 牛腿面标高抄平

用水准仪根据水准点检查柱子所画 ±0.000 标高标志的高程，其标高误差不得超过 ±5mm。如果误差超过限制，则以检查结果作为修平牛腿面或加垫块的依据。并改变原 ±0.000 标高位置，重新画出该标志。

2. 吊车梁中心线投点

根据控制桩或杯口柱列中心线，按设计数据在地面上测出吊车梁中心线的两端点（图 11.29 中 AA' 和 BB'），打木桩标志。然后安置经纬仪于一端点，瞄准另一端点，抬高望远镜将吊车梁中心线投到每个柱子的牛腿面边上。如果与柱子吊装前所画的中心线不一致，则以新投的中心线作为吊车梁安装定位的依据。投点时如果与有些柱子的牛腿不通视，可以从牛腿面向下吊垂球的方法解决中心线的缺点问题。

3. 吊车梁安装时的竖直校正

第一根吊车梁就位时用经纬仪或垂球校直，以后各根就位，可根据前一根的中线用直接对齐法进行校正。

11.3.4.3　吊车轨道安装测量

当吊车梁安装以后，再用经纬仪从地面把吊车梁中心线（即吊车轨道中心线）投到吊车梁顶上，如果与原来画的梁顶几何中心线不一致，则按新投的点用墨线重新弹出吊车轨道中心线作为安装轨道的依据。

由于安置在地面中心线上的经纬仪不可能与吊车梁顶面通视，因此一般采用中心线平移法，如图 11.29 所示，在地面平行于 AA' 轴线、间距为 1m 处测设 EE' 轴线。然后安置经纬仪于 E 点，瞄准 E' 点进行定向。抬高望远镜，使从吊车梁顶面伸出的长度为 1m 的直尺端正好与纵丝相切，则直尺的另一端即为吊车轨道中心线上的点。

然后用钢尺检查同跨两中心线之间的跨距 l，与其设计跨距之差不得大于 10mm。经过调整后用经纬仪将中心线方向投到特设的角钢或屋架下弦上，作为安装时用经纬仪校直轨道中心线的依据。

在轨道安装前，应该用水准仪检查梁顶的标高。每隔 3m 在放置轨道垫块处测一点，以测得结果与设计数据之差作为加垫块或抹灰的依据。为此可用水准仪和钢尺沿柱子竖直量距的方法，从附近水准点把高程传递到吊车梁顶上，并设置固定的水准点标志，作为轨顶标高检查和生产期间检修校正的依据。

在轨道安装过程中，根据梁上的水准点用水准仪按测设已知高程的方法，把轨顶安装在设计标高线上。然后将经纬仪安置在梁顶中心线上，瞄准投在屋架下弦的轨道中心标志进行定向，配合安装进度进行轨道中心线的校直测量工作。

轨道安装完毕后，应全面进行一次轨道中心线、跨距及轨顶标高的检查，以保证能安全架设和使用吊车。

11.4 烟囱与塔体工程施工测量

烟囱、水塔等都是圆锥形的高大建筑物，其特点是基础小、主体高。其施工测量程序大体相同，主要是要严格控制其中心位置，以保证主体竖直。下面就以烟囱为例作一说明。

11.4.1 基础工程施工测量

1. 烟囱的定位

要确定烟囱的位置，首先要按照设计图纸上的定位条件，根据施工场地的施工控制网或已知控制点，在实地测定出烟囱的中心位置，打上大木桩，并在桩顶钉小钉标示。如果中心位置经校核无误后，即可在中心位置架经纬仪，测设出以中心为交点的两条相互垂直的控制轴线（图 11.30），O 为烟囱中心点，AB、CD 为控制线。A、B、C、D 为控制点，其与 O 点距离要大于烟囱高度的 1.5 倍，以便在施工中安置经纬仪检查烟囱的中心位置。在控制线上再测设出 a、b、c、d 等点，以供后面定向之用。

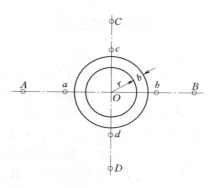

图 11.30 烟囱的中心定位

2. 基础放线

（1）根据基础设计尺寸和放坡宽度，确定基坑开挖线。当采用"大开口法"施工时，基坑开挖半径 R（图 11.30）为

$$\left.\begin{array}{l} R = r + b \\ b = Hm \end{array}\right\} \tag{11.5}$$

式中 r——基础底部设计半径；

    b——放坡宽度；

    H——基坑深度；

    m——放坡系数（根据不同的土质，采用 0.5、0.33、0.25 等值）。

当基础底部设计半径较大时，有时可采用环形基坑，其开挖半径为

$$\left.\begin{array}{l} R_内 = r_内 - b \\ R_外 = r_外 + b \end{array}\right\} \tag{11.6}$$

式中 $R_内$——环形基坑内半径；

    $R_外$——环形基坑外半径；

    $r_内$——基础的内半径；

    $r_外$——基础的外半径。

以上算得的 R 值，都没有涉及支模作业的工作面宽度（一般为 1.2～2.0m），在加上这个宽度以后，就可以 O 点为圆心，R 为半径，用皮尺画圆，并撒出开挖灰线。

（2）基坑开挖深度的控制方法，可按房屋建筑基础工程施工测量中基槽开挖深度控制

方法进行。(参见 11.2.2 建筑物的基础施工测量)

　　3. 恢复基础中心位置

　　在基础施工中，中心点 O 的标志可能被挖掉或损坏。所以在基础施工结束时，利用轴线控制点 A、B、C、D 在基础面上重新测设 O 点，作为主体施工过程中控制中心位置的依据。对于用混凝土浇筑的基础，应在基础中心位置预埋一块金属标板，将中心位置恢复在标板上，并刻出"＋"标志。

11.4.2　筒体的施工测量

　　1. 筒体中心的控制

　　烟囱筒体向上砌筑过程中，筒体的中心线必须严格控制。一般砖砌烟囱每砌一步架(约 1.2m 高)、混凝土烟囱每升一次模板(约 2.5m 高)，都要将中心点引测到作业面上，作为架设烟囱模板的依据。引测方法是，在施工作业面上固定一长木方如图 11.31 所示，在其上面用细钢丝悬吊 8～12kg 重的垂球，移动木方，直至垂球尖对准基础上 O 点。此时钢丝在木方上的位置即为烟囱的中心。烟囱筒体每砌高 10m 左右，还要用经纬仪检查一次中心。检查时分别安置经纬仪于轴线的 A、B、C、D 4 个控制桩上(图 11.30)，把轴线点投测到施工作业面上，按投测标记拉两条细线绳，其交点即为烟囱的中心点。然后再用经纬仪引测的中心点与垂球引测的中心点相比较，以作校核，其烟囱中心偏差一般不应超过所砌高度的 1/1000。

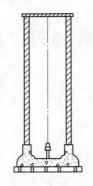

图 11.31　引测烟囱中心点

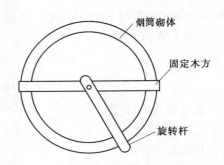

图 11.32　烟囱壁的检查

　　2. 筒体半径的控制

　　某一高度上筒体水平截面尺寸，应在检查中心线的同时，以引测的中心线为圆心，施工作业面上烟囱的设计半径为半径，用木尺杆画圆，如图 11.32 所示，以确定烟囱壁的位置。

　　某一高度上，烟囱筒体的设计半径，可根据设计图求出。如图 11.33 所示，烟囱高度为 H' 的设计半径 r'_B 为

$$\left.\begin{aligned} r'_B &= R - H'm \\ m &= \frac{R - r}{H} \end{aligned}\right\} \tag{11.7}$$

式中　R——筒体底部外半径设计值；

　　　　r——筒体顶部外半径设计值；

　　H'——施工作业面的高度；

　　　H——筒体设计高度；

　　　m——收坡系数。

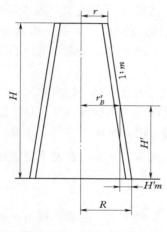

图 11.33　计算烟囱某一
高度的设计半径

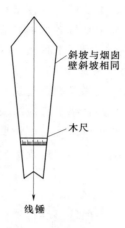

图 11.34　靠尺板

3. 筒壁坡度的控制

筒体表面坡度，通常是用一个专用工具——靠尺板来控制。靠尺板的形状如图 11.34 所示，其两侧的斜边是严格按照设计的筒壁斜度来制作的。使用时将斜边靠紧筒壁，如垂球线刚好通过下端缺口，则说明筒壁的收坡符合设计要求。

4. 筒体高程的控制

当筒体的设计高度不高时，可以用直接丈量的方法来控制筒体标高。其方法是先用水准仪在筒壁上测设出一个整米数的标高线，然后根据这一标高线，用钢尺直接向上丈量来控制筒体的标高。

如果筒体很高，直接丈量有困难，可采用三角高程测量的方法控制筒体的标高。

11.4.3　注意事项

由于日照引起的温差影响，塔体或烟囱上部总是处于变形状态。根据一座高 130m 的混凝土电视塔的实测记录，一昼夜最大变形值达 130mm，每小时最大变形值达 26mm。对在筒体上需要进行设备安装的塔体工程，其水平面方向线精度要求较高。为了减少日照扭转的影响，筒体中心点的引测，水平方向的测设，设备安装中的标高测设，都应在日出前 3h 至日出后 1h 内进行。作业面的施工放样也应以清晨测设的点和线为准。

11.5　房屋建筑物的变形观测

建筑物变形观测的任务，就是周期性地对设置在建筑物上的观测点进行观测，求得观测点各周期的点位和高程变化量。其目的是为监视建筑物的安全使用，研究其变形过程，提供和积累可靠的资料。工业与民用建筑变形观测的内容主要有沉降观测、倾斜观测和裂缝观测。

11.5.1 建筑物的沉降观测

高层建筑物、重要厂房的柱基和主要设备基础等，在施工过程中和使用的最初阶段，都会逐渐下沉。为了掌握建筑物沉降情况，及时发现有危害的下沉现象（比如不均匀沉降）以便采取措施，保证工程质量和安全生产，就必须对建筑物进行连续的沉降观测。

1. 水准点的布设及测定

建筑物的沉降观测是观测建筑物上设置的观测点相对于建筑物附近的水准点的高差随时间的变化量。因此，水准点应布设在地基受震、受压区域以外，且尽量靠近观测点的安全地方。水准点的布设形式与埋设要求与三等、四等水准点相同。水准点的高程，可以是假设高程。水准网要采用三等水准测量的方法测定，高差闭合差不得超过 $\pm 0.5\sqrt{n}$（mm）（n 为测站数）。

2. 沉降观测点的布设

沉降观测点布设的数量和位置要根据建筑物的大小、基础的构造、荷重以及工程与水文地质条件而定。沉降观测点布设好后，要统一进行编号。一般民用建筑物的观测点，设置在外墙拐角处，或沿墙周围每隔 15～30m 设置一点，沉降缝的两侧应设置观测点。工业厂房的观测点可布设在基础柱子、承重墙及厂房转角处。点的密度视厂房结构、吊车起重量及地基土质情况而定。

观测点布设的形式分两种：一种是设在墙上的，多采用角钢或钢筋预制在墙上如图 11.35（a）所示。也有采取隐蔽埋设方法如图 11.35（b）所示，隐蔽埋设的目的是为了保持墙面的美观。另一种是设在基础上的观测点，一般利用铆钉或钢筋来制作，将其埋入混凝土内，如图 11.36 所示。

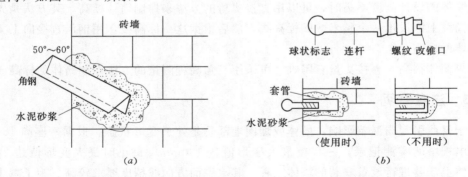

图 11.35 墙上沉降点的布设

3. 沉降观测的外业工作

施工中，在增加较大荷载之后（如浇灌基础、安装柱子和屋架、砌筑砖墙、铺设屋面、安装吊车等）要进行沉降观测。竣工后，按沉降量的大小，定期进行观测。开始时，若一次沉降量不大于 10mm，可 1～2 个月观测一次，否则要增加观测次数。随着沉降量的减小，观测周期可逐渐延长，直至沉降稳定为止。

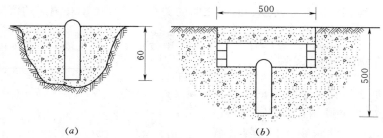

图 11.36 基础上的沉降点布设（单位：mm）
(*a*) 无保护盖；(*b*) 有保护盖

观测前，要根据工程的观测要求制定合理的观测计划，并对所用仪器进行严格检校。

对于一般精度要求的沉降观测，可用 DS₃ 水准仪进行。而对于重要的厂房、高层建筑物等的沉降观测，精度要求较高，就需要采用 DS₁ 精密水准仪进行观测。

观测的人员、仪器和点位要固定，水准仪离前后尺的距离要小于 50m，且前后视距尽量相等，成像要清晰、稳定。

4. 沉降观测的资料整理

每次沉降观测结束后，要立即检查原始记录中的数据和计算是否准确，精度是否合格，文字说明是否齐全。若全部符合要求，即可把观测成果记入成果表（表 11.4），并计算两次观测之间的沉降量和累计沉降量，注明观测日期和荷重情况。

表 11.4　　　　　　　　　　　　　　　沉 降 观 测 成 果

日 期			荷重 /t	观 测 点											
				01			02			03			04		
年	月	日		高程 /m	沉降量 /mm	累计沉降量 /mm	高程 /m	沉降量 /mm	累计沉降量 /mm	高程 /m	沉降量 /mm	累计沉降量 /mm	高程 /m	沉降量 /mm	累计沉降量 /mm
2004	6	12		88.824			88.628			88.752			88.866		
	7	12		88.821	3	3	88.625	3	3	88.751	1	1	88.861	5	5
	8	12	400	88.813	8	11	88.619	6	9	88.746	5	6	88.851	10	15
	9	12	800	88.803	10	21	88.611	8	17	88.744	2	8	88.843	8	23
	10	12	1200	88.796	8	29	88.605	6	23	88.741	3	11	88.839	4	27
	11	12		88.789	6	35	88.601	4	27	88.735	6	17	88.838	1	28
	12	12		88.785	4	39	88.597	4	31	88.734	1	18	88.836	2	30
2005	1	12		88.782	3	42	88.594	3	34	88.731	3	21	88.835	1	31
	2	12		88.780	2	44	88.592	2	36	88.728	3	24	88.832	3	34
	3	12		88.777	3	47	88.590	2	38	88.726	2	26	88.827	5	39
	4	12		88.774	3	50	88.588	2	40	88.723	3	29	88.825	2	41
	5	12		88.772	2	52	88.587	1	41	88.722	1	30	88.823	2	43
	6	12		88.771	1	53	88.586	1	42	88.721	1	31	88.822	1	44
	7	12		88.770	1	54	88.585	1	43	88.720	1	32	88.821	1	45
	9	12		88.769	1	55	88.584	1	44	88.719	1	33	88.820	1	46
	11	12		88.769	0	55	88.584	0	44	88.719	0	33	88.820	0	46
2006	2	12		88.769	0	55	88.584	0	44	88.719	0	33	88.820	0	46

为了更清楚地表示沉降、荷重、时间之间的关系，还要画出观测点的沉降-荷重-时间关系曲线，如图 11.37 所示。

11.5.2 建筑物的倾斜观测

倾斜观测是建筑物变形观测的主要内容之一。建筑物产生倾斜的原因主要有：地基承载力不均匀；建筑物体型复杂，各部位荷载不同或受外力作用影响等。

建筑物倾斜观测的方法一般是用测量仪器测定建筑物的基础或上部结构的倾斜变化，通过分析、计算来进行的。

1. 基础的倾斜观测

建筑物的基础倾斜观测，可以用精密水准仪测出基础两端点的差异沉降量 Δh（图 11.38），再根据两点间的距离 D，即可算出基础的倾斜度为

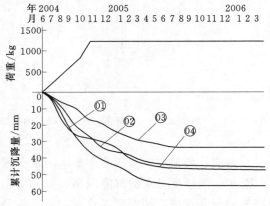

图 11.37 沉降-荷重-时间关系曲线
①、②、③、④—四个观测点

$$i = \frac{\Delta h}{D} \tag{11.8}$$

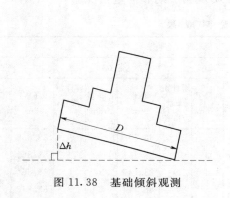

图 11.38 基础倾斜观测

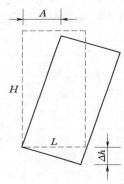

图 11.39 上部倾斜观测

2. 上部的倾斜观测

（1）差异沉降量推算法。此法与观测基础倾斜一样，用精密水准测量测定建筑物基础两端点的差异沉降量 Δh，再根据建筑物的宽度 L 和高度 H，推算出上部的倾斜值，如图 11.39 所示，设顶部倾斜位移值为 Δ，倾斜度为 i，则

$$\Delta = iH = \frac{\Delta h}{L} \times H \tag{11.9}$$

（2）经纬仪投影法。如图 11.40 所示，A、B、C、D 为房屋的底部角点，A'、B'、C'、D' 为顶部各对应点，假设 A' 向外倾斜，观测步骤如下：

1）标定屋顶的 A' 点，设置明显标志，丈量房屋高度 H。

2）在 BA 的延长线上，距 A 点约 $1.5H$ 的地方设置一点 M。在 DA 延长线上，距 A

点约 $1.5H$ 的地方设置一点 N。

3）同时在 M、N 点上架设经纬仪，将 A' 点投影到地面得点 A''。丈量倾斜量 $k = AA''$，并用支距法丈量纵横向位移量 Δx、Δy。

4）计算建筑物的倾斜方向和倾斜度。

倾斜方向：

$$a = \arctan \frac{\Delta y}{\Delta x} \qquad (11.10)$$

倾斜度：

$$i = \frac{k}{H} \qquad (11.11)$$

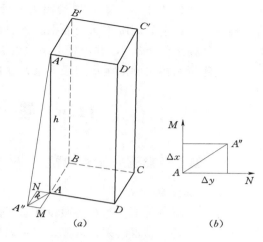

图 11.40 投影法观测建筑物倾斜

11.5.3 建筑物的裂缝观测

不均匀沉降将使建筑物发生倾斜，严重的不均匀沉降会使建筑物产生裂缝。因此，当建筑物出现裂缝时除要增加沉降观测的次数外，还应立即进行裂缝观测。为了观测裂缝的发展情况，要在裂缝处设置观测标志。对标志设置的基本要求是，当裂缝开裂时，标志就能相应的开裂或变化，正确的反映建筑物裂缝发展的情况。下面介绍三种常用的简便型裂缝观测标志。

1. 石膏板标志

在裂缝处糊上宽约 $50\sim80$mm 的石膏板（长度视裂缝大小而定）。石膏干固后，用红漆喷一层宽约 5mm 的横线，跨越裂缝两侧，且垂直裂缝，当裂缝发展时，石膏板随之开裂，每次测量红线处裂缝的宽度并作记录，从而观察裂缝发展的情况。

2. 白铁片标志

如图 11.41 所示，用两块白铁片，一片约为 150mm×150mm，固定在裂缝的一侧，另一片为 50mm×200mm，固定在裂缝的另一侧，并使其中一部分紧贴在相邻的正方形白铁片上。当两块白铁片固定好以后，在其表面均涂上红色油漆。如果裂缝继续发展，两块白铁片将逐渐拉开，露出下面一块白铁片上原被覆盖没有涂油漆的部分，其宽度即为裂缝加大的宽度，可用尺子量出并作记录。

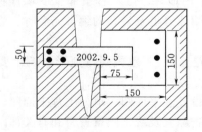

图 11.41 白铁皮标志（单位：mm）

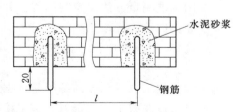

图 11.42 金属棒标志（单位：mm）

3. 金属棒标志

如图 11.42 所示，在裂缝两边凿孔，将长约 10cm、直径 10mm 以上的钢筋头插入，并使其露出墙外约 2cm 左右，然后用水泥砂浆填实牢固。在两钢筋头埋设前，应先把钢筋一端锉平，在上面刻画十字线或中心点，作为量取其间距的依据。待水泥砂浆凝固后，量出两金属棒之间距离 l，并记录下来。以后如裂缝继续发展，则金属棒的间距会不断加大。定期测量两棒之间的距离记录下来，并进行比较，即可掌握裂缝发展情况。

11.6 竣 工 测 量

11.6.1 竣工测量的意义和内容

1. 竣工测量的意义

工业与民用建筑工程都是按照设计总平面图施工的。随着施工的不断深入，设计时考虑不到的一些因素暴露出来，可能要变更局部设计，从而使工程的竣工位置与设计位置不完全一致。此外，为给工程竣工后投产营运中的管理、维修、改建和扩建等提供可靠的图纸和资料，一般应编绘竣工总平面图。竣工总平面图及附属资料，也是考查和研究工程质量的依据之一。

新建企业的竣工总平面图最好是随着工程的陆续竣工相继进行编绘。编绘过程中如发现问题，特别是地下管线问题，应及时到现场查对，使竣工总平面图能真实地反映实际情况。

每个单项工程完成后，必须由施工单位进行竣工测量，提交工程的竣工测量成果，作为编制竣工总平面图的依据。

2. 竣工测量的内容

竣工测量的内容包括室外实测和室内资料编绘两方面的内容，现分别介绍如下：

（1）室外实测。建筑物和构造物竣工验收时进行的实地测量称为室外实测，也叫竣工测量。竣工测量可以利用施工期间使用的平面控制点和水准点进行施测。其实测内容主要有：

1）细部点坐标测量。对于主要的建筑物和构筑物的墙角、地下管线的转折点、道路交叉点、架空管网的转折点以及圆形建筑物的中心点等，都要测算其坐标。并附房屋编号、结构层数、面积和竣工时间等资料。

2）高程测量。对于主要建筑物和构筑物的室内地坪、上水管顶部、下水管底部、道路变坡点等，要用水准测量方法测定其高程。并附注管道及窨井的编号、名称、管径、管材、间距、坡度和流向等。

3）其他测量。对于一般地物（比如草坪、花池等）、地貌则按地形图测绘要求进行测绘。

（2）室内编绘。竣工总平面图的编绘是依据设计总平面图、单位工程平面图、纵横断面图和设计变更资料以及施工放线资料、施工检查测量及竣工测量资料和有关部门、建设单位的具体要求来进行的。

竣工总平面图应包括施工测量控制点、水准点、厂房、辅助设施、生活福利设施、架空与地下管线、道路等建（构）筑物的坐标、高程，以及厂区内净空地带和尚未兴建区域的地物、地貌等内容。有关建（构）筑物的符号应与设计图例相同，有关地形图的图例应使用国家地形图图式符号。

11.6.2 竣工总平面图的编绘

1. 绘制坐标方格网

一般使用两脚规和比例尺来绘制，其精度要求与地形图测量的坐标格网相同。

2. 展绘控制点

坐标方格网绘好后，将施工控制点按坐标值展绘到图上。展点对临近的方格而言，其允许误差为±0.3mm。

3. 展绘设计总平面图

根据坐标方格网，将设计总平面图的图面内容按其设计坐标，用铅笔展绘于图纸上，作为竣工总平面图编绘的底图。

4. 展绘竣工总平面图

（1）根据设计资料展绘。凡按设计坐标定位施工的工程，应以测量定位资料为依据，按设计坐标（或相对尺寸）和标高展绘。建筑物和构筑物的拐角、起止点、转折点应根据坐标数据展点成图。对建筑物和构筑物的附属部分，如无设计坐标，可用相对尺寸绘制。若原设计变更，则应根据设计变更资料编绘。

（2）根据测量资料展绘。在工业与民用建筑施工中，每一个单项工程完成后，都应进行竣工测量，并提交该工程的竣工测量成果。凡有竣工测量资料的工程，若竣工测量成果与设计值之差不超过所规定的容许误差时，可按设计值编绘，否则应按竣工测量资料编绘。

5. 现场实测

对于直接在现场指定位置进行施工的工程或以固定地物定位施工的工程、多次变更设计而无法查对的工程，都应根据施工控制网进行现场实测，并在实测时，现场绘出草图，然后根据实测成果和草图，在室内进行编绘。

对于大型企业和较复杂的工程，如果将厂区地上、地下所有建筑物和构筑物都绘在一张总平面图上，将会造成图上内容太多，线条密集，不易辨认。为使图面清晰醒目，便于使用，可根据工程的密集与复杂程度，按工程性质分类编绘竣工总平面图。如综合竣工总平面图、工业管线竣工总平面图、分类管道竣工总平面图以及厂区铁路、道路竣工总平面图等。

【知识小结】

建筑场地施工控制测量是施工放样的依据，按工程的要求布设施工控制网进行施工控制测量以确保施工放样精度和工程质量；民用建筑的施工测量基本工作包括建筑物的定位、放线以及基础施工测量和主体施工测量等工作，这些工作对保证工程质量和工程进度有着重要意义，高层建筑施工测量要结合高层建筑的特殊要求，严格控制轴线投测的精度和适当采用高程传递的方法；工业建筑施工测量中厂房控制网的测设一定要严格执行施工测量规范并严格校核，在厂房基础施工测量中要注意柱基中心线的测设和基础标高的控制，在厂房构件的安装测量中，安装完毕要严格检核；对于烟囱、水塔建筑物的施工测量的过程，一定要严格把握中心线的垂直度，以确保工程质量；建筑物的沉降观测、倾斜观测、裂缝观测的方法及竣工测量的意义和编绘竣工总平面图的方法。

【知识与技能训练】

（1）常见的建筑基线的布设形式有哪几种？

（2）已知点的测量坐标如何将其换算成施工坐标？

（3）结合实际，练习根据建筑红线放样建筑基线，写出放样报告。

（4）一般民用建筑条形基础施工过程中要进行哪些测量工作？

（5）在高层建筑施工中，如何控制建筑物的垂直度和传递标高？

（6）柱子的竖直校正对仪器有何要求？如何进行柱子的竖直校正？

（7）高耸的构筑物测量有何特点？在烟囱筒身施工测量中如何控制其垂直度？

（8）某楼房基础两端各有一沉降观测点，其下沉分别为 30mm 和 80mm，已知该楼房宽度（近似等于两观测点距离）为 30m，求该楼房基础倾斜度。

（9）为什么要编绘竣工总平面图？如何编绘？

第 12 章　水工建筑物施工测量

【学习目标】

本章分别对土坝、水闸、隧洞工程中的施工测量做了详细介绍，学习本章，要掌握土坝控制测量、土坝清基开挖和坝体填筑施工测量的方法；掌握水闸主轴线的放样和高程控制网建立的方法；掌握基础开挖线和水闸底板的放样方法；掌握隧洞洞外控制测量和洞内施工测量的方法与程序。

【学习要求】

知识要点	能　力　要　求	相　关　知　识
土坝施工放样	(1) 能够进行土坝控制测量； (2) 能够进行土坝清基开挖； (3) 能够进行坝体浇筑	(1) 坝轴线的确定； (2) 控制网的建立； (3) 坝体细部测设； (4) 清基开挖线放样； (5) 起坡线的放样； (6) 坝体边坡放样
水闸施工测量	(1) 能够进行水闸主轴线的测设； (2) 能够进行基础开挖线的放样； (3) 能够进行水闸底板的放样； (4) 掌握高层建筑施工测量	(1) 闸室中心线； (2) 河道中心线； (3) 水闸底板、护坡； (4) 底板立模； (5) 闸墩
隧洞施工测量	(1) 能够进行洞外控制测量； (2) 能够进行洞外定向测量； (3) 能够进行洞内施工测量	(1) 平面和高程控制测量； (2) 定线测量； (3) 洞中线的标定； (4) 洞内导线测量； (5) 洞内水准测量

12.1　土　坝　施　工　放　样

土坝是一种较为普遍的坝型，图 12.1 是一种黏土心墙土坝的示意图。

12.1.1　土坝控制测量

按照土坝建设的顺序，应首先进行施工控制测量，建立施工控制网是根据基本网确定坝轴线，然后以坝轴线为依据布设坝身控制网以控制坝体细部的放样。

1. 坝轴线的确定

对于中小型土坝的坝轴线，一般是由工程设计人员和勘测人员组成选线小组，深入现场进行实地踏勘，根据当地的地形、地质和建筑材料等条件，经过方案比较，直接在现场选定。

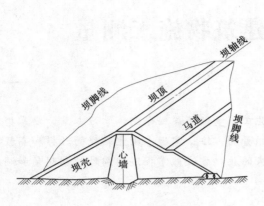

图 12.1　土坝结构图

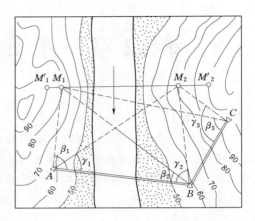

图 12.2　确定坝轴线

对于大型土坝以及与混凝土坝衔接的土质副坝，一般经过现场踏勘、图上规划等多次调查研究和方案比较，确定建坝位置，并在坝址地形图上结合枢纽的整体布置，将坝轴线标于地形图上，如图 12.2 中的 M_1、M_2 所示。

为了将图上设计好的坝轴线标定在实地上，一般可根据预先建立的基本控制网用角度交会法将 M_1 和 M_2 测设到地面上。放样时，先根据控制点 A、B、C（图 12.2）的坐标和坝轴线两端点 M_1、M_2 的设计坐标算出交会角 β_1、β_2、β_3 和 γ_1、γ_2、γ_3，然后安置经纬仪于 A、B、C 点，测设交会角，用三个方向进行交会，在实地定出 M_1、M_2。

坝轴线的两端点在现场标定后，应用永久性标志标明。为了防止施工时端点被破坏，应将坝轴线的端点延长到两面山坡上，如图 12.2 中的 M_1'、M_2'。

2. 建立平面控制网

直线型坝的放样控制网通常采用矩形网或正方形方格网作平面控制。网格的大小与坝体大小和地面情况有关。

（1）测设坝轴垂直线。具体测设步骤和方法如下：

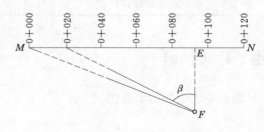

图 12.3　测设坝轴垂直线

1）在坝轴线两端找出与坝顶设计高程相同的地面点（即坝顶端点）。为此，将经纬仪安置在坝轴线上，以坝轴线定向；从水准点向上引测高程，当水准仪的视线高达到略高于坝顶设计高程时，算出符合坝顶设计高程应有的前视标尺读数，再指挥标尺在坝轴线上移动寻找两个坝轴端点，并打桩标定，如图 12.3 中的 M 和 N。

2）以任一个坝顶端点作为起点，每隔一定距离设置里程桩，在坡度显著变化的地方设置加桩。当距离丈量有困难时，可采用交会法定出里程桩的位置。如图 12.3 所示，在便于量距的地方作坝轴线 MN 的垂线 EF，用钢尺量出 EF 的长度，测出水平角 $\angle MFE$，算出平距 ME。

这时，设欲放样的里程桩号为 0+020.00，先按公式 $\beta = \tan^{-1} \dfrac{ME-20}{EF}$ 计算出 β 角，然后用两台经纬仪分别在 M 点和 F 点设站，M 点的经纬仪以坝轴线定向，F 点的经纬仪测设出 β 角，两仪器视线的交点即为 0+020.00 桩的位置。其余各桩按同法标定。

3）在各里程桩上测设坝轴线的垂线。垂线测设后，应向上、下游延长至施工影响范围之外，打桩编号，如图 12.4 所示。

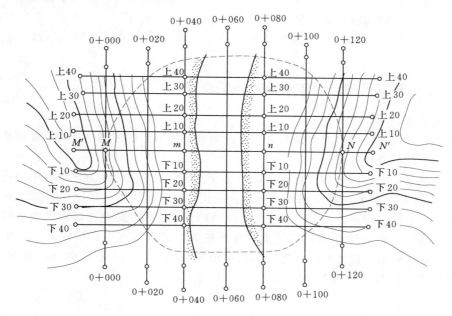

图 12.4　矩形平面控制网的建立

（2）测设坝轴平行线。在河滩上选择两条便于量距的坝轴垂直线，根据所需间距，从坝轴里程桩起，沿垂线向上、下游丈量定出各点，并按轴距（即至坝线的平距）进行编号，如上 10、上 20、…，下 10、下 20、…，等。两条垂线上编号相同的点连线即坝轴平行线，应将其向两头延长至施工影响范围之外，打桩编号（图 12.4）。

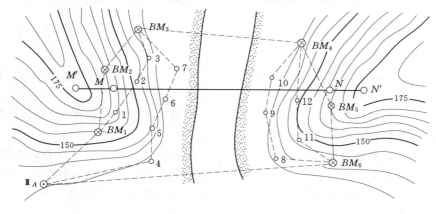

图 12.5　高程控制网

在测设平行线的同时，还可一起放出坝顶肩线和变坡线，它们也是坝轴平行线。

3. 高程控制网的建立

用于土坝施工放样的高程控制，可由若干永久性水准点组成基本网和临时作业水准点两级布设。基本网一般在施工影响范围之外布设水准点，用三等水准测量按环形路线（如图 12.5 中由 III_A 经 $BM_1 \sim BM_6$，再至 III_A 测定它们的高程；临时水准点直接用于坝体的高程放样，布置在施工范围内不同高度的地方并尽可能做到安置一、二次仪器就能放样高程。临时水准点应根据施工进程临时设置，附合到永久水准点上。（如图 12.5 中由 BM_1 经 $1 \sim 3$ 再至 BM_3）从水准基点引测它们的高程，并应经常检查，以防由于施工影响发生变动。

12.1.2 土坝清基开挖与坝体填筑的施工测量

1. 清基开挖线的放样

清基开挖线是坝体与自然地面的交线，亦即自然地表上的坝脚线。套绘断面法是最简单的清基开挖线的放样方法。

此法与渠道断面放样相仿。首先测定各里程桩高程，沿垂直线方向测绘断面图（即横断面图），在各断面图上再套绘坝体设计断面（图 12.6），从图上量出两断面线交点（即坝脚点）至里程桩的距离（如图 12.6 中的 D_1 和 D_2，），然后据此在实地垂线上放样出坝脚点。将各垂线上的坝脚点连起来就是清基开挖线。但清基有一定的深度，为了防止塌方，应放一定的边坡，因此实际开挖线需根据地质情况从所定开挖线向外放宽一定距离，撒上白灰标明，如图 12.4 中的虚线所示。

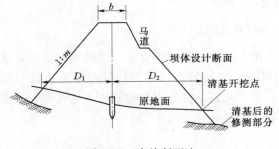

图 12.6 套绘断面法

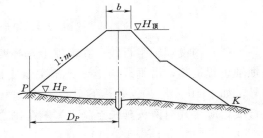

图 12.7 起坡线的放样

2. 起坡线的放样

清基完工后，位于基坑底面上的坝脚线称为起坡线。起坡线是填筑土石或浇筑混凝土的边界线。起坡线的放样也可采用套绘断面法或经纬仪扫描法。如果采用断面法，首先必须恢复里程桩，修测横断面图（即在原断面图上修测靠坝脚开挖线部分），从修测后的横断面图上量出坝脚点的轴距再去放样。

起坡线的放样精度要求较高。无论采用哪种方法放样，都应进行检查。如图 12.7 所示，设所放出的点为 P。检查时，用水准测量测定此点高程为 H_P，则此点至坝轴里程桩的实地平距（或放点时所用的平距） D_P 应等于按下式所算出来的轴距，即

$$D_P = \frac{b}{2} + (H_顶 - H_P)m \tag{12.1}$$

如果实地平距与计算的轴距相差大于 1/1000，应在此方向移动标尺重测高程和重量平距，直至量得立尺点的平距等于所算出的轴距为止，这时的立尺才是起坡点应有的位置。所有起坡点标定后，连成起坡线。

3. 坝体边坡的放样

土石坝边坡放样很简单，通常采用坡度尺法或轴距杆法。混凝土坝的边坡放样必须装置模板，模板的斜度用坡度尺确定。

(1) 坡度尺法。按设计坝面坡度 1：m 特制一个大三角板，使两直角边的长度分别为 1 市尺和 m 市尺；在长为 m 的直角边上安一个水准管。放样时，将小绳一头系于起坡桩上，另一头系在坝体横断面方向的竹竿上，将三角板斜边靠着绳子，当绳子拉到水准气泡居中时，绳子的坡度即等于应放样的坡度（图 12.8）。

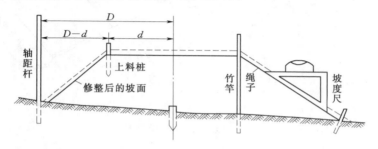

图 12.8 坝体边坡的放样

(2) 轴距杆法。根据土石坝的设计坡度，计算出不同层高坡面点的轴距 d，编制成表。此表按高程每隔 1m 计算一值。由于坝轴里程桩会被淹埋，必须以填土范围之外的坝轴平行线为依据进行量距。为此，在这条平行线上设置一排竹竿（称轴距杆），如图 12.8 所示。设平行线的轴距为 D，则上料桩（坡面点）离轴距杆为 $D-d$，据此即可定出上料桩的位置。随着坝体增高，轴距杆可逐渐向坝轴线移近。

上料桩的轴距是按设计坝面坡度计算的，实际填土时应超出上料位置，即应留出夯实和修整的余地，如图 12.8 中虚线所示。超填厚度由设计人员提出。混凝土坝的中间部分是分块立模的，应先将分块线投影到基础面或已浇好的坝块面上，再在离分块线 0.2m 的地方弹出一条平行墨线，以供检查和校正模板之用。在沿分块线立模时，在模板顶部钉一颗长 0.2m（包括模板厚）的钉子，吊下垂球，若垂球正对平行线，则说明模板已竖直。

12.2 水 闸 施 工 测 量

水闸一般由闸室段和上、下游连接段三部分组成（图 12.9）。闸室是水闸的主体，这一部分包括底板、闸墩、闸门、工作桥和交通桥等。上、下游连接段有防冲槽、消力池、翼墙、护坦（海漫）、护坡等防冲设施。由于水闸一般建筑在土质地基甚至软土质地基上，因此通常以较厚的钢筋混凝土底板作为整体基础，闸墩和翼墙就浇筑在底板上，与底板结成一个整体。放样时，应先放出整体基础开挖线：在基础浇筑时，为了在底板上预留闸墩

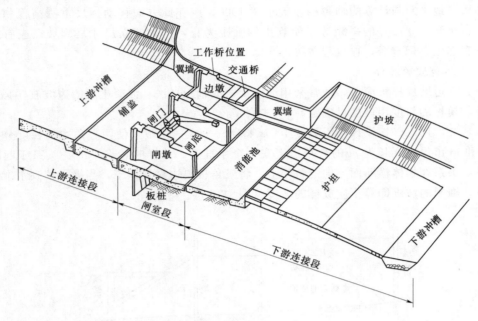

图 12.9　水闸结构示意图

和翼墙的连接钢筋，应放出闸墩和翼墙的位置。具体放样步骤和方法如下。

12.2.1　主轴线的测设和高程控制网的建立

　　水闸主轴线由闸室中心线（横轴）和河道中心线（纵轴）两条互相垂直的直线组成。从水闸设计图上可以量出两轴交点和各端点的坐标，根据坐标反算出它们与邻近测图控制点的方位角，用前方交会法定出它们的实地位置。主轴线定出后，应在交点检测它们是否相互垂直：若误差超过 $10''$，应以闸室中心线为基准，重新测设一条与它垂直的直线作为纵向主轴线，其测设误差应小于 $10''$。主轴线测定后，应向两端延长至施工影响范围之外，每端各埋设两个固定标志以表示方向（图 12.10）。

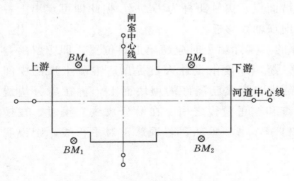

图 12.10　主轴线的测设

　　高程控制采用三等或四等水准测量方法测定。水准基点布设在河流两岸不受施工干扰的地方，临时水准点尽量靠近水闸位置，可以布设在河滩上。

12.2.2　基础开挖线的放样

　　水闸基坑开挖线是由水闸底板的周界以及翼墙、护坡等与地面的交线决定的。为了定出开挖线，可以采用本章第一节介绍的套绘断面法。首先，从水闸设计图上查取底板形状变换点至闸室中心线的平距，在实地沿纵向主轴线标出这些点的位置，并测定其高程和测绘相应的河床横断面图。然后根据设计数据（即相应的底板高程和宽度，翼墙和护坡的坡度）在河床横断面图上套绘相应的水闸断面（图 12.11），量取两断面线交点到测站点（纵轴）的距离，即可在实地放出这些交点，连成开挖边线。

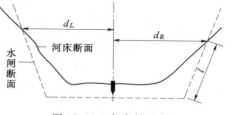

图 12.11 套绘断面法

为了控制开挖高程，可将斜高 l 注在开挖边桩上。当挖到接近底板高程时，一般应预留 0.3m 左右的保护层，待底板浇筑时再挖去，以免间隙时间过长，清理后的地基受雨水冲刷而变化。在挖去保护层时，要用水准仪测定底面高程，测定误差不能大于 10mm。

12.2.3 水闸底板的放样

底板是闸室和上、下游翼墙的基础。闸孔较多的大中型水闸底板是分块浇筑的。底板放样的目的首先是放出每块底板立模线的位置，以便装置模板进行浇筑。底板浇筑完后，要在底板上定出主轴线、各闸孔中心线和门槽控制线，并弹墨标明。然后以这些轴线为基准标出闸墩和翼墙的立模线，以便安装模板。

1. 底板立模线的标定和装模高度的控制

为了定出立模线，先应在清基后的地面上恢复主轴线及其交点的位置，于是必须在原轴线两端的标桩上安置经纬仪进行投测。轴线恢复后，从设计图上量取底板四角的施工坐标（即至主轴线的距离），便可在实地上标出立模线的位置。

模板装完后，用水准仪测量在模板内侧标出底板浇筑高程的位置，并弹出墨线表示。

2. 翼墙和闸墩位置及其立模线的标定

由于翼墙与闸墩是和底板结成一个整体，因此它们的主筋必须一道结扎。于是在标定底板立模线时，还应标定翼墙和闸墩的位置，以便竖立连接钢筋。翼墙、闸墩的中心位置及其轮廓线，也是根据它们的施工坐标进行放样，并在地基上打桩标明。

底板浇筑完后，应在底板上再恢复主轴线，然后以主轴线为依据，根据其他轴线对主轴线的距离定出这些轴线（包括闸孔和闸墩中心线以及门槽控制线等），且弹墨标明。因为墨线容易脱落，故必须每隔 2～3m 用红漆画一圈点表示轴线位置。各轴线应按不同的方式进行编号。根据墩、墙的尺寸和已标明的轴线，再放出立模线的位置。圆弧形翼墙的立模线可采用弦线支距法进行放样。

12.3 隧 洞 施 工 测 量

在水利工程建设中常常需要修建隧洞，隧洞属于地下工程，一般情况下隧洞开挖时互相不通视，要求在洞轴线的某一点贯通，这样需要严格控制开挖的方向和高程。因此隧洞施工测量的基本任务是：建立平面和高程施工控制网，标定隧洞中心线，指示开挖方向，确定坡度，保证按规定的精度贯通，使隧洞断面几何形状符合设计要求。

12.3.1　洞外控制测量

洞外控制测量是为了确定隧洞洞口位置，并为确定中线掘进方向和高程放样提供依据，它包括平面控制测量和高程控制测量。

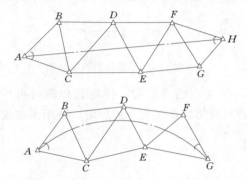

图 12.12　三角网控制测量

1. 平面控制测量

（1）三角测量。对于隧道较长、地形复杂的山岭地区，地面平面控制网一般布置成三角网形式，如图 12.12 所示。测定三角网的全部角度和若干条边长，或全部边长，使之成为边角网。三角网的点位精度比导线高，有利于控制隧道贯通的横向误差。

（2）导线测量。采用导线测量作为平面控制，导线点应尽量靠近洞轴线布设，导线点个数不宜过多，而且相邻导线边的长度大致相等。

（3）GPS 测量。用全球定位系统 GPS 作为地面平面控制时，只需要布设洞口控制点和定向点，而且相互通视，以便施工定向之用。不同洞口之间的点不需要通视，与国家控制点或城市控制点之间的联测也不需要通视。因此，地面控制点的布设灵活方便，且定位精度目前已优于常规控制方法。

2. 高程控制测量

隧洞的高程控制一般采用水准测量。高程控制测量的任务是按规定的精度测量隧道洞口附近水准点的高程，作为高程引测进洞的依据。高程控制通常采用三等、四等水准测量的方法施测，就可以达到高程贯通误差的允许值要求。水准路线应构成环形或两条独立路线，基本水准点应布设在地基比较稳定的地方，且不易被破坏。每一洞口埋设的水准点应不少于两个，且以安置一次水准仪即可联测为宜。

12.3.2　洞外定向测量

在地面上确定洞口的位置及中线掘进方向的测量工作称为洞外定向测量，它是在控制测量的基础上，根据控制点与图上设计的隧洞中线转折点、进出口等的坐标，计算出隧洞中线的放样数据，在实地将洞口的位置和中线方向标定出来，这种方法称解析定线测量。当隧洞很短，没有布设控制网时，在实地直接选定洞口位置，并标定中线掘进方向，这种方法称直接定线测量。

1. 解析法定线测量

（1）洞口位置的标定。如图 12.13 所示，ABC 为隧洞中线，A、B 为洞口位置，C 为转折点，A 正好在三角点上，而 C 不在三角点上，这样，可根据 5、6、7 三个控制点用角度交会法将 B 点在实地测绘出来。需要根据各控制点坐标和 B 点的设计

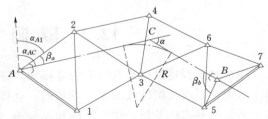

图 12.13　隧洞三角网布置图

坐标,用坐标反算算出方位角,再计算出交会角。

放样时,在5、6、7安置经纬仪,分别测设交会角,用盘左、盘右测设平均位置,得三条方向线,若三条方向相交所形成的误差三角形在允许范围内,则取其内切圆圆心为洞口 B 的位置。

(2)开挖方向的标定。隧道贯通的横向误差主要由隧道中线方向的测设精度所决定,而进洞时的初始方向尤其重要。因此,在隧道洞口,要埋设若干个固定点,将中线方向标定于地面,作为开始掘进及以后与洞内控制点联测的依据。如图 12.14 所示,用 1、2、3、4 标定掘进方向,再在洞口点 A 与中线垂直方向上埋设 5、6、7、8 桩。所有固定点应埋设在不易受施工影响的地方,并测定入点至 2、3、6、7 点的平距。这样,在施工过程中可以随时检查或恢复洞口控制点的位置和进洞中线的方向及里程。

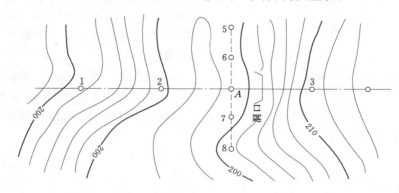

图 12.14 掘进方向的标定

2. 直接定线测量

对于较短的隧洞,可在现场直接选定洞口位置,然后用经纬仪按正倒镜定直线的方法标定隧洞中心线掘进方向,并求出隧洞的长度。如图 12.15 所示,A、B 两点为现场选定的洞口位置,且两点互不通视,欲标定隧洞中心线,首先约在 AB 的连线上初选一点 C',将经纬仪安置在 C' 点上,瞄准 A 点,倒转望远镜,在 AC' 的延长线上定出 D' 点,为了提高定线精度可用盘左、盘右观测取平均,作为 D' 点的位置;然后搬仪器至 D' 点,同法在洞口定出 B' 点。通常 B' 与 B 不相重合,此时量取 $B'B$ 的距离,并用视距法测得 AD' 和 $D'B'$ 的水平长度,求出 D' 点的改正距离 $D'D$,即

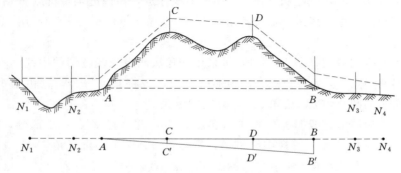

图 12.15 隧洞直接定线示意图

$$D'D = \frac{AD'}{AB'} \times B'B \qquad (12.2)$$

在地面上从 D' 点沿垂直于 AB 方向量取距离 $D'D$ 得到 D 点，再将仪器安置于 D 点，依上述方法再次定线，由 B 点标定至 A 洞口，如此重复定线，直至 C、D 位于 AB 直线为止。最后在 AB 的延长线上各埋设两个方向桩 N_1、N_2 和 N_3、N_4，以指示开挖方向。

12.3.3 洞内施工测量

1. 洞中线的标定

当洞口劈坡完成后，要在劈坡面上给出隧洞中心线，来指示掘进方向。如图 12.16 所

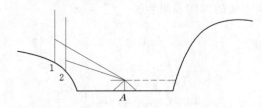

图 12.16 洞口开挖方向标定

示，在洞口 A 点处放置仪器，瞄准方向桩 1、2。倒转望远镜即为隧洞中线方向；采用盘左、盘右观测取平均的方法，在劈坡面上给出隧洞开挖方向。

随着隧洞的掘进，需要继续把中心线向前延伸，一般当隧洞每掘进 20m 要埋设一个中线里程桩，中线里程桩可以埋设在隧洞的底部或顶部，如图 12.17 所示。

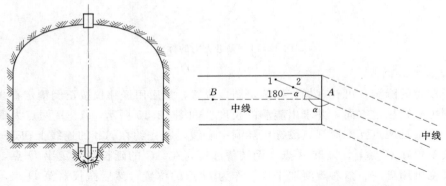

图 12.17 隧道中线桩   图 12.18 隧洞折线段测设

对于不设置曲线的折线隧洞（图 12.18）中线标定，在掘进至转折点 A 时，在该点上安置经纬仪，瞄准后面中线桩 B，右转角度 $180° - \alpha$ 做出方向标志 1、2，用 1、2、A 三点指导向前开挖。

对于设置曲线的隧洞（图 12.19），可采用偏角法测设曲线隧洞的中线。Z、Y 分别为圆曲线的起点和终点，J 为转折点，L 为曲线全长，现将其 n 等分，则由第 11 章可求得每段曲线长所对的圆心角 φ，偏角 $\varphi/2$，对应的弦长 d。

测设时，当隧洞沿直线掘进至曲线的起点 Z 点，并略过 Z 点一小部分，准确标出 Z 点。在 Z 点上安置经纬仪，后视中线桩 A，置角度 $0°00'00''$；再拨角 $180° - \varphi/2$，即得 Z—1 弦线方向，倒转望远镜，作出方向标志 Z_1、Z_2 点，根据 Z_1、Z_2、Z 三点的连线方向指导隧洞的开挖。当掘进到略大于弦长 d 后，按上述方法定 Z—1 方向。沿该方向用钢尺

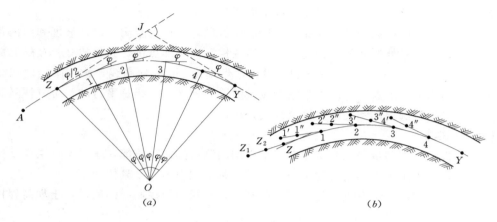

图 12.19 隧洞曲线测设

自 Z 点丈量弦长 d，即得曲线上的点 1。点 1 标定后，后视 Z 点，拨转角 $180°-\varphi$，即得 1—2 方向。

按上述方法掘进，沿视线方向量弦长 d，得曲线上的点 2。用同样的方法定出各点，直至曲线终点 Y。

2. 洞内导线测量

洞内导线测量与地面控制建立统一的坐标系统，根据导线坐标，可以放样隧洞中线，指示开挖方向，保证相向开挖的隧道在要求精度范围内贯通。

洞内导线点通常设在隧道的洞口，每隔一定的距离（50～100m）选一中线桩作为导线点。导线点应尽量布设在干扰小、通视良好且稳固安全的地段。洞内导线一般采用支导线布设形式，尽量沿线路中线布设，或与线路中线平移一适当的距离，边长接近相等。

由于洞内的观测条件差，而且导线边较短，在进行角度测量时，应尽可能减少仪器对中误差和目标偏心误差的影响。导线的转折角采用 DJ$_2$ 型经纬仪，至少观测两个测回。距离用钢尺或光电测距仪测定，用钢尺测距时，要加入尺长、温度和倾斜改正。用电磁波测距仪观测导线边长时，仪器及棱镜面上的雾气及水珠应擦拭干净，以免影响测距精度。为保证测量成果的正确性，最好由两组分别进行观测和计算。

12.3.4 洞内水准测量

洞内水准测量与洞外水准测量基本相同。由于光线不好、灰粉较多，以及受施工干扰等因素影响，与洞外水准测量相比较，洞内水准测量具有以下特点：

（1）洞内水准路线和洞内导线相同，在贯通之前水准路线是支水准路线，因而，只有用多次测量的方法检核水准点的高程。

（2）一般利用导线点兼作水准点。点的标志可根据洞内的具体情况埋设在洞的底部、洞顶或两边侧墙上。

（3）洞内水准路线是随开挖工作面的推进而延伸。为了满足施工放样的要求，一般先布设精度较低的临时水准路线，然后，再布设精度较高的水准路线（埋设永久水准点）。由于洞内观测条件差，洞内水准路线又是随着开挖工作面的推进而延伸，需进行往返测。

洞内每隔 20～30m 设一临时水准点，200m 左右设一固定水准点。

为了控制施工的标高和坡度，先要根据洞口的设计高程、隧洞的设计坡度和洞内各点的掘进距离，算出各处洞底的设计高程，然后依据洞内水准点进行高程放样。在隧洞壁上每隔一定距离（5～10m），测设出比洞底设计地坪高出 1m 的标高线，称为腰线。腰线的高程由引入洞内的水准点进行测设。它与隧道的设计地平高程线是平行的，可方便隧洞的断面放样，指导隧洞顶部和底部按设计纵坡开挖。

【知识小结】

水工建筑物施工测量是水利工作者经常应用的测量知识和技能，学习本章主要掌握土坝的施工测量、水闸施工测量、隧洞施工测量的基本知识内容。具体如下：

（1）土坝的控制测量。重点是土坝控制测量，土坝坝身控制线的测设，土坝高程控制测量。

（2）土坝施工过程中的测量工作。主要内容为清基开挖线的放样，起坡线的放样，坝体边坡的放样。

（3）水闸的施工测量。包括主轴线的测设和高程控制网的建立，基础开挖线的放样，水闸底板的放样。

（4）隧洞施工测量。包括洞外控制测量、洞外定向测量、洞内施工测量。

【知识与技能训练】

（1）怎样确定土坝的坝轴线？

（2）如何用套绘断面法放样清基开挖线？

（3）如何用轴距杆法放样土坝坝体边坡？

（4）如何放样混凝土坝坝体矩形控制网？

（5）混凝土坝的立模放样方法有哪些？

（6）掘进中线方向是如何标定的？

（7）隧洞内中线是如何标定的？

第 13 章 线 路 测 量

【学习目标】

本章着重介绍道路工程和管道工程中的线路测量的基本方法。它包括中线测量、圆曲线的测设、线路纵横断面图的测绘、线路工程施工测量、管道施工过程中的测量工作。在学习时应掌握中线测量中的交点、转点和转向角的测定以及中桩的设置；圆曲线要素的计算和圆曲线主点及细部点的测设方法；线路纵、横断面的测绘方法；线路施工控制桩和路基边桩的测设方法；管道中线和高程的测设方法。

【学习要求】

知识要点	能 力 要 求	相 关 知 识
中线测量	(1) 交点、转点和转向角的测定； (2) 中桩的设置	(1) 交点、转点和转向角； (2) 整桩和加桩
圆曲线	(1) 圆曲线要素的计算； (2) 圆曲线主点及细部点测设方法	(1) 切线长、曲线长、外矢距、切曲差； (2) 偏角法和切线支距法
线路纵横断面	(1) 线路纵断面的测绘； (2) 线路横断面的测绘	(1) 基平测量和中平测量； (2) 水准仪皮尺法和经纬仪视距
线路施工	(1) 施工控制桩的测设方法； (2) 路基边桩的测设方法	(1) 平行线法和延长线法； (2) 图解法和解析法
管道施工测量	(1) 管道中线测设； (2) 管道高程测设	龙门板的设置

13.1 概 述

线路工程包括铁路、公路、渠道、输电线路以及供气、输油等各种用途的管道工程。在线路工程中所进行的各种测量工作称为线路测量。线路测量工作贯穿于线路工程建设的全过程，从线路的规划设计、勘测设计、工程施工到线路竣工后的运营管理，每一阶段都有相应的测量工作。线路测量工作在工程建设各个阶段的内容有所不同。

1. 规划设计阶段

在规划设计阶段，主要收集区域内各种比例尺地形图、平面图、断面图和有关资料，进行图上选线、实地踏勘和方案论证。需要时，可测绘中比例尺的地形图，以便在图上规划线路方案。

2. 勘测设计阶段

勘测设计阶段又分为初测和定测两个阶段。

初测阶段主要是沿规划线路进行平面控制测量和高程控制测量，测绘大比例尺的带状地形图，图上进行定线设计，在带状地形图上确定线路直线段及交点位置，表明直线段连接曲线的有关参数。

定测阶段主要是将线路中线测设到地面上，并进行纵、横断面测量。

3. 施工阶段

主要是根据施工设计图纸及有关资料进行施工放样工作。

4. 工程竣工运营阶段

主要是竣工验收、测绘竣工平面图和断面图，还要监测工程的运营状况，评价工程的安全性。

13.2 中 线 测 量

中线测量是把路线设计的中线位置在实地标定出来。中线测量的主要工作有：线路交点、转点及转向角的测定，测设直线段的里程桩和转点桩，曲线的测设等。

13.2.1 交点的测设

线路方向的转折点称为交点。当中线的直线段太长或通视受阻时，需要设置一些传递直线方向的点，这些点称为转点。交点和转点是测设线路中线的控制点。通常直线上每隔 $200\sim300m$ 设置一个转点，在线路与其他线路交叉处或需设置桥、涵等构筑物处也要设置转点。如图 13.1 所示。

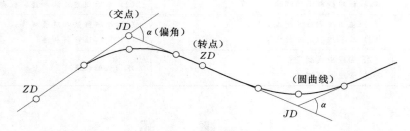

图 13.1　线路中线

根据现场的实际情况，交点的测设有以下几种方法：

1. 根据导线点测设

根据线路设计阶段布设的导线点的坐标以及道路交点的设计坐标计算放样数据，按极坐标法、角度交会法、距离交会法等测设出交点的位置。

2. 穿线法测设

穿线法是根据图上定线的线路位置在实地测设交点的位置。它是利用图上的已知控制点或已知地形点，测设出线路的直线段中线，再将相邻的直线延长相交，定出交点的位置。具体方法如下：

（1）量支距。如图 13.2 所示，P_1、P_2、P_3 为设计中线附近已知的导线点，设 O_1、O_2、O_3 为设计图上某直线段待放样的临时点。则其放样数据 d_1、d_2、d_3 可由图解法得到。具体做法是自导线点 P_1、P_2、P_3 作垂线与线路中线相交得到各临时点 O_1、O_2、O_3，在图上量取相应的支距 d_1、d_2、d_3。

（2）实地放点。在导线点上根据量得的支距 d_1、d_2、d_3 放样出临时点 O_1、O_2、O_3。

（3）穿线。由于放样误差，点 O_1、O_2、O_3 可能不在同一直线上，选定出一条尽可能多的穿过定线点的直线，在该直线上打两个转点桩，然后取消各临时点，即定出了直线段的位置。

（4）定交点。如图 13.3 所示，在实地定出直线 MN 和 O_5O_6 后，可将 MN 和 O_5O_6 直线延长相交则可定出交点 JD。

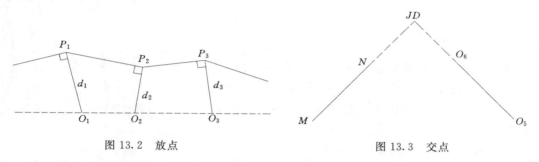

图 13.2　放点　　　　　　　　　　　图 13.3　交点

另外，还可以采用由踏勘人员在现场直接选定交点的位置，根据转点定出交点等方法。

13.2.2　转点的测设

当相邻两交点互相不通视时，需要在其连线上测设一个或数个转点（ZD），以提供交点、测设转折角、量距或延长直线时瞄准方向。转点的具体测设方法如下。

1. 两交点间设转点

在图 13.4 中，JD_1、JD_2 为相邻而互不通视的两交点，现欲在两点间测设一转点 ZD。首先在 JD_1、JD_2 之间初定一点 ZD' 点。可将经纬仪（或全站仪）安置在 ZD' 上，瞄准 JD_1 倒镜将直线 $JD_1 - ZD'$ 延长至 JD_2'，量出与 JD_2 的偏差 f，用视距法测定 ZD' 点与 JD_1、JD_2 的距离 a、b，则 ZD' 应移动的距离 e 可按式（13.1）计算。将 ZD' 按 e 值移至 ZD。在 ZD 上安置仪器，按上述方法逐渐趋近，直至符合要求为止。

$$e = \frac{a}{a+b}f \qquad (13.1)$$

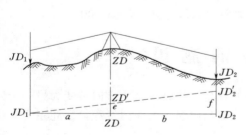

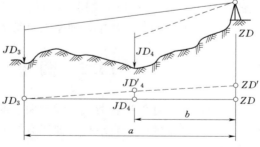

图 13.4　两交点间设转点　　　　　　图 13.5　延长线上设转点

2. 两交点延长线上设转点

在图 13.5 中，JD_3、JD_4 为相邻而互不通视的两交点，可在其延长线上初定转点 ZD'，在 ZD' 上安置经纬仪（或全站仪），照准 JD_3，固定水平制动螺旋，望远镜向下俯视 JD_4 得到 JD_4'。量出 JD_4 与 JD_4' 的偏差值 f，用视距法测定 a、b，则 ZD' 应移动的距离 e 可根据式（13.2）计算。将 ZD' 按 e 值移动到 ZD，同法，逐渐趋近，直到符合精度要求为止。

$$e = \frac{a}{a-b}f \tag{13.2}$$

13.2.3 转向角的测定

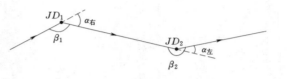

图 13.6 线路转向角

在道路测设时，线路通常不会是一条平面直线，线路由一方向转到另一方向，转变后的方向与原方向的夹角称为转向角（或称转角、偏角），用 α 表示，如图 13.6 所示。转向角是计算曲线要素的依据。

要测定转向角 α，通常是先测量出转折角 β。转折角一般是线路前进方向的右角。当线路向右转时，转向角称为右偏角，此时 $\beta<180°$。当线路向左转时，转向角称为左偏角，此时 $\beta>180°$。所以转向角为

$$\left.\begin{array}{l} \alpha_{右} = 180° - \beta_{右} \\ \alpha_{左} = \beta_{右} - 180° \end{array}\right\} \tag{13.3}$$

13.2.4 里程桩的测设

路线的里程是指线路的中线点沿中线方向距线路起点的水平距离。里程桩是埋设在线路中线上标有水平距离的桩，里程桩又称中桩。里程桩有整桩和加桩之分。每隔某一整数设置的桩，称为整桩。整桩之间的距离一般为 20m、30m、50m。在线路变化处、线路穿越重要地物处（如铁路、公路、各种管线等）、地面坡度变化处、道路转向处设置曲线时均要增设加桩。

里程桩均按起点至该桩的里程进行编号，并用红油漆写在木桩侧面。例如某桩距线路起点的水平距离为 21500m，则其桩号记为 21+500.00。加号前为公里数，加号后为米数。在公路、铁路勘测设计中，通常在公里数前加注 "K"，例如 K21+500.00。

13.3 圆 曲 线 的 测 设

在线路的转弯处常设置曲线。设置曲线的目的就是当线路由一个方向转变为另一个方向时，可以保证车辆的安全运行。曲线有圆曲线、缓和曲线、回头曲线等。在此主要介绍圆曲线的测设。

圆曲线的测设步骤是：先测设圆曲线的主要点，后测设圆曲线的细部点，如图 13.7 所示。ZY 点为圆曲线的起点，称为直圆点。QZ 为圆曲线的中点，称为曲中点。YZ 点为

圆曲线的终点，称为圆直点。ZY、QZ 和 YZ 三点称为圆曲线的主点。

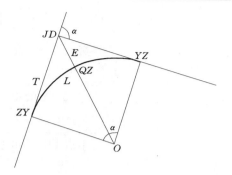

图 13.7　圆曲线

13.3.1　圆曲线要素的计算

如图 13.7 所示，圆曲线的要素有曲线半径 R，路线转向角 α，切线长 T，曲线长 L，外矢距 E 以及切曲差 q。

圆曲线半径 R 是纸上定线时由路线设计人员确定的。转向角 α 是定测时观测所得。因此 R 和 α 为已知数据，其他要素计算公式如下：

$$\left.\begin{array}{ll} \text{切线长} & T = R \tan \dfrac{\alpha}{2} \\[2mm] \text{曲线长} & L = R\alpha \dfrac{\pi}{180°} \\[2mm] \text{外矢距} & E = R\left(\sec \dfrac{\alpha}{2} - 1\right) \\[2mm] \text{切曲差} & q = 2T - L \end{array}\right\} \tag{13.4}$$

13.3.2　圆曲线主点里程的计算

为了测设圆曲线，必须先计算曲线主点的里程，圆曲线主点的里程计算如下：

$$\left.\begin{array}{l} \text{起点 } ZY \text{ 的里程} = \text{交点 } JD \text{ 的里程} - T \\[1mm] \text{中点 } QZ \text{ 的里程} = \text{起点 } ZY \text{ 的里程} + \dfrac{L}{2} \\[1mm] \text{终点 } YZ \text{ 的里程} = \text{起点 } ZY \text{ 的里程} + L \end{array}\right\} \tag{13.5}$$

为了避免计算错误，用下式进行检核

$$YZ = JD + T - D \tag{13.6}$$

【例 13.1】　某交点处转角为 $30°25'30''$，圆曲线设计半径 $R = 300\text{m}$，交点 JD 的里程为 K4+245.36，计算圆曲线主点测设数据及主点里程。

解　（1）主点测设数据的计算。

$$\left.\begin{array}{ll} \text{切线长} & T = R \tan \dfrac{\alpha}{2} = 300 \times \tan \dfrac{30°25'30''}{2} = 81.58(\text{m}) \\[3mm] \text{曲线长} & L = R\alpha \dfrac{\pi}{180°} = 300 \times \dfrac{\pi \times 30°25'30''}{180°} = 159.30(\text{m}) \\[3mm] \text{外矢距} & E = R\left(\sec \dfrac{\alpha}{2} - 1\right) = 300 \times \left(\sec \dfrac{30°25'30''}{2} - 1\right) = 10.89(\text{m}) \\[3mm] \text{切曲差} & q = 2T - L = 2 \times 81.58 - 159.30 = 3.86(\text{m}) \end{array}\right\}$$

（2）主点里程的计算。

交点 JD 的里程	K4+245.36
$-T$	81.58
起点 ZY 的里程	K4+163.78
$+L/2$	79.65
中点 QZ 的里程	K4+243.43
$+L/2$	79.65
终点 YZ 的里程	K4+323.08

按式（13.6）检验：

交点 JD 的里程	K4+245.36
$+T$	81.58
$-q$	3.86
终点 YZ 的里程	K4+323.08

检验说明主点里程计算无误。

13.3.3　曲线主点的测设

圆曲线的主点测设要素计算出来后，就可以进行圆曲线主点的测设。如图 13.7 所示，测设方法如下：

（1）测设圆曲线的起点 ZY 点。在 JD 点安置经纬仪，照准后视相邻交点方向，沿此方向测设切线长 T，在实地标定出 ZY 点。

（2）测设圆曲线终点 YZ 点。在 JD 点安置经纬仪，照准前视相邻交点方向，沿此方向测设切线长 T，在实地标定出 YZ 点。

（3）测设圆曲线中点 QZ 点。在 JD 点用经纬仪后视 ZY 点方向（或前视 YZ 点方向），测设水平角 $180°-\alpha/2$，定出路线转折角的角分线方向，即曲线中点方向，沿此方向量取外矢距 E，在实地标定出 QZ 点。

13.3.4　圆曲线细部点的测设

圆曲线主点测设后，即已完成了圆曲线的基本定位，但一条曲线只有主点还不够，还需要沿曲线加密曲线桩，详细地测设圆曲线的位置。

圆曲线细部点测设方法很多，本节主要介绍线路勘测中常用的偏角法和切线支距法。

1. 偏角法

在曲线测设中，用偏角（弦切角）和弦长确定曲线上各点在实地的位置的方法叫偏角法。这种方法测设的数据是偏角值和弦长，所以偏角法的实质是极坐标法。

（1）放样数据的计算。如图 13.8 所示，圆曲线上弦与切线的夹角叫弦切角，也称偏角，偏角等于该弦所对的圆心角的一半，用 δ 表示。l 为弧长，c 为弦长，φ 为圆心角，根据几何关系有：

$$
\left.\begin{array}{l}
\varphi = \dfrac{l}{R} \times \dfrac{180°}{\pi} \\[2mm]
\delta = \dfrac{1}{2}\varphi = \dfrac{l}{2R} \times \dfrac{180°}{\pi} \\[2mm]
c = 2R\sin\delta
\end{array}\right\} \qquad (13.7)
$$

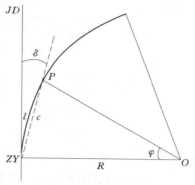

图 13.8 偏角法放样

若把曲线分成 n 等分，并用 l 表示每整段弧的弧长，φ 表示整弧长所对的圆心角。则曲线上第 1 个细部点的偏角为

$$
\delta_1 = \frac{\varphi}{2} = \frac{l}{2R} \times \frac{180°}{\pi} \qquad (13.8)
$$

其他细部点的偏角值为

$$
\left.\begin{array}{l}
\delta_2 = 2 \times \dfrac{\varphi}{2} = 2\delta_1 \\[2mm]
\delta_3 = 3 \times \dfrac{\varphi}{2} = 3\delta_1 \\[2mm]
\vdots \\[2mm]
\delta_n = n \times \dfrac{\varphi}{2} = n\delta_1
\end{array}\right\} \qquad (13.9)
$$

在施工中，为了便于观测和计算土石方量，一般要求细部点间的弧长取 5m、10m、20m、50m 等几种。但曲线的起点和终点的里程往往不是细部点弧长的整数倍。因此首尾就出现了不足细部点弧长所对应的弦。叫分弦（或破链）。

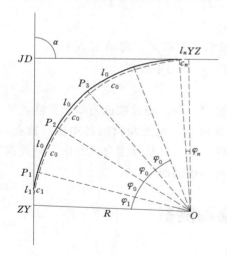

图 13.9 细部点测设

（2）测设方法。

1）安置经纬仪（或全站仪）于 ZY 点，盘左瞄准 JD 方向，并使水平度盘读数为零（$0°00'00''$）。

2）右转照准部，测设偏角 δ_1，得第一点所在的方向线，在此方向上量取弦长 c 即得 1 的位置。

3）继续转动照准部，测设偏角 δ_2，得第二点所在的方向线，以 1 点为圆心，以 c 为半径画弧，与第二点所在的方向线的交点即为 2 点的位置。

4）同法继续测设，直至测设出 YZ 点，并与测设主点所得到的 YZ 点位检核，如不重合，应在允许偏差之内。

由于圆曲线半径一般较大，细部上等分的弧长较短，用弦长代替弧长的误差很小，一般可以忽略不计，放样时可用弦长代替弧长。

【例 13.2】 如图 13.9 所示，例 13.1 中取细部点的桩距为 20m，计算偏角法放样细部点时各点的测设数据，见表 13.1。

表 13.1   偏角法细部点测设数据计算表

曲线桩号	相邻桩点间弧长 /m	偏角值 /(° ′ ″)	相邻桩点间弦长 /m
ZY K4+163.78	16.22	0 00 00	16.22
P_1 4+180.00	20	1 32 56	19.995
P_2 4+200.00	20	3 27 31	19.995
P_3 4+220.00	20	5 22 06	19.995
P_4 4+240.00	20	7 16 41	19.995

用偏角法测设圆曲线时，如果曲线较长，为了缩短视线长度，提高测设精度，可从 ZY 点和 YZ 点分别向 QZ 点测设，在 QZ 点处与主点测设出的 QZ 点进行检核，其闭合差不应超过：半径方向（横向）10cm，切线方向（纵向）$\pm L/1000$。

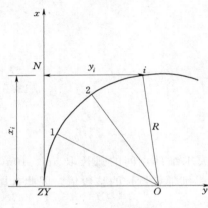

图 13.10　切线支距法放样

2. 切线支距法

切线支距法的实质是直角坐标法。它是以直圆点 ZY 或圆直点 YZ 为原点，以切线方向为 x 轴，以通过原点的曲线半径为 y 轴，利用曲线上各细部点的坐标值测设曲线。如图 13.10 所示。

圆曲线上距 ZY（YZ）点的弧长为 l 的任一点 i 的坐标计算公式为

$$\left.\begin{array}{l} x_i = R\sin\dfrac{l_i}{R} \\ y_i = R\left(1 - \cos\dfrac{l_i}{R}\right) \end{array}\right\} \tag{13.10}$$

测设方法为

（1）以 ZY（YZ）为起点，沿 JD 的方向分别测设水平距离 x_i，得垂足 N 点。

（2）在各垂足点 N 沿垂线方向分别量取水平距离 y_i，即得中桩点 i。

（3）以各相邻点间的弦长进行点位测设的检核。

上述两种方法中，偏角法具有严密的检核，测设精度较高，测设数据简单、灵活，是最主要的常规方法，但测设过程中误差积累。切线支距法的优点是测设的各中桩点独立，误差不累积，可用简单的量距工具作业，测设速度较快。若用目估确定直线方向，测设误差较大。实际工作中，采用哪种方法视仪器设备和现场的情况而定。

13.4　线路纵、横断面测量

13.4.1　线路纵断面测量

线路纵断面测量又称线路水准测量，其目的是测定线路上各中线桩地面点高程。根据中线桩高程的测量成果绘制的中线纵断面图是设计线路坡度和土方量计算的主要依据。

线路水准测量分两步进行：首先沿线路方向布设水准点，作为高程控制点，测定这些高程控制点的工作，称为基平测量；然后根据各高程控制点，分段进行中桩水准测量，称为中平测量。

1. 基平测量

在纵断面测量前，应沿线路方向设置一些水准点。一般 25～30km 布设一个永久性的水准点，300～500m 布设一个临时性的水准点。

首先应将起始水准点与附近国家水准点进行联测，并尽量构成附合水准路线。若不能引测国家水准点时，应选定一个与实地高程接近的假定高程起算点。水准测量的方法与第 2 章相同。

2. 中平测量

中平测量即为纵断面水准测量，一般是以两相邻水准点为一测段，从一个水准点出发，逐个测定线路上各中桩点的地面高程，再附合到另一个水准点上。

纵断面水准测量采用视线高法进行，如图 13.11 所示，观测时，先在每一个测站上读取后视点及前视点上的读数，这些前、后视点作为传递高程的点，可称为转点，读数至 mm。再读取前、后视点中间中桩尺子上的读数，这些中桩点称为间视点，间视点的读数可取至 cm。也称为"间视法"水准测量。纵断面水准测量一般采用等外水准测量的精度要求，各测段的高差闭合差允许值为 $40\sqrt{L}$（mm）或 $10\sqrt{n}$（mm）。若闭合差超限，则应检查原因，重新观测。

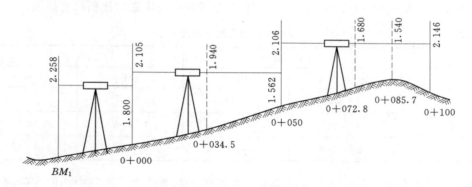

图 13.11 纵断面水准测量

中线桩高程的计算方法如下：

$$视线高程 = 后视点高程 + 后视读数$$
$$转点高程 = 视线高程 - 前视读数$$
$$间视点高程 = 视线高程 - 间视读数$$

在图 13.11 中，已知水准点 BM_1 的高程为 $H_{BM_1} = 35.565$m，后视读数为 2.258m，第一站的视线高程为 $H_{i1} = 35.565 + 2.258 = 37.823$m，桩号 0+000 的高程为 $37.823 - 1.800 = 36.023$m；第二站的视线高程为 $H_{i2} = 36.023 + 2.105 = 38.128$m，桩号 0+050 的高程为 $38.128 - 1.562 = 36.566$m，间视点 0+034.5 的高程为 $38.128 - 1.94 = 36.188$m。

由此可以推出各桩点的高程。纵断面水准测量记录见表13.2。

表 13. 2 纵断面水准测量记录表 单位：m

测 站	点 号	后视读数	间视读数	前视读数	视线高程	测点高程	备 注
1	BM_1	2.258			37.823	35.565	
	0+000			1.800		36.023	
2	0+000	2.105			38.128		
	0+034.8		1.94			36.188	
	0+050			1.562		36.566	
3	0+050	2.106			38.672		
	0+072.8		1.68			36.992	
	0+085.7		1.54			37.132	
	0+100			2.146		36.526	

13. 4. 2 纵断面图的绘制

纵断面图是表示线路中线方向地面高低起伏的图，不同的线路工程，其纵断面图的绘制内容有所不同，本节介绍的是道路纵断面图绘制方法。纵断面图通常绘制在毫米方格纸上，以线路的里程为横坐标、高程为纵坐标。为了表示出地面的高低起伏情况，高程比例尺一般为水平比例尺的 10 倍或 20 倍。表 13.3 为线路纵断面图的比例尺选择表。

表 13. 3 线路纵断面图的比例尺

带状地形图	铁 路		公 路	
	水平	垂直	水平	垂直
1∶1000	1∶1000	1∶100		
1∶2000	1∶2000	1∶200	1∶2000	1∶200
1∶5000	1∶10000	1∶1000	1∶5000	1∶500

如图 13.12 所示，高程以 20m 为起点，在图的上部细线表示道路中线的实际地面线，是根据中桩高程绘制的；粗线是设计坡度线，是按设计要求绘制的。此外，还要注明水准点编号、位置及高程。具体绘制方法如下：

（1）打制表格。按照选定的里程比例尺和高程比例尺在毫米方格纸上打制表格。

（2）填写表格。根据纵断面测量成果填写里程桩号和地面高程，直线与曲线等相关说明。

（3）绘地面线。首先选定起始高程，选择要恰当，使绘出的地面线位于图上适当位置。然后根据中桩里程和高程，在图上按比例尺依次定出中桩的地面高程，再用直线将相邻点连接起来，就得到地面线。

（4）标注线路设计坡度线。根据设计要求。在坡度栏内注记坡度方向，用"/"、"\"、"—"分别表示上坡、下坡和平坡。坡度线之上注记坡度值，以百分率表示；坡度

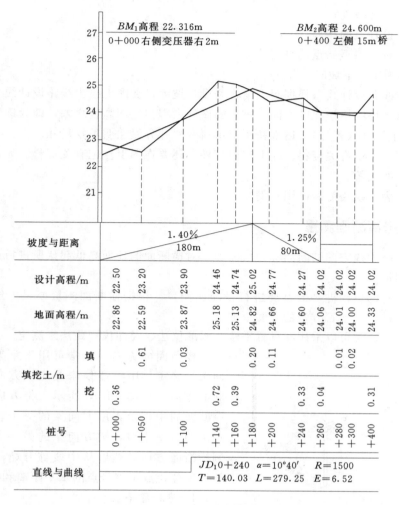

图 13.12　道路纵断面图

线之下注记该坡度段的水平距离。坡度设计时要考虑施工时土方量最小、填挖方量均衡。其计算公式为

$$i_{设} = \frac{H_{终设} - H_{始设}}{D_{终始}} \times 100\%$$ (13.11)

式中　$i_{设}$——设计坡度；

$\quad H_{终设}$——终点设计高程；

$\quad H_{始设}$——始点设计高程；

$\quad D_{终始}$——始终点间的设计平距。

（5）计算设计高程。当线路的纵坡确定后，即可根据设计坡度和两点间的水平距离，计算设计高程

$$H_{设} = H_{始} + i_{设} D_{始设}$$ (13.12)

219

式中 $i_设$——设计坡度；

$H_设$——设计点的高程；

$D_{始设}$——设计点至始点的平距。

上坡时 i 为正，下坡时 i 为负。

(6) 绘制线路设计线。根据起点高程和设计坡度，在图上绘出线路设计线。

(7) 计算各桩的填挖深度。同一桩号的设计高程与地面高程之差，即为该中桩的填土（负号）或挖土深度（正号）。通常在图上填写专栏并分栏注明填挖尺寸。

(8) 在图上注记有关资料。除上述内容外，还要在图上注记有关资料。如水准点、交叉处、桥涵、曲线等。

图 13.12 为一线路的断面图示例。

13.4.3 线路横断面测量

垂直于线路中线方向的断面称为横断面。对横断面的地面高低起伏所进行的测量工作称为横断面测量。

线路上所有的里程桩一般都要进行横断面测量。根据横断面测量成果可绘制横断面图，横断面图是计算土石方量的主要依据。

横断面测量通常可以采用花杆置平法、水准仪法、经纬仪视距法来测定。

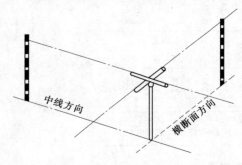

图 13.13　方向架确定横断面方向

横断面的方向，通常可用十字架（也叫方向架）确定、用经纬仪来测定。方向架确定横断面方向，如图 13.13 所示，将方向架置于所测断面的中桩上，用方向架的一个方向照准线路上的另一中桩，则方向架的另一方向即为所测横断面方向。然后从中线桩开始测出左右两侧坡度变化点至桩号点的水平距离和高差。

1. 花杆置平法

花杆置平法是用花杆配合皮尺测量，皮尺水平后目估读出皮尺在花杆上的读数，一般用于精度要求不高的大量观测。

2. 水准仪法

水准仪法精度较高，但受地形条件的限制。水准仪法是在桩号点上和断面点（坡度变化点）上竖立花杆，一人将皮尺的零端放在中线桩上，另一人拉紧皮尺并使尺子水平贴紧断面点的花杆，读出水平距离和高差。同法可以测出其他坡度变化点。也可以用水准仪测量高差，用皮尺丈量两点间的水平距离。

3. 经纬仪视距法

经纬仪视距法测量横断面不受地形条件限制，适用性较强。经纬仪视距法是将经纬仪安置在里程桩上，量取仪器高，后视另一里程桩，将水平度盘旋转 90°，固定照准部，得到横断面方向，经纬仪按视距法读数，计算水平距离和高差。

若使用全站仪进行横断面测量，可直接得到水平距离和高差，测量工作更为简单。

表 13.4 为横断面测量记录表，其中水平距离记在横线之下，高差记在横线之上。

表 13. 4　　　横断面测量记录表

左侧横断面			中心桩	右侧横断面	
$\dfrac{2.25}{24}$	$\dfrac{1.45}{12.5}$	$\dfrac{1.53}{7.2}$	$\dfrac{0+000}{55.350}$	$\dfrac{1.01}{13.2}$	$\dfrac{0.56}{23.6}$

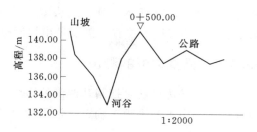

图 13.14　横断面图

13.4.4　横断面图的绘制

横断面图是根据横断面测量成果绘制而成，绘图时，以中线地面高程为准，以水平距离为横坐标，以高程为纵坐标，将地面坡度变化点绘在毫米方格纸上，依次连接各点即成横断面的地面线，如图 13.14 所示。

13. 5　线 路 施 工 测 量

道路施工测量的主要任务有恢复中线、测设施工控制桩、路基边桩测设和竖曲线测设等。

13.5.1　施工控制桩的测设

在施工的开挖过程中，中桩的标志经常受到破坏，为了在施工中控制中线位置，就要选择在施工中即易于保存又便于引用桩位的地方测设施工控制桩。下面介绍两种测设施工控制桩的方法。

1. 平行线法

如图 13.15 所示，在路基以外测设两排平行于中线的施工控制桩。此法多用于直线段较长、地势较为平坦的路段。为了施工方便，控制桩的间距一般取 10～20m。

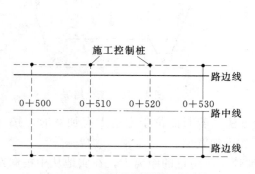

图 13.15　平行线测设施工控制桩

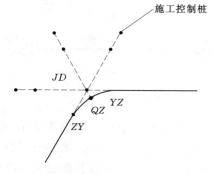

图 13.16　延长线测设施工控制桩

2. 延长线法

延长线法是在道路转折处的中线延长线上以及曲线中点至交点的延长线上打下施工控

制桩，如图 13.16 所示。延长线法多用于直线段较短、地势起伏较大的山区道路，主要是为了控制交点 JD 的位置，需要量出控制桩到交点 JD 的距离。

13.5.2 路基边桩的测设

测设路基边桩就是把路基两侧的边坡与原地面相交的坡脚点确定出来。边桩的位置由两侧边桩至中桩的平距来确定。常用的边桩测设方法如下。

1. 图解法

图解法是直接在横断面图上量取中桩至边桩的平距，然后在实地用皮尺沿横断面方向丈量出距离，并打木桩标定。此法适用于填挖不大时。

2. 解析法

解析法是根据路基填挖高度、路基宽度、边坡率和横断面地形情况，先计算出路基中桩至边桩的水平距离，然后在实地沿横断面方向按距离将边桩放出来。其距离的计算方法在平坦地段和倾斜地段各不相同。

（1）平坦地区。图 13.17 为填土路堤，路堤段坡脚桩至中桩的距离 D 为

$$D = \frac{B}{2} + mh \tag{13.13}$$

图 13.18 为挖方路堑。路堑段坡顶桩至中桩的距离 D 应为

$$D = \frac{B}{2} + S + mh \tag{13.14}$$

式中　B——路基宽度；

　　　m——边坡率；

　　　h——填挖高度；

　　　S——路堑边沟顶宽。

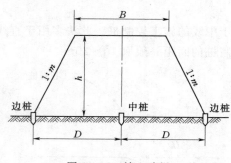

图 13.17　填土路堤

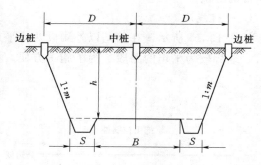

图 13.18　挖土路堤

以上是断面位于直线段时求算 D 值的方法。若断面位于弯道上有加宽时，按上述方法求出 D 值后，还应在加宽一侧的 D 值中加入加宽值。

沿横断面方向，根据计算的坡脚（或坡顶）至中桩的距离 D，在实地从中桩向左、右两侧测设出路基边桩，并用木桩标定。

（2）倾斜地段的边桩测设。在倾斜地段，边桩至中桩的平距随着地面坡度的变化而变化。如图 13.19 所示，路基坡脚桩至中桩的距离 D_1、D_2 分别为

$$D_1 = \frac{B}{2} + m(h - h_1) \Bigg\}$$
$$D_2 = \frac{B}{2} + m(h + h_2) \Bigg\}$$

$$(13.15)$$

如图 13.20 所示，路堑坡顶桩至中桩的距离 D_1、D_2 分别为

$$D_1 = \frac{B}{2} + S + m(h + h_1) \Bigg\}$$
$$D_2 = \frac{B}{2} + S + m(h - h_2) \Bigg\}$$

$$(13.16)$$

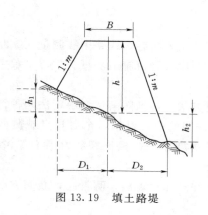

图 13.19　填土路堤

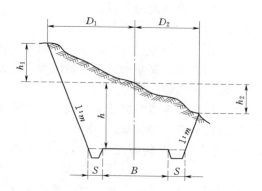

图 13.20　挖土路堤

在式（13.15）及式（13.16）中，B、m、h、S 都是已知的，由于边坡未定，h_1、h_2 未知。实际工作中，可以采用"逐点趋近法"来测设标定。

13.6　管道施工测量

根据纵、横断面测绘成果及其他资料，确定管道的坡度、计算各桩号的埋设深度，进行管道的技术设计后，即可开始管道的施工测量。管道施工测量的内容与管道设置状态的不同有关，管道施工测量的主要任务是控制管线中心线与管底高程。

以地下管线开挖为例说明管道的施工测量。

13.6.1　管道中线测设

施工前，根据管径的大小及管道埋设深度，决定挖槽宽度，并用石灰线在地面上标明管道开挖边界线。开挖时，管道中线桩将被挖去。通常采用龙门板来控制管线的中线和高程。如图 13.21 所示，龙门板由坡度板与

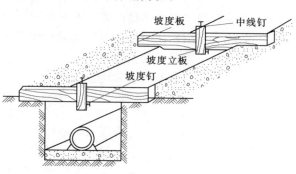

图 13.21　龙门板设置

坡度立板组成，管道中线测量时，里程桩间的距离一般较大，需要加密中线桩，即每隔一定距离设置一个龙门板。中线放样时，可根据中线控制桩用经纬仪把管线中线投测到各坡度板上，并用小钉标定其位置，称为中线钉，各坡度板上中线钉的连线就是管道中心线的方向。管道施工时，在各坡度板的中线钉上吊垂球线，可将中线投影到管槽内，以控制管道中线与管道的埋设。

13.6.2 管道高程测设

为了控制管槽的开挖深度与管道埋设，必须在龙门板上设置高程标志，可以用水准仪测出中线上各坡度板的板顶高程，板顶高程与管底设计高程之差，即为从板顶向下开挖到管底的深度，即通常所说的下返数。

【知识小结】

本章主要介绍了线路工程测量的一些基本工作，主要内容为线路中线测量、纵断面测量及纵断面图的绘制、横断面测量和横断面图的绘制以及管道施工测量。学习本章主要掌握以下几方面知识内容。

(1) 中线测量。重点掌握线路中线主点的测设方法，包括图解法和解析法两种。

(2) 纵断面测量。"间视法"水准测量，即在一测站中，根据一个后视点观测两个及两个以上的中间点，纵断面测量的计算是应用视线高原理，根据视线高程计算中桩点高程。

(3) 横断面测量。横断面测量可以使用水准仪和经纬仪观测，测量时，断面方向的确定及断面点（坡度变化点）的选定是测量的关键。

(4) 绘制纵、横断面图。需要注意纵、横坐标比例尺的选择和图幅的整体布局。

(5) 管道施工测量。重点掌握管道中线测设和管道高程测设。

【知识与技能训练】

(1) 线路测量的主要工作是什么？

(2) 简述线路交点和转点测设的方法。

(3) 某交点处转角为 $30°42'30''$，圆曲线设计半径 $R=200m$，交点 JD 的里程为 K6+285.35，计算圆曲线主点测设数据及主点里程。如取细部点的桩距为 20m，计算偏角法放样细部点时各点的测设数据。

(4) 简述线路纵断面测量的方法及纵断面图的绘制方法。

(5) 简述线路横断面测量的方法及横断面图的绘制方法。

(6) 简述施工控制桩的测设方法。

(7) 简述路基边桩的测设方法。

第14章　全球定位系统（GPS）简介

【学习目标】

本章介绍了全球定位系统（GPS）三大组成部分的结构和功能；GPS 定位基本原理；伪距定位和载波相位定位；GPS 测量实施方法。通过本章学习，应初步掌握 GPS 基本工作原理，了解 GPS 测量方法。

【学习要求】

知识要点	能 力 要 求	相 关 知 识
GPS 的三大组成部分	(1) 了解 GPS 组成部分； (2) 掌握 GPS 各组成部分的功能	(1) GPS 卫星星座； (2) GPS 地面监控系统； (3) GPS 接收机
GPS 定位的基本原理	(1) 了解 GPS 定位基本原理； (2) 了解用测距码测量伪距的原理； (3) 掌握伪距定位原理； (4) 掌握载波相位测量原理	(1) 伪距； (2) 测距码； (3) 整周未知数； (4) 静态定位和动态定位； (5) 单点定位和差分定位； (6) RTK 技术
GPS 测量实施方法	(1) GPS 测前准备； (2) GPS 外业实施步骤； (3) GPS 数据处理步骤	(1) GPS 测量规范； (2) GPS 测量精度指标

14.1　全球定位系统的组成

全球定位系统（GPS）包括三大部分：空间部分——GPS 卫星星座；地面监控部分——地面监控系统；用户设备部分——GPS 接收机。

14.1.1　空间部分

空间部分由 GPS 卫星星座组成，如图 14.1 所示。基本参数是：卫星颗数为 21＋3（21 颗卫星，3 颗备用卫星），6 个卫星轨道面。卫星高度为 20200km，轨道倾角为 55°，卫星运行周期为 11h 58min（12 恒星时），载波频率为 1.575GHz 和 1.227GHz，卫星通过天顶时，卫星的可见时间为 5h，在地球表面上任何地点、任何时刻，在高度角 15°以上，平均可同时观测到 6 颗卫星，最多可达 11 颗卫星，最少也有 4 颗卫星。

GPS 卫星空间星座的分布保障了在地球的上任何地点、任何时刻至少有 4 颗卫星被同时观测，且卫星信号的传播和接收不受天气的影响，因此，GPS 是一种全球性、全天候的连续实时定位系统。

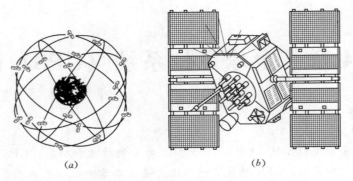

图 14.1 卫星星座分布图和 GPS 卫星

GPS 卫星的主体呈圆柱形，直径为 1.5m，重量为 843.68kg，两侧安装有 4 片拼接成的双叶太阳能电池翼板，图 14.1（b）。两侧翼板受对日定向系统控制，可以自动旋转使电池翼板面始终对准太阳，以保障卫星的电源供应；卫星上装有 4 台频率稳定度为 $10^{-12} \sim 10^{-13}$ 的高精度原子钟，为距离测量提供高精度的时间基准；卫星姿态调整采用三轴稳定方式，有 4 个斜装惯性轮和喷气装置构成三轴稳定系统，使 12 个螺旋形成天线组成的天线阵列，所辐射的电磁波束始终对准地面卫星的可见地面。

GPS 卫星的基本功能如下：

（1）接收和储存有地面监控站发来的导航信息，接受并执行监控站的控制命令。

（2）借助于卫星上设有的微处理机进行必要的数据处理工作。

（3）通过星载的高精度铯原子钟和铷原子钟提供精密的时间标准。

（4）向用户发送定位信息。

（5）在地面监控站的指令下，通过推进器调整卫星的姿态和启用备用卫星。

14.1.2 地面监控部分

对于导航定位来说，GPS 卫星是一动态已知点。卫星的位置是依据卫星发射的星历——描述卫星运动及其轨道的参数，每颗卫星的广播星历是有地面监控系统提供的。卫星上各种设备是否正常工作，以及能否一直沿预定的轨道运行，都要由地面设备进行监测和控制。地面监控系统另一重要作用是保持各颗卫星处于同一时间标准。

GPS 地面监控系统包括 1 个主控站、3 个注入站和 5 个监测站。主控站位于美国科罗拉多的斯平士的联合空间执行中心，3 个注入站分别位于大西洋的阿森松群岛、印度洋狄哥迦西亚和太平洋的卡瓦加兰 3 个美国军事基地，5 个监测站除了一个位于主控站和 3 个位于注入站以外，还有一个设在夏威夷。

地面监控系统的功能：

主控站：根据所有观测资料编算各卫星的星历、卫星钟差和大气层的修正参数，提供全球定位系统的时间基准，调整卫星运行的姿态，启用备用卫星。

注入站：在主控站的控制下，将主控站编算的卫星星历、钟差和导航电文和其他控制指令等注入相应的卫星存储系统，并监测注入信息的正确性。

监测站：对 GPS 卫星进行连续观测，以采集数据和监测卫星的工作状况，经计算机初步处理后，将数据传输到主控站。

14.1.3 用户设备部分

用户设备部分是测量人员用来采集数据的接收机，将在 14.3 节着重介绍。

14.2 全球定位系统的基本原理

14.2.1 概述

测量学中有测距交会确定点位的方法。与其相似，无线电导航定位系统、卫星激光系统测距定位系统，其定位原理也是利用测距交会的原理确定点位。

就无线电导航定位来说，设想在地面上有 3 个无线电信号发射塔，其坐标已知，用户接收机在某一时刻采用无线电测距的方法分别测得了接收机至 3 个发射塔的距离 d_1、d_2、d_3。只需要以 3 个发射台为球心，以 d_1、d_2、d_3 为半径作出 3 个球面，即可交会出用户接收机的空间位置。

将无线电信号发射台从地面搬到卫星，组成一颗卫星导航定位系统，应用无线电测距交会的原理，便可由 3 个以上地面已知点（控制点）交会卫星的位置，反之利用 3 颗以上的卫星的已知空间位置又可以交会出地面点（用户接收机）的位置。这便是 GPS 卫星定位的基本原理。

用户 GPS 接收机在某一时刻同时接收 3 颗以上的 GPS 卫星信号，测量出测站点（接收机天线中心）P 至 3 颗以上 GPS 卫星的距离并解算出该时刻 GPS 的空间坐标，据此利用距离交会法解算出测站 P 的位置。如图 14.2 所示，设时刻 t_i 在测站点 P 用 GPS 接收机同时测得 P 点至 3 颗 GPS 卫星 s_1、s_2、s_3 的距离 ρ_1、ρ_2、ρ_3，通过 GPS 电文解译出该时刻 3 颗 GPS 卫星的三维坐标分别为 (X^j, Y^j, Z^j)，$j=1$，2，3。用距离交会法求解点 P 的三维坐标 (X, Y, Z) 的观测方程为

$$\begin{cases} \rho_1^2 = (X - X^1)^2 + (Y - Y^1)^2 + (Z - Z^1)^2 \\ \rho_2^2 = (X - X^2)^2 + (Y - Y^2)^2 + (Z - Z^2)^2 \\ \rho_3^2 = (X - X^3)^2 + (Y - Y^3)^2 + (Z - Z^3)^2 \end{cases} \tag{14.1}$$

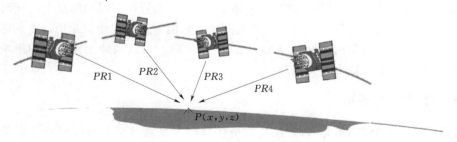

图 14.2　GPS 卫星定位原理

在 GPS 定位中，GPS 卫星是高速运动的卫星，其坐标值随时间在快速变化着。需要实时地由 GPS 卫星信号测量出测站至卫星间的距离，实时地由卫星的导航电文解算出卫

星的坐标值，并进行测站点的定位。依据测距的原理，其定位原理与方法主要有伪距法定位、载波相位测量定位以及差分 GPS 定位。对于待定点来说，根据其运动状态可以将GPS 定位分为静态定位和动态定位。

14.2.2　伪距测量

伪距法定位是由 GPS 接收机在某一时刻测出得到 4 颗以上的伪距以及已知的卫星位置，采用距离交会的方法求定接收机天线所在点的三维坐标。所测的伪距就是由卫星发射的测距码信号到达 GPS 天线接收机的传播时间乘以光速所得出的量测距离。由于卫星钟、接收机钟的误差以及无线电信号经过电离层和对流层的延迟，实测距离与卫星到接收机的几何距离有一定的差值，因此一般称量测出的距离为伪距。伪距定位分为单点定位和多点定位。

GPS 单点定位如图 14.2 所示，其实质是空间后方交会。单点定位就是将 GPS 接收机安装在测点上并锁定 4 颗以上的工作卫星，通过将接收到的卫星测距码与接收机产生的复制码对齐来测量各锁定卫星测距码到接收机的传播 Δt_i 时间，进而求出工作卫星至接收机之间的伪距值；从锁定卫星广播的星历中获得其空间坐标，采用距离交会的原理解算出天线所在点的三维坐标。设锁定 4 颗工作卫星时的伪距观测方程式为

$$
\begin{cases}
p_1 = \sqrt{(X-X^1)^2 + (Y-Y^1)^2 + (Z-Z^1)^2} \\
p_2 = \sqrt{(X-X^2)^2 + (Y-Y^2)^2 + (Z-Z^2)^2} \\
p_3 = \sqrt{(X-X^3)^2 + (Y-Y^3)^2 + (Z-Z^3)^2} \\
p_4 = \sqrt{(X-X^3)^2 + (Y-Y^3)^2 + (Z-Z^3)^2}
\end{cases}
\tag{14.2}
$$

因 4 个方程中刚好有 4 个未知数，所以该式有唯一解。如果锁定的工作卫星超过 4 颗时，伪距观测方程就有多余观测，此时要使用最小二乘原理通过平差求解待定点的坐标。

由于伪距定位观测方程没有考虑大气电离层和对流层折射误差、星历误差的影响，所以单点定位的精度不高。用 C/A 码定位精度一般为 25m，用 P 码定位精度一般为 10m。

单点定位的优点是只需要一台 GPS 接收机、外业观测组织及实施较为方便、速度快、无多值性问题，从而在运动载体的导航定位上得到了广泛的应用，同时可以解决载波相位测量中的整周模糊度问题。

多点定位就是将多台 GPS 接收机（一般 2～3 台）安置在不同的测点上，同时锁定相同的工作卫星进行伪距测量，此时，大气电离层和对流层折射误差、星历误差的影响基本相同，在计算各测点之间的坐标差（Δx，Δy，Δz）时，可以消除上述误差的影响，使测点之间的点位相对误差精度大大提高。

14.2.3　载波相位测量

载波相位测量的观测量是 GPS 接收机所接收的卫星载波信号与接收机本振参考信号的相位差，从而确定传播距离的方法。由于载波 L_1、L_2 的频率比测距码（C/A 码和 P码）的频率高得多，因此其波长就比测距码短很多。如果使用载波 L_1 或 L_2 作为测距信号，将卫星传播到接收机天线的余弦载波信号与接收机产生的基准信号（其频率和初始相

位与卫星载波信号完全相同）进行比相求出它们之间的相位延迟从而计算出伪距，就可以获得很高的测距精度。如果测量 L_1 载波相位位移得误差为 $1/100$，则伪距测量精度可达 $19.03\mathrm{cm}/100=1.9\mathrm{mm}$。

1. 载波相位绝对定位

图 14.3 为使用载波相位测量法单点定位的情形。与相位式电磁波测距仪的原理相同，由于载波信号是余弦波信号，相位测量时只能测出其不足一个整周期的相位移部分 $\Delta\phi$（$\Delta\phi<2\pi$），因此存在整周数 N_0 不确定性问题，N_0 也称为整周模糊度。

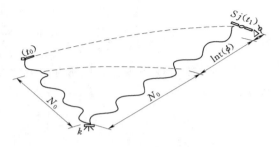

图 14.3 载波相位测量

由图 14.3 可知，在 t_0 时刻（也称历元 t_0），某颗工作卫星发射的载波信号到达接收机的相位移为 $2\pi N_0+\Delta\phi$，则该卫星至接收机的距离为

$$\frac{2\pi N_0+\Delta\phi}{2\pi}\lambda = N_0\lambda + \frac{\Delta\phi}{2\pi}\lambda \tag{14.3}$$

式中 λ——载波波长。

当卫星进行连续跟踪观测时，由于接收机内有多普勒计数器，只要卫星信号不失锁，N_0 就不变，故在 t_k 时刻（历元 t_k），该卫星发射的载波信号到达接收机的相位移变成 $2\pi N_0+\mathrm{int}(\phi)+\Delta\phi_k$，式中 $\mathrm{int}(\phi)$ 由接收机内的多普勒计数器自动累计求出。

考虑钟差改正数 $c(\upsilon_T-\upsilon_t)$、大气电离层（ionospheric）折射改正 δp_{ion} 和对流层（tropspheric）折射改正数 δp_{trop} 的载波相位观测方程为

$$p = N_0\lambda + \frac{\Delta\phi}{2\pi}\lambda + c(\upsilon_T-\upsilon_t) + \delta p_{\mathrm{ion}} + \delta p_{\mathrm{trop}} = R \tag{14.4}$$

虽然通过对锁定卫星进行连续跟踪观测可以修正 δp_{ion} 和 δp_{trop}，但整周模糊度 N_0 始终是未知的。能否准确求出 N_0 就成为载波相位定位的关键问题。

2. 载波相位相对定位

载波相位相对定位一般是使用 2 台 GPS 接收机，分别安置在两个测点，两个测点的连线称为基线。通过同步接收卫星信号，利用相同相位观测值的线性组合来解算基线向量在 WGS—84 坐标系中的坐标增量（Δx，Δy，Δz），进而确定它们的相对位置。如果其中一个测点的坐标已知，就据此推算出另一个测点的坐标。

（1）实时差分定位。实时差分定位就是在已知坐标的点上安置一台 GPS 接收机（称为基准站），利用已知坐标和卫星星历计算出观测值的校正值，并通过无线电通信设备将校正值发送给运行中的 GPS 接收机（流动站），流动站应用接收到的校正值对自己的 GPS 观测值进行改正，以消除卫星钟差、接收机钟差、大气电离层和对流层折射误差的影响。

实时差分定位必须使用有实时差分功能的 GPS 接收机才能够进行。这里简单介绍常用的三种实时差分定位。

（2）位置差分。将基准站的已知坐标与 GPS 伪距单点定位获得的坐标值进行差分，通过数据链向流动站传送坐标或坐标改正值，流动站用接收到的坐标改正值修正其测得的

坐标。

设基准站的已知坐标为 (x_B^0, y_B^0, z_B^0)，使用 GPS 伪距单点定位测得的基准站的坐标为 (x_B, y_B, z_B)，通过差分求得基准站的坐标改正值为

$$\left.\begin{array}{l}\Delta x_B = x_B^0 - x_B \\ \Delta y_B = y_B^0 - y_B \\ \Delta z_B = z_B^0 - z_B\end{array}\right\} \tag{14.5}$$

设流动站使用 GPS 单点定位测得的坐标为 (x_i, y_i, z_i)，则使用基准站坐标改正值后的流动站坐标为

$$\left.\begin{array}{l}x_i^0 = x_i - \Delta x_B \\ y_i^0 = y_i - \Delta y_B \\ z_i^0 = z_i - \Delta z_B\end{array}\right\} \tag{14.6}$$

位置差分要求基准站与流动站同步接收相同的工作卫星信号。

（3）伪距差分。利用基准站的已知坐标和卫星星历计算到基准站间的几何距离 R'_{BO}，并与使用伪距单点定位测得的基准站伪距进行差分，得到距离改正数为

$$\Delta \tilde{p}_B^i = R_{BO}^i - \tilde{p}_B^i \tag{14.7}$$

通过数据链向流动站传送 $\Delta \tilde{p}_B^i$，流动站用接收的 $\Delta \tilde{p}_B^i$ 修正其测得的伪距值。基准站只要观测 4 颗以上的卫星并用 $\Delta \tilde{p}_B^i$ 修正其至各卫星的伪距值就可以进行定位，它不要求基准站与流动站接收卫星完全一致。

（4）载波相位实时差分。前面两种差分方法都是利用伪距定位原理进行观测，而载波相位实时差分是利用载波相位定位原理进行观测。载波相位实时差分的原理与伪距差分类似，因为是使用载波相位信号测距，所以其伪距观测值的精度高于伪距定位法观测的伪距值。由于要解算整周模糊度，所以要求基准站与流动站之间同步接收相同的卫星信号，且两者相对距离要小于 30km，其定位精度可以达到 1~2cm。

14.3 GPS 接收机的组成和原理

接收机主要由接收机天线、接收机主机和电源三部分组成。现在的 GPS 接收机已经高度集成化和智能化，实现了将主机、接收机天线和电源全部制作在天线内，并能自动捕获卫星和采集数据。

14.3.1 GPS 接收机天线

天线由接收机天线和前置放大器两部分组成。天线的作用是将 GPS 卫星信号的极微弱的电磁波能转化为相应的电流，而前置放大器则是将 GPS 信号电流予以放大，为便于接收机对信号进行跟踪、处理和测量。图 14.4 所示为南方 NS9800 接收机。

14.3.2 接收机主机

1. 变频器及中频放大器

经过 GPS 前置放大器的信号仍很微弱，为了使接收机通道得到稳定的高增益，并且

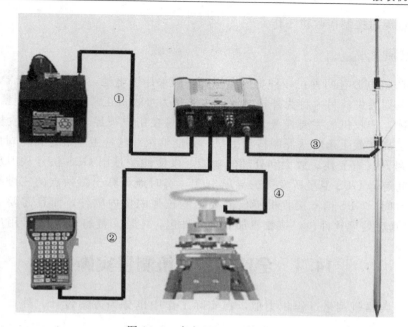

图 14.4 南方 NS9800 接收机
①—小两芯电源电缆；②—小五芯通信电缆；③—发射天线电缆；④—GPS 天线

使 L 频段的射频信号变成低频信号，必须采用变频。

2. 信号通道

信号通道是接收机的核心部分，GPS 信号通道是硬件软件结合的电路。其主要作用有：①搜索卫星，牵引并跟踪卫星信号；②对广播电文数据信号实行解扩，解调电文；③进行伪距测量、载波相位测量及多普勒频移测量。

3. 存储器

接收机内设有存储器或存储卡，已存储卫星星历、卫星历书、接收机采集到的码相位伪距观测值、载波相位观测值和多普勒频移。目前，GPS 接收机上的存储器能够直接把数据传输到电脑上。

4. 微处理器

微处理器是 GPS 接收机工作的灵魂，GPS 接收机工作的指令是在微机指令统一协同下进行的。其主要工作是：

（1）接收机开机后首先对整个接收机工作状态情况进行自检，并测定、校正、存储各通道的时延值。

（2）接收机对卫星进行搜索，捕捉卫星。当捕捉到卫星信号后即对信号进行牵引和跟踪，并将基准信号译码得到 GPS 卫星星历。

（3）根据接收机内存储的卫星历书和测站近似坐标，计算所有在轨卫星升降时间、方位和高度角。

（4）接收用户输入信号。如测站名，测站号，作业员姓名，天线高，气象参数等。

5. 显示器

GPS 接收机都有液晶显示屏以提供 GPS 接收机工作信息。并配置有一个控制键盘。

用户可以通过键盘控制接收机工作。

14.3.3　电源

　　GPS 接收机电源有两种：一种是内电源，一般采用锂电池，主要用于 RAM 存储器供电，以防止数据丢失；另一种为外接电源，主要是为接收机正常工作提供能源。

　　综上所述，接收机的主要任务是：当 GPS 卫星在用户视界升起时，接收机能够捕获到按一定卫星高度截止角所选择的待测卫星，并能够跟踪这些卫星的运行；对所接收到的 GPS 卫星信号，具有变换、放大和处理的功能，以便能测量出 GPS 信号从卫星到接收天线的传播时间解译 GPS 卫星所发送的导航电文，实时地计算出测站点的三维坐标，甚至三维速度和时间。GPS 信号接收机不仅需要功能较强的机内软件，而且需要一个多功能的 GPS 数据测后处理软件包。接收机加处理软件包，才是完整的 GPS 信号用户设备。

14.4　全球定位系统测量实施

　　GPS 测量与常规测量过程相类似，在实际工作中也分为方案设计、外业实施及内业数据处理 3 个阶段。

　　GPS 测量的实施包括 GPS 点的选埋、观测、数据传输及数据处理等工作。

14.4.1　选点

　　与控制测量的选点相比，由于 GPS 测量不是一定要求测站间相互通视，且网的图形结构比较灵活，所以选点工作简单很多。但由于点位的选择对于保证观测工作的顺利进行和保证测量结果的可靠性有着重要的意义。所以在选点工作开始前，除了收集和了解有关测区的地理情况和原有测量控制点分布及标型、标石完好情况外，选点工作还应遵守以下原则：

　　（1）点位应设在易于安装接收机设备、视野开阔的较高点上。

　　（2）点位目标要显著，视场周围 15°以上不应有障碍物，以减小 GPS 信号被遮挡或被障碍物吸收。

　　（3）为了避免电磁场对 GPS 信号的干扰，点位应远离大功率无线电发射源（如电视塔、微波站等），其距离不小于 200m；远离高压输电线。

　　（4）点位附近不应有大面积水域或不应有强烈干扰信号接收的物体，以减弱多路径效应的影响。

　　（5）点位应选在交通方便，有利于其他观测手段扩展与联测的地方。

　　（6）地面基础稳定，易于点的保存。

　　（7）选点人员应按技术设计进行踏勘，在实地要求选定点位。

　　（8）网形应有利于同步观测边、点联测。

　　（9）当所选点位需要进行水准联测时，选点人员应实地踏勘水准路线，提出有关建议。

　　（10）当利用旧点时，应对旧点的稳定性、完好性，以及觇标是否安全可用性认真检查，符合要求后方可利用。

14.4.2 埋设标志

GPS网点一般应埋设具有中心标志的标石，以精确标志点位，点的标石和标志必须稳定、坚固，利于长久保存和利用。在基岩露头地区，也可直接在基岩上嵌入金属标志。每个点位标石埋设结束后，应提交的资料有：点之记；GPS网的选点网图；土地占用批准文件和测量标志委托保管书；选点与埋石工作技术总结。

14.4.3 观测

1. 观测依据的主要技术指标

GPS定位网设计及外业测量的主要技术依据是测量任务书和测量规范。测量任务书是测量施工单位上级主管部门下达的技术文件；而测量规范则是国家测绘管理部门制定的技术法规。中国国家测绘局发布并实施了 GB/T 18314—2001《全球定位系统（GPS）测量规范》，见表14.1，中华人民共和国建设部发布了行业标准 CJJ 73—97《全球定位系统城市测量技术规程》，见表14.2。

GPS测量控制网一般使用载波相位相对定位法，使用两台或以上的接收机同时对一组卫星进行同步观测。精度指标通常是以相邻点间基线长的标准差表示为

$$m_D = \sqrt{a^2 + (bD)^2}$$

式中　m_D——标准差，mm；

　　　a——固定误差，mm；

　　　b——比例误差；

　　　D——基线长，km。

表 14.1　GB/T 18314—2001《全球定位系统（GPS）测量规范》规定的 GPS 测量精度分级

级 别	平均距离/km	固定误差 a/mm	比例误差/($10^{-6}D$)	用 途
AA	1000	≤3	≤0.01	全球地球动力学研究、地壳变形测量
A	300	≤5	≤0.1	区域地球动力学研究、地壳变形测量
B	70	≤8	≤1	局部变形观测和各种精密工程测量
C	10～15	≤10	≤5	大、中城市及工程测量的基本控制网
D	5～10	≤10	≤10	中、小城市、城镇及测图、地籍、土地信息、建筑施工等控制网测量
E	0.2～5	≤10	≤20	

表 14.2　CJJ 73—97《全球定位系统城市测量技术规程》规定的城市及工程 GPS 测量精度分级

等 级	平均边长	固定误差 a/mm	比例误差/($10^{-6}D$)	最弱边相对中误差
二等	9	≤10	≤2	1/12 万
三等	5	≤10	≤5	1/8 万
四等	2	≤10	≤10	1/4.5 万
一级	1	≤10	≤10	1/2 万
二级	1	≤15	≤20	1/1 万

GB/T 18314—2001《全球定位系统（GPS）测量规范》规定，GPS 测量按其精度划分为 AA、A、B、C、D、E 六级。具体精度要求和用途见表 14.1。

2. 天线安置

（1）在正常情况下，天线应架设在三脚架上，并安置在标志中心的上方直接对中，天线基座上的圆水准气泡必须整平。

（2）天线的定向标志线应指向正北，以减弱相位中心偏差的影响。天线的定向误差随定位精度不同而不同，一般不应超过 ±3°～±5°。

（3）架设天线不应过低，一般应距地面 1m 以上。天线架设好以后，在圆盘天线间隔 120°的 3 个方向分别量取天线高，3 次测量结果之差不应超过 3mm，取其 3 次结果的平均值记入测量观测手簿中，天线高记录取位到 0.001m。

3. 开机观测

天线安置完成后，在离天线适当位置的地面上安放 GPS 接收机，接通接收机与电源、天线、控制器的连接电缆，即可启动接收机进行观测。

接收机锁定卫星并开始记录数据后，观测员可按仪器随机提供的操作手册进行输入与查询操作，在未掌握有关操作系统之前，不要随意按键和输入，一般在正常接收过程中禁止更改任何设置参数。

一般地说，在外业观测工作中，仪器操作人员应注意以下事项：

（1）当确认外接电源电缆及天线等各项连接完全无误后，方可接通电源，启动接收机。

（2）开机后接收机有关指示正常后并通过自检后，方能输入有关测站和时段控制信息。

（3）接收机在开始记录数据后，应注意查看有关观测卫星数量、卫星号、相位测量残差、实时定位结果及其变化、存储介质记录等情况。具体标准见表 14.3。

表 14.3　　　　　　　　　静态 GPS 测量作业技术规定

等　级	二　等	三　等	四　等	一　级	二　级
卫星高度角/(°)	≥15	≥15	≥15	≥15	≥15
PDOP	≤6	≤6	≤6	≤6	≤6
有效观测卫星	≥4	≥4	≥4	≥4	≥4
平均重复设站数	≥2	≥2	≥1.6	≥1.6	≥1.6
时段长度/(min)	≥90	≥60	≥45	≥45	≥45
数据采样间隔/s	10～60	10～60	10～60	10～60	10～60

（4）在正常情况下，一个时段观测过程中不允许以下操作：关闭又重新启动；进行自测试；改变卫星高度角；改变天线位置；改变数据采样间隔；按动关闭文件和删除文件等功能。

（5）每一观测时段中，气象元素一般应在始、中、末各观测记录一次，当时段较长时可以适当增加观测次数。

（6）观测过程中要特别注意供电情况，除在出测前认真检查电池容量是否充足外，作业中观测人员不要远离接收机，听到仪器低电压报警要及时予以处理，否则可能会造成仪器内部数据的破坏或丢失。

（7）仪器高一定要按规定在始、末各量测一次，并及时输入仪器和记入测量观测手簿。

（8）在观测过程中不要靠近接收机使用对讲机；雷雨季节架设天线要防止雷击，雷雨过境时应关机停测，并卸下天线。

（9）测站的全部预定作业项目均应完成且记录与资料完整无误后方可迁站。

（10）观测过程中要随时查看仪器内存或硬盘容量，每日观测结束后，应及时将数据导入计算机硬盘上，确保数据不丢失。

4. 数据处理

数据处理主要借助相应的 GPS 数据处理软件，各种软件的操作不同，数据处理的主要步骤如下：

（1）GPS 数据的预处理，分析和评价观测数据的质量。

（2）基线解算。

（3）网平差。

（4）输出成果。

【知识小结】

GPS 是 Global Positioning System（全球定位系统）的首字母缩写。

本章涉及四部分内容：GPS 系统组成、GPS 定位原理、GPS 测量主要技术指标和 GPS 测量方法。

由三大部分组成：空间部分——GPS 卫星星座；地面监控部分——地面监控系统；用户设备三部分——GPS 接收机。要了解每一部分的结构特点和功能。

GPS 是基于空间距离交会的原理定位的。根据测距原理，可分为伪距测量和载波相位测量；根据定位方式，可以分为单点定位和差分定位（相对定位）。要重点掌握伪距和整周未知数两个概念，掌握伪距定位观测方程；掌握静态定位、动态定位、单点定位、差分定位和 RTK 技术等几个基本概念。

GPS 测量实施方法包括测前准备、外业观测和内业数据解算。测前准备阶段的主要工作包括项目立项、技术设计、实地踏勘、设备检验、资料收集整理和人员组织等；外业观测主要步骤为选点、埋设点位标志、观测；内业解算步骤包括数据传输、外业输入数据的检查与修改、基线解算、网平差和成果输出。本部分内容中应重点掌握 GPS 测量实施方法的主要内容和步骤。

【知识与技能训练】

（1）简要叙述 GPS 的定位原理？

（2）为什么称接收机测得的工作站至接收机的距离称为伪距？

（3）GPS 由哪些部分组成？各部分的功能是什么？

（4）星历预报的作用是什么？试从 www. navcen. uscg. gov \ ftp \ gps \ almanacs \ yuma 网站下载当天的星历并打印当天 24h 的星历预报。

（5）简述 GPS 的实施过程？

参 考 文 献

［1］ 王金玲 . 工程测量 ［M］. 北京：中国水利水电出版社，2007.

［2］ 李生平 . 建筑工程测量 ［M］. 北京：高等教育出版社，2009.

［3］ 王金玲，等 . 建筑工程测量 ［M］. 北京：北京大学出版社，2008.

［4］ 周秋生 . 土木工程测量 ［M］. 北京：高等教育出版社，2012.

［5］ 王金玲 . 土木工程测量 ［M］. 武汉：武汉大学出版社，2008.

［6］ 王国辉，等 . 土木工程测量 ［M］. 北京：中国建筑工业出版社，2011.

［7］ 田树涛，等 . 道路工程测量 ［M］. 北京：北京大学出版社，2013.

［8］ 李映红 . 建筑工程测量 ［M］. 武汉：武汉大学出版社，2011.

［9］ 王晓明，等 . 土木工程测量 ［M］. 武汉：武汉大学出版社，2013.

［10］ 王晓春 . 地形测量 ［M］. 北京：测绘出版社，2010.